AutoCAD 2012 中文版 实用教程

崔洪斌 编著

人民邮电出版社

北京

图书在版编目（CIP）数据

AutoCAD 2012中文版实用教程 / 崔洪斌编著. -- 北京：人民邮电出版社，2011.9
ISBN 978-7-115-26202-8

Ⅰ. ①A… Ⅱ. ①崔… Ⅲ. ①工程制图－AutoCAD软件 Ⅳ. ①TB237

中国版本图书馆CIP数据核字(2011)第161824号

内 容 提 要

　　本书全面介绍了 AutoCAD 最新版本——AutoCAD 2012 的功能与应用。书中按照利用 AutoCAD 进行工程设计的方法与顺序，从基本绘图设置入手，循序渐进地介绍了使用 AutoCAD 2012 绘制和编辑二维图形、标注文字、标注尺寸、几何约束与标注约束、各种精确绘图工具、图形显示控制、填充图案、创建块与属性、绘制基本三维模型、绘制复杂实体模型、渲染以及图形打印等。书中涵盖了使用 AutoCAD 2012 进行工程设计时涉及的主要内容，并且在编写风格上充分考虑到教师的授课方式以及学生与自学者的学习习惯。此外，本书在各章中还配有精心选择的综合应用实例和练习题，可以使读者进一步加深对各章知识的理解，循序渐进地掌握和灵活使用 AutoCAD 2012 的基本绘图命令、作图方法以及应用技巧，从而能够快速、全面、准确地运用 AutoCAD 2012 解决实际工程问题。

　　本书具有很强的针对性和实用性，且结构严谨、叙述清晰、内容丰富、通俗易懂，既可以作为大、中专院校相关专业以及 CAD 培训机构的教材，也可以作为从事 CAD 工作的工程技术人员的自学指南。

◆ 编　　著　崔洪斌
　　责任编辑　俞　彬

◆ 人民邮电出版社出版发行　北京市丰台区成寿寺路11号
　　邮编　100164　电子邮件　315@ptpress.com.cn
　　网址　http://www.ptpress.com.cn
　　北京九州迅驰传媒文化有限公司印刷

◆ 开本：787×1092　1/16
　　印张：23.5　　　　　　　　2011年9月第1版
　　字数：569 千字　　　　　　2025年7月北京第19次印刷

定价：39.00元
读者服务热线：(010)81055410　印装质量热线：(010)81055316
反盗版热线：(010)81055315

前言

AutoCAD 是由美国 Autodesk 公司开发的绘图软件包，具有易于掌握、使用方便、体系结构开放等特点，深受广大工程技术人员的欢迎。

自 Autodesk 公司于 1982 年 12 月发布 AutoCAD 的第一个版本——AutoCAD 1.0 起，AutoCAD 已进行了近 20 次升级，从而使其功能逐渐强大，且日趋完善。如今，AutoCAD 已被广泛应用于机械、建筑、电子、航空、航天、造船、石油化工、土木工程、冶金、地质、农业、气象、纺织、轻工业及广告等领域。在中国，AutoCAD 已成为工程设计领域应用广泛的计算机辅助绘图软件之一。

为了使广大学生和工程技术人员尽快掌握该软件，我们编写了本书。由于长期从事 CAD 技术的应用、研究、开发以及教学工作，紧密跟踪 AutoCAD 的发展，因此我们在本书的体系结构上做了精心安排，力求全面、详细地介绍 AutoCAD 2012 的各种绘图功能，并且特别注重实用性，以便学习者能够利用 AutoCAD 2012 高效、准确地绘制工程图形。

全书共分 15 章。第 1 章介绍 AutoCAD 2012 的基本概念与基本操作；第 2 章和第 3 章分别介绍二维绘图、二维编辑功能；第 4 章介绍基本绘图设置；第 5 章介绍精确绘图以及图形显示控制；第 6 章介绍如何标注文字以及如何创建表格；第 7 章介绍图案填充、块以及属性功能；第 8 章介绍复杂二维图形的绘制与编辑；第 9 章介绍尺寸标注；第 10 章介绍设计中心、选项板、"选项"对话框、样板文件以及几何约束、实现参数化绘图的标注约束等；第 11 章介绍图形查询、图形打印功能；第 12 章介绍三维绘图基础知识；第 13 章介绍如何创建曲面；第 14 章介绍如何创建实体；第 15 章介绍三维图形编辑以及创建复杂实体等。书中介绍的内容涵盖了应用 AutoCAD 2012 进行工程设计时涉及的主要内容，而且在各章中还配有精心选择的应用实例和练习题。这些应用实例和练习题可以加深读者对各章知识的理解与掌握，提高读者的绘图技能与效率。

由于时间较紧，书中难免有错误与不足之处，恳请广大读者和专家批评指正。最后，向为出版本书提出宝贵建议的专家、教师表示感谢。

编者
2011 年 7 月

目　录

第 1 章　基本概念、基本操作 ·· 1
　1.1　安装、启动 AutoCAD 2012 ·· 1
　　　1.1.1　安装 AutoCAD 2012 ·· 1
　　　1.1.2　启动 AutoCAD 2012 ·· 2
　1.2　AutoCAD 2012 工作空间及经典工作界面 ··· 2
　　　1.2.1　AutoCAD 2012 工作空间 ··· 2
　　　1.2.2　AutoCAD 2012 经典工作界面 ··· 5
　1.3　基本操作 ·· 10
　　　1.3.1　执行 AutoCAD 命令 ·· 10
　　　1.3.2　图形文件管理 ··· 11
　　　1.3.3　确定点的位置 ··· 13
　　　1.3.4　绘图窗口与文本窗口的切换 ··· 15
　1.4　帮助 ·· 15
　1.5　练习 ·· 15
第 2 章　绘制基本二维图形 ·· 16
　2.1　绘制直线 ·· 16
　　　2.1.1　绘制直线段 ·· 16
　　　2.1.2　绘制射线 ·· 17
　　　2.1.3　绘制构造线 ·· 18
　2.2　绘制曲线对象 ··· 21
　　　2.2.1　绘制圆 ··· 21
　　　2.2.2　绘制圆弧 ·· 23
　　　2.2.3　绘制椭圆、椭圆弧 ·· 27
　　　2.2.4　绘制圆环 ·· 29
　2.3　绘制点 ··· 30
　　　2.3.1　绘制单点与多点 ·· 30
　　　2.3.2　设置点样式 ·· 31
　　　2.3.3　绘制定数等分点 ·· 31
　　　2.3.4　绘制定距等分点 ·· 32

AutoCAD 2012 中文版实用教程

    2.4   绘制矩形和正多边形 ··· 32
        2.4.1   绘制矩形 ·· 33
        2.4.2   绘制正多边形 ··· 35
    2.5   练习 ··· 36

第 3 章   编辑二维图形 ·· 38
    3.1   删除图形 ··· 38
    3.2   选择对象 ··· 39
    3.3   移动对象 ··· 42
    3.4   复制对象 ··· 43
    3.5   镜像对象 ··· 44
    3.6   偏移对象 ··· 45
    3.7   阵列对象 ··· 48
        3.7.1   矩形阵列 ·· 48
        3.7.2   环形阵列 ·· 50
    3.8   旋转对象 ··· 51
    3.9   修剪对象 ··· 52
    3.10   延伸对象 ··· 55
    3.11   创建倒角 ··· 57
    3.12   创建圆角 ··· 59
    3.13   打断对象 ··· 61
    3.14   合并对象 ··· 63
    3.15   缩放对象 ··· 63
    3.16   拉伸对象 ··· 64
    3.17   修改长度 ··· 66
    3.18   利用夹点编辑图形 ·· 68
    3.19   利用特性选项板编辑图形 ·· 70
    3.20   练习 ··· 71

第 4 章   基本绘图设置 ·· 72
    4.1   设置绘图单位格式 ·· 72
    4.2   设置图形界限 ·· 73
    4.3   设置系统变量 ·· 74
    4.4   设置图层 ··· 75
        4.4.1   图层的特点 ··· 75
        4.4.2   创建、管理图层 ·· 75
        4.4.3   "图层"工具栏 ·· 81
        4.4.4   图层工具 ·· 86
    4.5   设置新绘图形对象的颜色、线型与线宽 ·································· 90
        4.5.1   设置颜色 ·· 90

4.5.2 设置线型 ·· 91
  4.5.3 设置线宽 ·· 93
 4.6 更改对象特性 ·· 94
 4.7 "特性"工具栏 ··· 94
 4.8 练习 ·· 96

第 5 章 精确绘图、图形显示控制

 5.1 捕捉模式、栅格功能及正交功能 ·· 97
  5.1.1 捕捉模式 ·· 97
  5.1.2 栅格功能 ·· 98
  5.1.3 正交功能 ··· 100
 5.2 对象捕捉 ··· 101
 5.3 自动对象捕捉 ··· 106
 5.4 极轴追踪 ··· 108
 5.5 对象捕捉追踪 ··· 111
  5.5.1 启用对象捕捉追踪 ··· 111
  5.5.2 使用对象捕捉追踪 ··· 112
 5.6 图形显示控制 ··· 115
  5.6.1 图形显示缩放 ··· 115
  5.6.2 图形显示移动 ··· 118
 5.7 动态输入 ··· 121
  5.7.1 使用动态输入 ··· 121
  5.7.2 动态输入设置 ··· 121
 5.8 练习 ··· 123

第 6 章 标注文字、创建表格

 6.1 定义文字样式 ··· 125
 6.2 标注文字 ··· 129
  6.2.1 用 DTEXT 命令标注文字 ·· 130
  6.2.2 利用在位文字编辑器标注文字 ··· 133
 6.3 注释性文字 ··· 139
  6.3.1 注释性文字样式 ··· 140
  6.3.2 标注注释性文字 ··· 140
 6.4 编辑文字 ··· 141
  6.4.1 用 DDEDIT 命令编辑文字 ·· 141
  6.4.2 同时修改多个文字串的比例 ··· 142
 6.5 定义表格样式 ··· 143
 6.6 创建表格 ··· 146
 6.7 编辑表格 ··· 149
  6.7.1 编辑表格数据 ··· 149

	6.7.2 修改表格	149
6.8	练习	150
第7章	**图案填充、块与属性**	**152**
7.1	图案填充	152
7.2	编辑图案	159
7.3	块	160
	7.3.1 创建块	160
	7.3.2 创建外部块	163
7.4	插入块	164
7.5	设置插入基点	165
7.6	编辑块定义	166
7.7	属性	167
	7.7.1 定义属性	167
	7.7.2 修改属性定义	171
	7.7.3 编辑属性	171
	7.7.4 属性显示控制	172
7.8	练习	172
第8章	**绘制与编辑复杂二维图形**	**174**
8.1	绘制、编辑多段线	174
	8.1.1 绘制多段线	174
	8.1.2 编辑多段线	177
8.2	绘制、编辑样条曲线	182
	8.2.1 绘制样条曲线	182
	8.2.2 编辑样条曲线	185
8.3	绘制、编辑多线	187
	8.3.1 绘制多线	188
	8.3.2 定义多线样式	189
	8.3.3 编辑多线	193
8.4	练习	195
第9章	**尺寸标注**	**197**
9.1	尺寸标注基本概念	197
9.2	标注样式	197
9.3	标注尺寸	213
	9.3.1 线性标注	213
	9.3.2 对齐标注	215
	9.3.3 角度标注	217
	9.3.4 半径标注	219
	9.3.5 直径标注	220

	9.3.6	基线标注	221
	9.3.7	连续标注	222
	9.3.8	坐标标注	225
	9.3.9	折弯标注	225
	9.3.10	弧长标注	226
	9.3.11	圆心标记	226
9.4	多重引线标注		227
	9.4.1	定义多重引线样式	227
	9.4.2	多重引线标注	232
9.5	标注尺寸公差与形位公差		236
	9.5.1	标注尺寸公差	236
	9.5.2	标注形位公差	237
9.6	编辑尺寸		239
	9.6.1	用 DDEDIT 命令修改尺寸、公差及形位公差	239
	9.6.2	修改尺寸文字的位置	240
	9.6.3	替代	241
	9.6.4	编辑尺寸	241
	9.6.5	更新	243
	9.6.6	调整标注间距	244
	9.6.7	折弯线型	245
	9.6.8	折断标注	245
9.7	练习		246

第 10 章　设计中心、选项板、"选项"对话框、样板文件及参数化绘图 ··· 248

10.1	设计中心		248
	10.1.1	启用设计中心、设计中心的组成	248
	10.1.2	使用设计中心	251
10.2	工具选项板		254
10.3	"选项"对话框		255
10.4	样板文件		266
10.5	参数化绘图		269
	10.5.1	几何约束	269
	10.5.2	标注约束	272
10.6	练习		273

第 11 章　图形查询、打印图形 ··· 274

11.1	查询面积	274
11.2	查询距离	277
11.3	查询点的坐标	277
11.4	列表显示	278

11.5	状态显示	278
11.6	查询时间	279
11.7	打印图形	280
	11.7.1 页面设置	280
	11.7.2 打印图形	282
11.8	练习	285

第 12 章 三维绘图基础 286

12.1	三维建模工作空间	286
12.2	视觉样式	288
	12.2.1 设置视觉样式	288
	12.2.2 视觉样式管理器	289
12.3	用户坐标系	290
	12.3.1 基本概念	290
	12.3.2 定义 UCS	291
	12.3.3 命名保存 UCS、恢复 UCS	292
12.4	视点	293
	12.4.1 设置视点	294
	12.4.2 设置 UCS 平面视图	295
	12.4.3 利用对话框设置视点	296
	12.4.4 快速设置特殊视点	296
	12.4.5 ViewCube	296
12.5	在三维空间绘制简单对象	297
	12.5.1 在三维空间绘制点、线段、射线、构造线	297
	12.5.2 在三维空间绘制其他二维图形	297
	12.5.3 绘制与编辑三维多段线	299
	12.5.4 绘制与编辑三维样条曲线	299
12.6	绘制三维螺旋线	300
12.7	练习	301

第 13 章 创建曲面模型 302

13.1	创建三维网格图元	302
	13.1.1 创建三维网格图元长方体	303
	13.1.2 创建三维网格图元楔体	304
	13.1.3 创建三维网格图元圆锥体	305
	13.1.4 创建三维网格图元球体	307
	13.1.5 创建三维网格图圆柱体	308
	13.1.6 创建三维网格图元圆环体	309
	13.1.7 创建三维网格图元棱锥体	310
13.2	创建网格	311

13.2.1	创建旋转网格	311
13.2.2	创建平移网格	312
13.2.3	创建直纹网格	313
13.2.4	创建边界网格	313
13.2.5	创建三维面	314
13.3	创建曲面	315
13.3.1	创建平面曲面	315
13.3.2	创建三维曲面	316
13.3.3	创建过渡曲面	316
13.3.4	创建修补曲面	317
13.3.5	创建偏移曲面	318
13.3.6	创建圆角曲面	319
13.4	练习	320

第14章 创建实体模型 321

14.1	创建长方体	321
14.2	创建楔体	324
14.3	创建球体	325
14.4	创建圆柱体	326
14.5	创建圆锥体	328
14.6	创建圆环体	330
14.7	创建多段体	331
14.8	旋转	332
14.9	拉伸	334
14.10	扫掠	337
14.11	放样	340
14.12	三维实体查询	342
14.12.1	查询质量特性	342
14.12.2	实体列表	343
14.13	练习	344

第15章 编辑三维图形、渲染 345

15.1	三维阵列	345
15.2	三维镜像	346
15.3	三维旋转	347
15.4	通过夹点编辑三维图形	348
15.5	创建倒角	349
15.6	创建圆角	350

15.7 并集 ·· 350
15.8 差集 ·· 351
15.9 交集 ·· 352
15.10 创建复杂实体 ·· 353
15.11 渲染 ·· 362
15.12 练习 ·· 363

第 1 章 基本概念、基本操作

本章介绍 AutoCAD 2012 的主要特点及其基本概念、基本操作。

1.1 安装、启动 AutoCAD 2012

本节简要介绍如何安装、启动 AutoCAD 2012。

1.1.1 安装 AutoCAD 2012

AutoCAD 2012 软件包以光盘形式提供，光盘中有名为 SETUP.EXE 的安装文件。执行 SETUP.EXE 文件（将 AutoCAD 2012 安装盘放入 CD-ROM 后可自动执行 SETUP.EXE 文件），首先弹出如图 1.1 所示的初始化界面。

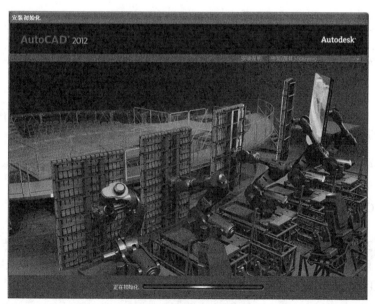

图 1.1 安装初始化界面

经过初始化后，弹出如图 1.2 所示的界面。

图 1.2 安装选择界面

此时单击"安装 在此计算机上安装"项,即可进行相应的安装操作,直至软件安装完毕。需要说明的是,安装 AutoCAD 2012 时,用户应根据需要进行必要的选择。

1.1.2 启动 AutoCAD 2012

安装 AutoCAD 2012 后,系统会自动在 Windows 桌面上生成对应的快捷方式图标( ),双击该快捷方式图标,即可启动 AutoCAD 2012。与启动其他应用程序一样,也可以通过 Windows 资源管理器、Windows 任务栏上的 开始 按钮等启动 AutoCAD 2012。

1.2 AutoCAD 2012 工作空间及经典工作界面

本节介绍 AutoCAD 2012 的工作空间,并详细介绍 AutoCAD 2012 的经典工作界面。

1.2.1 AutoCAD 2012 工作空间

AutoCAD 2012 的工作空间(又称为工作界面)有 AutoCAD 经典、草图与注释、三维建模和三维基础 4 种形式。图 1.3~图 1.6 所示分别是 AutoCAD 经典、草图与注释、三维建模和三维基础的工作界面。

> **提示** 如果在各界面中有网格线,通过单击工作界面中位于最下面一行按钮的第 3 个按钮 (栅格显示)可以实现显示或不显示栅格线的切换。

第 1 章 基本概念、基本操作

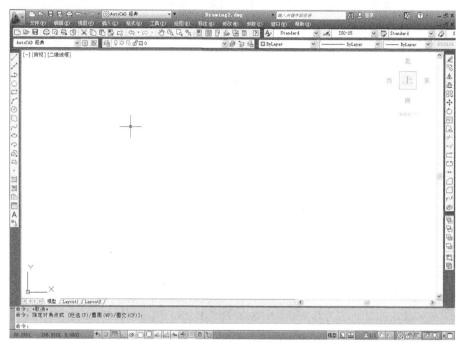

图 1.3 经典工作界面

图 1.4 二维草图与注释工作界面

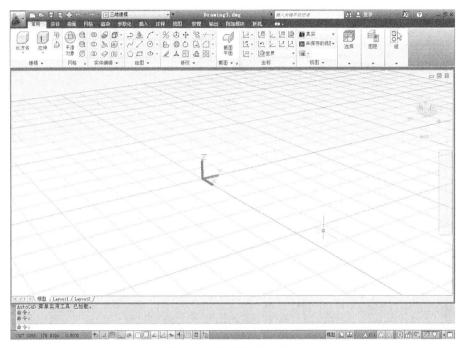

图 1.5 三维建模工作界面

图 1.6 三维基础工作界面（部分）

切换工作界面的方法之一为：单击状态栏（位于绘图界面的最下面一栏）上的"切换工作空间"按钮（），AutoCAD 弹出对应的菜单，如图 1.7 所示，从中选择对应的绘图工作空间即可。

图 1.7 切换工作空间菜单

> **提示** 第一次启动 AutoCAD 2012 后，如果在工作界面上还显示出其他绘图辅助窗口，可以将它们关闭，在绘图过程中需要它们时再打开。

1.2.2 AutoCAD 2012 经典工作界面

图 1.8 所示为 AutoCAD 2012 的经典工作界面给出了较为详细的注释。

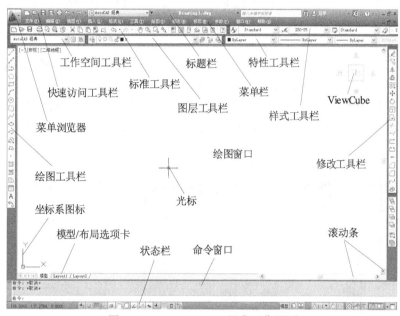

图 1.8 AutoCAD 2012 经典工作界面

AutoCAD 2012 的工作界面由标题栏、菜单栏、多个工具栏、绘图窗口、光标、坐标系图标、模型/布局选项卡、命令窗口（又称为命令行窗口）、状态栏、滚动条和菜单浏览器等组成，下面简要介绍它们的功能。

1．标题栏

标题栏位于工作界面的最上方，其功能与其他 Windows 应用程序类似，用于显示 AutoCAD 2012 的程序图标以及当前所操作图形文件的名称。位于标题栏右上角的按钮（）用于实现 AutoCAD 2012 窗口的最小化、最大化和关闭操作。

2．菜单栏

菜单栏是 AutoCAD 2012 的主菜单，利用菜单能够执行 AutoCAD 的大部分命令。单击菜单栏中的某一项，可以打开对应的下拉菜单。图 1.9 所示为 AutoCAD 2012 的"修改"下拉菜单，该菜单用于编辑所绘图形等操作。

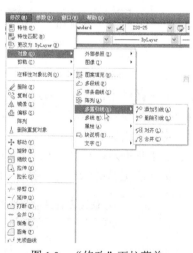

图 1.9 "修改"下拉菜单

下拉菜单具有以下特点。

（1）右侧有符号"▶"的菜单项，表示它还有子菜单。图1.9所示为显示出与"对象"菜单项对应的子菜单和"对象"子菜单中的"多重引线"子菜单。

（2）右侧有符号"…"的菜单项，被单击后将显示出一个对话框。例如，单击"绘图"菜单中的"表格"项，会显示出如图1.10所示的"插入表格"对话框，该对话框用于插入表格时的相应设置。

（3）单击右侧没有任何标识的菜单项，会执行对应的AutoCAD命令。

AutoCAD 2012还提供有快捷菜单，用于快速执行AutoCAD的常用操作，单击鼠标右键可打开快捷菜单。当前的操作不同或光标所处的位置不同时，单击鼠标右键后打开的快捷菜单也不同。例如，图1.11所示是当光标位于绘图窗口时，单击鼠标右键弹出的快捷菜单（读者得到的快捷菜单可能与此图显示的菜单不一样，因为快捷菜单中位于前面两行的菜单内容与当前操作有关）。

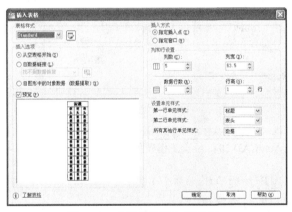
图1.10 "插入表格"对话框

图1.11 快捷菜单

3．工具栏

AutoCAD 2012提供了近50个工具栏，每个工具栏上有一些命令按钮。将光标放到命令按钮上稍做停留，AutoCAD会弹出工具提示（文字提示标签），以说明该按钮的功能以及对应的绘图命令。例如，图1.12（a）所示为绘图工具栏以及与绘矩形按钮（□）对应的工具提示。将光标放到工具栏按钮上，并在显示出工具提示后再停留一段时间（约2s），又会显示出扩展的工具提示，如图1.12（b）所示。

扩展的工具提示对与该按钮对应的绘图命令给出了更为详细的说明。

> 提示　可以通过设置来控制是否显示工具提示以及扩展的工具提示。具体操作如图1.12所示对话框中的"显示工具提示"等复选框的说明。

工具栏中，右下角有小黑三角形的按钮（◢），可以引出一个包含相关命令的弹出工具栏。将光标放在这样的按钮上，按下鼠标左键，即可显示出弹出工具栏。例如，从"标准"工具栏的"窗口缩放"按钮（ ）可以引出如图1.13所示的弹出工具栏。

第 1 章 基本概念、基本操作

（a）显示绘矩形工具提示　　　　　　（b）显示绘矩形扩展的工具提示
图 1.12　显示工具提示和扩展的工具提示

单击工具栏上的某一按钮可以启动对应的 AutoCAD 命令。在如图 1.8 所示的工作界面中显示出了 AutoCAD 默认打开的一些工具栏。用户可以根据需要打开或关闭任一工具栏，其操作方法之一是：在已有工具栏上单击鼠标右键，AutoCAD 弹出列有工具栏目录的快捷菜单，如图 1.14 所示（为节省篇幅，将此工具栏分为 3 列显示）。通过在此快捷菜单中选择，一般可以打开或关闭某一工具栏。在快捷菜单中，前面有"√"的菜单项表示已打开了对应的工具栏。

图 1.13　显示弹出工具栏　　　　　　图 1.14　工具栏快捷菜单

AutoCAD 的工具栏是浮动的，用户可以将各工具栏拖放到工作界面的任意位置。由于用计算机绘图时的绘图区域有限，所以当绘图时，应根据需要只打开那些当前使用或常用的工具栏（如标注尺寸时打开"标注"工具栏），并将其放到绘图窗口的适当位置。

AutoCAD 2012 还提供了快速访问工具栏（其位置如图 1.8 所示），该工具栏用于放置那些需要经常使用的命令按钮，默认有"新建"按钮（ ）、"打开"按钮（ ）、"保存"按钮（ ）及"打印"按钮（ ）等。

用户可以为快速访问工具栏添加命令按钮,其方法为:在快速访问工具栏上单击鼠标右键,AutoCAD 弹出快捷菜单,如图 1.15 所示。

从快捷菜单中选择"自定义快速访问工具栏",弹出"自定义用户界面"对话框,如图 1.16 所示。

图 1.15　快捷菜单　　　　图 1.16　"自定义用户界面"对话框

从对话框的"命令"列表框中找到要添加的命令后,将其拖到快速访问工具栏,即可为该工具栏添加对应的命令按钮。

> 提示　在"命令"列表框中快速找到所希望的命令,可通过命令过滤下拉列表框(如图 1.16 所示的"Au Commands Only"所在的下拉列表框)指定命令范围。

4．绘图窗口

绘图窗口类似于手工绘图时的图纸,用 AutoCAD 2012 绘图就是在此区域中完成的。

5．光标

AutoCAD 的光标用于绘图、选择对象等操作。光标位于 AutoCAD 的绘图窗口时为十字形状,故又被称为 AutoCAD 十字光标。在十字光标中,十字线的交点为光标的当前位置。

6．坐标系图标

坐标系图标用于表示当前绘图所使用的坐标系形式以及坐标方向等。AutoCAD 提供了世界坐标系(World Coordinate System,WCS)和用户坐标系(User Coordinate System,UCS)两种坐标系。世界坐标系为默认坐标系,且默认时水平向右方向为 x 轴正方向,垂直向上方

向为 y 轴正方向。

> 提示　可以通过菜单"视图"|"显示"|"UCS 图标"|"特性"设置坐标系图标的样式。

7．模型/布局选项卡

模型/布局选项卡用于实现模型空间与图纸空间的切换。

8．命令窗口

命令窗口是 AutoCAD 显示用户从键盘键入的命令和 AutoCAD 提示信息的地方。默认设置下，AutoCAD 在命令窗口保留所执行的最后 3 行命令或提示信息。可以通过拖曳窗口边框的方式改变命令窗口的大小，使其显示多于 3 行或少于 3 行的信息。

用户可以隐藏命令窗口，隐藏方法为：单击菜单"工具"|"命令行"，AutoCAD 弹出"命令行－关闭窗口"对话框，如图 1.17 所示。单击对话框中的"是"按钮，即可隐藏命令窗口。隐藏命令窗口后，可以通过单击菜单项"工具"|"命令行"再显示出命令窗口。

图 1.17　"命令行－关闭窗口"对话框

> 提示　利用组合键 Ctrl+9，可以快速实现隐藏或显示命令窗口的切换。

9．状态栏

状态栏用于显示或设置当前的绘图状态。位于状态栏上最左边的一组数字反映当前光标的坐标，其余按钮从左到右分别表示当前是否启用了推断、捕捉、栅格、正交、极轴追踪、对象捕捉、三维对象捕捉、对象捕捉追踪、允许/禁止动态 UCS、动态输入等功能以及是否按设置的线宽显示图形等。单击某一按钮实现启用或关闭对应功能的切换，按钮为蓝颜色时表示启用对应的功能，为灰颜色时则表示关闭该功能。本书后续章节将陆续介绍这些按钮的功能与使用。

> 提示　将光标放到某一个下拉菜单项时，AutoCAD 会在状态栏上显示出与菜单项对应的功能说明。

10．菜单浏览器

AutoCAD 2012 提供有菜单浏览器，其位置如图 1.8 所示。单击此菜单浏览器，AutoCAD 会将浏览器展开，如图 1.18 所示，利用其可以执行 AutoCAD 的相应命令。

11．ViewCube

利用该工具可以方便地将视图按不同的方位显示。AutoCAD 默认打开 ViewCube，但对于二维绘图而言，此功能的作用不大。可以通过"选项"对话框中"三维建模"选项卡的"显示 ViewCube 或 UCS 图标"选项组中的设置等方法确定是否显示 ViewCube（详见图 10.22 及对应的介绍）。

图 1.18　菜单浏览器

1.3　基　本　操　作

本节介绍用 AutoCAD 2012 绘图时的一些基本操作。

1.3.1　执行 AutoCAD 命令

AutoCAD 2012 属于人机交互式软件，即当用 AutoCAD 2012 绘图或进行其他操作时，首先要向 AutoCAD 发出命令，告诉 AutoCAD 要干什么。一般情况下，可以通过以下方式执行 AutoCAD 2012 的命令。

1．通过键盘输入命令

当命令窗口中的当前行提示为"命令："时，表示当前处于命令接收状态。此时通过键盘键入某一命令后按 Enter 键或空格键，即可执行对应的命令，而后 AutoCAD 会给出提示或弹出对话框，要求用户执行对应的后续操作。可以看出，当采用这种方式执行 AutoCAD 命令时，需要用户记住各 AutoCAD 命令（AutoCAD 命令不区分大小写，本书一般用大写字母表示 AutoCAD 命令）。

> 提示　利用 AutoCAD 2012 的帮助功能，可以浏览 AutoCAD 2012 的全部命令及功能（见 1.4 节）。

2．通过菜单执行命令

单击下拉菜单或菜单浏览器中的菜单项，可以执行对应的 AutoCAD 命令。

3．通过工具栏执行命令

单击工具栏上的按钮，可以执行对应的 AutoCAD 命令。

很显然，后两种命令执行方式较为方便、快捷。

4．重复执行命令

当执行完某一命令后，如果需要重复执行该命令，除可以通过上述 3 种方式执行外，还可以使用以下方式。

（1）直接按键盘上的 Enter 键或空格键。

（2）使光标位于绘图窗口，单击鼠标右键，AutoCAD 会弹出快捷菜单，并在菜单的第一行显示出重复执行上一次所执行的命令，选择此菜单项可以重复执行对应的命令。例如，执行 ARRAY 命令完成一次阵列操作后，单击鼠标右键，会在快捷菜单的第一行显示"重复阵列"项，单击该菜单项会重复执行 ARRAY 命令。

> 提示　在命令的执行过程中，可以通过按 Esc 键或单击鼠标右键后，从弹出的快捷菜单中选择"取消"菜单项来终止命令的执行。

1.3.2　图形文件管理

本小节介绍如何创建新图形、如何打开已有的图形以及如何保存所绘图形等操作。

> 提示　AutoCAD 图形文件的扩展名是.dwg。

1．创建新图形

命令：NEW。**菜单**："文件"|"新建"。**工具栏**："标准"|□（新建）。

命令操作

执行 NEW 命令，AutoCAD 弹出"选择样板"对话框，如图 1.19 所示。

图 1.19　"选择样板"对话框

通过此对话框选择对应的样板后（初学者一般选择样板文件 acadiso.dwt 即可），单击"打开"按钮，就会以对应的样板为模板建立新图形。

> 提示　样板文件是扩展名为.dwt 的 AutoCAD 文件。样板文件中通常包含一些通用设置以及一些常用的图形对象。10.4 节将介绍如何创建样板文件。

2. 打开已有图形

命令：OPEN。**菜单**："文件"|"打开"。**工具栏**："标准"|📂（打开）。

✍ **命令操作**

执行 OPEN 命令，AutoCAD 弹出"选择文件"对话框，如图 1.20 所示。

图 1.20　"选择文件"对话框

通过对话框选择要打开的图形文件后，单击"打开"按钮，即可打开该图形文件。

> 提示　在"选择文件"对话框的列表框内选中某一图形文件时，AutoCAD 一般会在右边的"预览"图像框中显示出该图形的预览图像。

3. 保存图形

命令：QSAVE。**菜单**："文件"|"保存"。**工具栏**："标准"|💾（保存）。
命令：SAVEAS。**菜单**："文件"|"另存为"。

AutoCAD 2012 提供了两种保存图形的方法，下面分别介绍。

（1）用 QSAVE 命令保存图形。

✍ **命令操作**

执行 QSAVE 命令，如果当前图形没有命名保存过，AutoCAD 弹出"图形另存为"对话框，如图 1.21 所示。

通过该对话框指定文件的保存位置及名称后，单击"保存"按钮，即可实现保存。

如果执行 QSAVE 命令前已对当前绘制的图形命名保存过，那么执行 QSAVE 后，AutoCAD 直接以原文件名保存图形，不再要求用户指定文件的保存位置和文件名。

（2）用 SAVEAS 命令更换名称保存图形。

执行 SAVEAS 命令，AutoCAD 也会弹出"图形另存为"对话框，要求用户确定文件的保存位置及文件名，用户响应即可。

第 1 章 基本概念、基本操作

图 1.21 "图形另存为"对话框

> **提示** 用 SAVEAS 命令能够将已命名保存的图形（已有图形文件）换名保存。如果将已有的图形修改成了新图形，同时又希望保留原有的图形，则应该将图形换名存盘。

1.3.3 确定点的位置

用 AutoCAD 2012 绘图时，经常需要指定点的位置，如指定直线的端点、指定圆和圆弧的圆心等。本小节介绍用 AutoCAD 2012 绘图时常用的确定点的方法。

1．指定点的方法

绘图时，当 AutoCAD 2012 提示用户指定点的位置时，通常可以用以下方式确定点。

（1）用鼠标在屏幕上直接拾取点。

具体过程为：移动鼠标，使光标移动到对应的位置（一般在状态栏上会动态显示出光标的当前坐标），然后单击鼠标左键。

（2）利用对象捕捉方式捕捉特殊点。

利用 AutoCAD 提供的对象捕捉功能，可以准确地捕捉到一些特殊点，如圆心、切点、中点、垂足点等。本书 5.2 节将介绍对象捕捉功能。

（3）给定距离确定点。

当 AutoCAD 给出提示，要求用户指定某些点的位置时（如指定直线的另一端点），拖曳光标，使 AutoCAD 从已有点动态引出的指引线（又称为橡皮筋线）指向要确定的点的方向，然后输入沿该方向相对于前一点的距离值，按 Enter 键或空格键，即可确定出对应的点。

（4）通过键盘输入点的坐标。

用户可以直接通过键盘输入点的坐标，且输入时可以采用绝对坐标或相对坐标，而且在每种坐标方式中，又有直角坐标、极坐标、球坐标和柱坐标之分。下面将分别介绍它们的含义及使用方法。

2．通过坐标确定点的方式

（1）绝对坐标。

点的绝对坐标是指相对于当前坐标系原点的坐标，有直角坐标、极坐标、球坐标和柱坐

13

标 4 种形式。

① 直角坐标。

直角坐标用点的 x、y、z 坐标值表示该点，且各坐标值之间用逗号隔开。例如，"150，128，320"可表示一个点的直角坐标，各参数的含义如图 1.22 所示中的点 A。

> **提示** 绘二维图形时，点的 z 坐标为 0，且用户不需要输入 z 坐标值。

② 极坐标。

极坐标用于表示二维点，其表示方法为：距离<角度。其中，距离表示该点与坐标系原点之间的距离；角度表示坐标系原点与该点的连线相对于 x 轴正方向的夹角。例如，"180<35"可表示一个点的极坐标，各参数的含义如图 1.23 所示的点 B 所示。

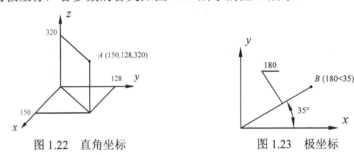

图 1.22　直角坐标　　　　　　图 1.23　极坐标

③ 球坐标。

球坐标用 3 个参数表示一个空间点：点与坐标系原点的距离 L，坐标系原点与空间点的连线在 xy 面上的投影与 x 轴正方向的夹角（简称在 xy 面内与 x 轴的夹角）α，坐标系原点与空间点的连线相对于 xy 面的夹角（简称与 xy 面的夹角）β。各参数之间用符号"<"隔开，即"$L<\alpha<\beta$"。例如，"120<55<45"可表示一个点的球坐标，各参数的含义如图 1.24 所示的点 C 所示。

④ 柱坐标。

柱坐标也是通过 3 个参数描述一点：该点在 xy 面上的投影与当前坐标系原点的距离 ρ，坐标系原点与该点的连线在 xy 面上的投影相对于 x 轴正方向的夹角 α，该点的 z 坐标值 z。距离与角度之间要用符号"<"隔开，而角度与 z 之间要用逗号隔开，即"$\rho<\alpha,z$"。例如，"120<55，70"可表示一个点的柱坐标，各参数的含义如图 1.25 所示的点 D 所示。

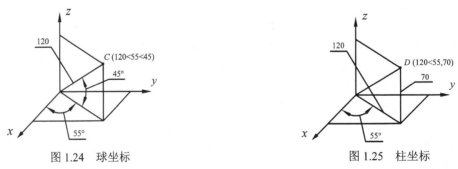

图 1.24　球坐标　　　　　　图 1.25　柱坐标

（2）相对坐标。

相对坐标是指相对于前一坐标点的坐标。相对坐标也有直角坐标、极坐标、球坐标和柱坐标 4 种形式，其输入格式与绝对坐标相似，但要在输入的坐标前加上前缀"@"。例如，已知当前点的直角坐标为（200，100），如果在指定点的提示后输入：

```
@-80,125
```

则相当于新确定的点的绝对坐标为（120，225）。

2.1.1 节中的例 2.1 和例 2.2 给出了相对直角坐标和相对极坐标的使用方法。

1.3.4　绘图窗口与文本窗口的切换

用 AutoCAD 绘图时，有时需要切换到文本窗口来观看有关的文字信息，而有时在执行某一命令后，AutoCAD 会自动切换到文本窗口。利用功能键 F2 可以快速实现绘图窗口与文本窗口之间的切换。如果当前显示的是绘图窗口，按 F2 键，AutoCAD 切换到文本窗口。如果当前显示的是文本窗口，按 F2 键，AutoCAD 又会切换到绘图窗口。

1.4　帮　　助

AutoCAD 2012 提供了强大的帮助功能。图 1.26 所示是"帮助"下拉菜单。

在"帮助"下拉菜单中，"帮助"项可以打开 AutoCAD 的帮助窗口，以提供联机帮助。用户可以通过帮助窗口获得各种帮助信息，如 AutoCAD 2012 提供的用户手册、全部命令和系统变量（有关系统变量的概念见 4.3 节）及说明等。用 AutoCAD 进行绘图时，可以随时查阅相应的帮助。

图 1.26　"帮助"下拉菜单

> 提示　在绘图过程中直接按功能键 F1，AutoCAD 会显示出与当前操作对应的帮助信息。

1.5　练　　习

1．如果条件允许，尝试亲自安装 AutoCAD 2012。

2．以不同的方式启动 AutoCAD 2012。熟悉 AutoCAD 2012 的工作界面，练习打开、关闭各工具栏以及调整工具栏的位置等操作。

3．AutoCAD 2012 提供了众多的 AutoCAD 图形文件（位于 AutoCAD 2012 安装目录下的 Sample 文件夹的对应子文件夹中），试通过这些图形练习打开图形、保存图形、换名保存图形等操作。

4．通过 AutoCAD 2012 帮助中的用户手册了解 AutoCAD 2012 的用户界面，并通过命令参考了解 AutoCAD 2012 提供的绘图命令和系统变量。

第 2 章 绘制基本二维图形

任何二维图形均是由直线、圆、圆弧、椭圆以及矩形这样的基本图形对象组成的。AutoCAD 提供了绘制各种基本二维图形对象的功能。只有熟练掌握这些基本图形的绘制，才能绘制出各种复杂图形。本章介绍如何用 AutoCAD 2012 绘制基本二维图形对象。

利用"绘图"菜单和"绘图"工具栏，可以执行 AutoCAD 2012 的二维绘图命令。图 2.1 和图 2.2 所示分别为"绘图"菜单（部分）和"绘图"工具栏。

图 2.1 "绘图"菜单（部分）

图 2.2 "绘图"工具栏

2.1 绘 制 直 线

本节介绍如何用 AutoCAD 2012 绘制直线段、射线以及构造线。

> 提示：为使读者的操作与本书介绍的步骤一致，在学习本章介绍的内容之前，请单击状态栏上的 ╬ （动态输入）按钮，使其变为灰颜色，即取消动态输入功能。有关动态输入的含义及操作见 5.7 节。

2.1.1 绘制直线段

命令：LINE。**菜单**："绘图" | "直线"。**工具栏**："绘图" | ╱ （直线）。

命令操作

执行 LINE 命令，AutoCAD 提示：

指定第一点:(指定一点作为直线的起点，此时可以键入点的坐标，也可以直接用鼠标拾取点)
指定下一点或 [放弃(U)]:(指定直线的另一端点，AutoCAD 绘制出直线段。也可以执行"放弃(U)"选项(输入 U 后按 Enter 键)取消前一次操作，即取消已指定的直线起点)
指定下一点或 [放弃(U)]:(继续指定直线的另一点绘制直线段，或执行"放弃(U)"选项取消前一次操作，即取消前面确定的直线端点，也可以按 Enter 键结束命令)
指定下一点或 [闭合(C)/放弃(U)]:(在这样的提示下可以继续指定直线的端点绘制一系列直线段，或执行"放弃(U)"选项取消前一次操作，或执行"闭合(C)"选项绘制封闭多边形)
指定下一点或 [闭合(C)/放弃(U)]:↙

> **提示**：执行 LINE 命令并根据提示指定直线的起点后，拖动鼠标，AutoCAD 会显示出一条起点位于已指定点，另一端点随光标动态变化的橡皮筋线。如果在"指定下一点或 [放弃(U)]:"提示下直接在屏幕上拾取一点，对应的橡皮筋线就会转换成新绘直线。

> **提示**：用 LINE 命令绘制直线后，如果紧接着再执行 LINE 命令绘制直线，并且在"指定第一点:"提示下直接按 Enter 键，那么 AutoCAD 会将上一次所绘制直线的终止点作为新绘制直线的起始点。

例 2.1 用 LINE 命令绘制长为 100、宽（高）为 80 的矩形。

绘图步骤

执行 LINE 命令，AutoCAD 提示：

指定第一点:(在绘图屏幕适当位置用鼠标拾取一点作为矩形的左下角点)
指定下一点或 [放弃(U)]: @100,0↙(用相对直角坐标确定矩形水平边的右端点，绘出长为 100 的水平边)
指定下一点或 [放弃(U)]: @80<90↙(用相对极坐标绘制长为 80 的垂直边)
指定下一点或 [闭合(C)/放弃(U)]: @-100,0↙
指定下一点或 [闭合(C)/放弃(U)]: C↙(执行"闭合(C)"选项，封闭矩形)

例 2.2 用 LINE 命令绘制边长为 150 的等边三角形，三角形底边水平放置，且三角形右下角点的坐标为（200，200）。

绘图步骤

执行 LINE 命令，AutoCAD 提示：

指定第一点:200,200↙
指定下一点或 [放弃(U)]: @-150,0↙
指定下一点或 [放弃(U)]: @150<60↙(相对极坐标。等边三角形的内角是 60°)
指定下一点或 [闭合(C)/放弃(U)]:C↙

2.1.2 绘制射线

命令：RAY。菜单："绘图"|"射线"。

射线是沿单方向无限延长的直线,一般用作辅助线。

命令操作

执行 RAY 命令,AutoCAD 提示:

指定起点:(指定射线的起点位置)
指定通过点:(指定射线通过的任意一点。确定该点后,AutoCAD 绘制出起始于起点并通过该点的射线)
指定通过点:✓(也可以在这样的提示下继续指定通过点来绘制一系列起始于同一起点的射线)

2.1.3 绘制构造线

命令:XLINE。**菜单**:"绘图"|"构造线"。**工具栏**:"绘图"| (构造线)。
构造线是沿两个方向无限延长的直线,一般也用作辅助线。

命令操作

执行 XLINE 命令,AutoCAD 提示:

指定点或 [水平(H)/垂直(V)/角度(A)/二等分(B)/偏移(O)]:

下面介绍提示中各选项的含义。

1. 指定点

通过指定构造线所通过的两个点绘制构造线。"指定点"选项为默认项,如果执行该默认项,即在"指定点或 [水平(H)/垂直(V)/角度(A)/二等分(B)/偏移(O)]:"提示下直接确定构造线所通过的一点,AutoCAD 继续提示:

指定通过点:(在该提示下再确定一点,AutoCAD 绘制出通过所指定两点的构造线)
指定通过点:✓(也可以在这样的提示下继续确定点,使 AutoCAD 绘制出通过第一点与新指定点的一系列构造线)

2. 水平(H)

绘制通过指定点的水平构造线。执行该选项,AutoCAD 提示:

指定通过点:(指定一点,AutoCAD 绘制出通过该点的水平构造线)
指定通过点:✓(也可以在这样的提示下继续确定点,使 AutoCAD 绘制出通过对应点的一系列水平构造线)

3. 垂直(V)

绘制通过指定点的垂直构造线。执行该选项,AutoCAD 提示:

指定通过点:(指定一点,AutoCAD 绘制出通过该点的垂直构造线)
指定通过点:✓(也可以在这样的提示下继续确定点,使 AutoCAD 绘制出通过对应点的一系列垂直构造线)

4. 角度(A)

绘制与 x 轴正方向(默认是水平向右方向)或已有直线之间的夹角为指定角度的构造线。执行该选项,AutoCAD 提示:

输入构造线的角度(0)或 [参照(R)]:

(1)输入构造线的角度。
绘制与 x 轴正方向之间的夹角为指定角度的构造线。如果在上面的提示下输入角度值后按 Enter 键，AutoCAD 提示：

指定通过点:(指定一点，AutoCAD 绘制出通过该点且与 x 轴正方向之间的夹角为指定角度的构造线)
指定通过点:↙(也可以在这样的提示下继续确定点，使 AutoCAD 绘制出一系列对应的构造线)

（2）参照（R）。

绘制与指定直线之间的夹角为指定角度的构造线。执行该选项，AutoCAD 提示：

选择直线对象:(选择已有直线)
输入构造线的角度<0>:(输入对应的角度值)
指定通过点:(指定一点，AutoCAD 绘制出通过该点且与指定直线的夹角为指定角度的构造线)
指定通过点:↙(也可以在这样的提示下继续确定点，使 AutoCAD 绘制出一系列对应的构造线)

> **提示** 根据"角度（A）"选项绘制构造线时，输入的角度值可正可负。在默认设置下，正值使构造线绕逆时针方向旋转，负值则使构造线绕顺时针方向旋转。

5. 二等分（B）

绘制构造线，使它通过指定的角顶点，且平分由顶点和另外两点（起点、端点）所确定的角，即构造线平分由 3 点确定的角，如图 2.3 所示。

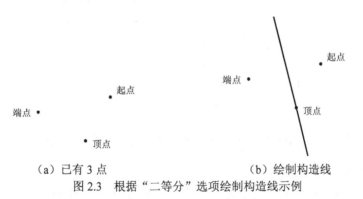

（a）已有 3 点　　　　　　　　（b）绘制构造线

图 2.3　根据"二等分"选项绘制构造线示例

执行"二等分（B）"选项，AutoCAD 提示：

指定角的顶点:(指定角的顶点位置)
指定角的起点:(指定角的起点位置)
指定角的端点:(指定角的端点位置。指定后 AutoCAD 绘制出对应的构造线)
指定角的端点:↙(也可以在这样的提示下继续确定点，使 AutoCAD 绘制出一系列平分由顶点、起点和新端点所确定角的构造线)

> **提示** 根据"二等分（B）"选项绘制构造线时，可以根据提示直接确定各点的位置，不一定先绘制出 3 个点。

6. 偏移（O）

绘制平行于已有直线的构造线。执行该选项，AutoCAD 提示：

指定偏移距离或 [通过(T)] <通过>:

（1）指定偏移距离。

绘制与已有直线的距离为指定值且彼此平行的构造线。如果执行该选项，即直接输入距离值后按 Enter 键，AutoCAD 提示：

> 选择直线对象：(选择已有直线)
> 指定向哪侧偏移：(相对于已有直线，在要偏移的一侧任意拾取一点，AutoCAD 绘制出对应的构造线)
> 选择直线对象：✓(也可以继续选择已有直线，绘制与其平行且距离为已指定值的构造线)

（2）通过（T）。

绘制通过指定点且平行于已有直线的构造线。执行该选项，即输入 T 后按 Enter 键，AutoCAD 提示：

> 选择直线对象：(选择已有直线)
> 指定通过点：(指定一点，AutoCAD 绘制出通过该点且平行于所选择直线的构造线)
> 选择直线对象：✓(也可以继续选择已有直线，绘制与其平行且通过新指定点的构造线)

例 2.3　绘制如图 2.4 所示三视图（由于还没有学习如何绘制虚线，读者可暂不绘制虚线）。

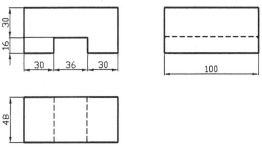

图 2.4　三视图

由于还没有介绍 AutoCAD 的其他绘图功能，所以本例只说明如何利用构造线绘图。

主要绘图步骤

① 根据图 2.4 及制图规则，绘制对应的构造线（辅助线），如图 2.5 所示。利用第 3 章将介绍的 OFFSET（偏移）或 COPY（复制）命令，可以方便地得到一系列彼此距离为指定值的平行线。

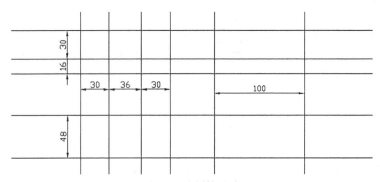

图 2.5　绘制构造线

② 绘制图形。

根据如图 2.4 所示，用 LINE 命令绘制对应的图形，如图 2.6 所示（用粗线表示。利用 5.2 节将介绍的对象捕捉功能，可以方便地将已有构造线的交点作为新绘直线的端点）。

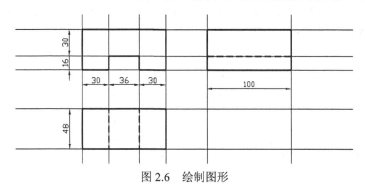

图 2.6　绘制图形

③ 删除构造线。

执行 ERASE 命令（第 3 章将介绍此命令）删除各构造线，即可得到如图 2.4 所示的图形。本例只是说明如何利用构造线来绘图。实际绘制如图 2.4 所示的图形时，也可以不采用构造线，用其他方法来绘制。

2.2　绘制曲线对象

本节介绍如何利用 AutoCAD 2012 绘制圆、圆弧、椭圆、椭圆弧以及圆环。

2.2.1　绘制圆

命令：CIRCLE。**菜单**："绘图" | "圆"，如图 2.7 所示。**工具栏**："绘图" | ⊙（圆）。

图 2.7　绘圆菜单

命令操作

如果直接在"命令:"提示下输入 CIRCLE 命令后按 Enter 键，或单击"绘图"工具栏上的按钮 ⊙（圆），AutoCAD 提示：

　　指定圆的圆心或 [三点(3P)/两点(2P)/相切、相切、半径(T)]:

此时可以根据提示，采用不同的选项绘制圆，但利用如图 2.7 所示的绘圆菜单，可以直接按某种方式绘圆。下面介绍如何通过菜单绘圆。

1．根据圆心和半径绘制圆

单击菜单"绘图" | "圆" | "圆心、半径"，AutoCAD 提示：

　　指定圆的圆心或 [三点(3P)/两点(2P)/相切、相切、半径(T)]:(指定圆的圆心位置)
　　指定圆的半径或 [直径(D)]: (输入圆的半径值后按 Enter 键)

2．根据圆心和直径绘制圆

单击菜单"绘图"|"圆"|"圆心、直径"，AutoCAD 提示：

    指定圆的圆心或 [三点(3P)/两点(2P)/相切、相切、半径(T)]: (指定圆的圆心位置)

    指定圆的半径或 [直径(D)]: _d 指定圆的直径:(输入圆的直径值后按 Enter 键。注意："_d 指定圆的直径:"是 AutoCAD 自动给出的提示)

3．根据两点绘制圆

菜单"绘图"|"圆"|"两点"用于根据指定的两点绘圆，即绘制通过指定的两点，且以这两点之间的距离为直径的圆。单击该菜单，AutoCAD 提示：

    指定圆的圆心或 [三点(3P)/两点(2P)/相切、相切、半径(T)]: _2p

    指定圆直径的第一个端点: (指定某一圆直径上的第一端点)

    指定圆直径的第二个端点: (指定圆直径上的第二端点)

4．根据三点绘制圆

通过三点可以唯一确定一个圆。单击菜单"绘图"|"圆"|"三点"，AutoCAD 提示：

    指定圆的圆心或 [三点(3P)/两点(2P)/相切、相切、半径(T)]: _3p

    指定圆上的第一个点: (指定圆上的第一点)

    指定圆上的第二个点: (指定圆上的第二点)

    指定圆上的第三个点: (指定圆上的第三点)

5．绘制与已有两个对象相切且半径为指定值的圆

单击菜单"绘图"|"圆"|"相切、相切、半径"，AutoCAD 提示：

    指定圆的圆心或 [三点(3P)/两点(2P)/相切、相切、半径(T)]: _ttr

    指定对象与圆的第一个切点: (选择第一个被切对象)

    指定对象与圆的第二个切点: (选择第二个被切对象)

    指定圆的半径:(输入半径值后按 Enter 键)

例 2.4 绘制 3 个圆。第 1 个圆的圆心坐标为（40, 60），半径为 25；第 2 个圆的圆心坐标为（130, 80），直径为 68；第 3 个圆与前两个圆相切，半径为 50。

绘图步骤

单击菜单"绘图"|"圆"|"圆心、半径"，AutoCAD 提示：

    指定圆的圆心或 [三点(3P)/两点(2P)/相切、相切、半径(T)]:40,60✓(圆心)

    指定圆的半径或 [直径(D)]:25✓(半径)

单击菜单"绘图"|"圆"|"圆心、直径"，AutoCAD 提示：

    指定圆的圆心或 [三点(3P)/两点(2P)/相切、相切、半径(T)]: 130,80✓(圆心)

    指定圆的半径或 [直径(D)]: _d 指定圆的直径: 68✓(直径)

单击菜单"绘图"|"圆"|"相切、相切、半径"，AutoCAD 提示：

    指定圆的圆心或 [三点(3P)/两点(2P)/相切、相切、半径(T)]: _ttr

    指定对象与圆的第一个切点: (选择已绘出的半径为 25 的圆)

    指定对象与圆的第二个切点: (选择已绘出的直径为 68 的圆)

    指定圆的半径:50✓

到此完成 3 个圆的绘制。读者得到的结果也许是如图 2.8 所示形式的某一种。可以看出，第 3 个圆虽然满足相切、相切和半径的要求，但可以有多种绘制结果。

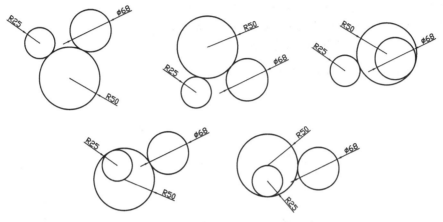

图 2.8 不同形式的 3 个圆

实际上，当绘制与已有两对象相切且半径为指定值的圆时，AutoCAD 总是以离拾取点最近的位置作为切点来绘相切圆。因此，当在"指定对象与圆的第一个切点："和"指定对象与圆的第二个切点："提示下选择相切对象时，应在靠近所希望的切点位置选择对象。

> **提示**　当绘制与已有两对象相切且半径为指定值的圆时，如果在"指定圆的半径:"提示下给出的圆半径太小，则不能绘制出圆，AutoCAD 会结束命令，并提示："圆不存在"。

6．绘制与 3 个对象相切的圆

单击菜单"绘图"|"圆"|"相切、相切、相切"，AutoCAD 提示：

```
指定圆的圆心或 [三点(3P)/两点(2P)/相切、相切、半径(T)]: _3p
指定圆上的第一个点: _tan 到
指定圆上的第二个点: _tan 到
指定圆上的第三个点: _tan 到
```

在上面的提示下依次拾取 3 个被切对象，即可绘出对应的圆。同样，最后得到的圆与选择被切对象时的选择位置有关。

2.2.2 绘制圆弧

命令：ARC。**菜单**："绘图"|"圆弧"，如图 2.9 所示。**工具栏**："绘图"| （圆弧）。

与绘圆类似，执行 ARC 命令后，AutoCAD 会给出对应的提示，使用户根据不同的条件绘圆弧。下面仍通过菜单介绍圆弧的绘制方法。

1．根据三点绘制圆弧

这里的三点是指圆弧的起点、圆弧上任意一点以及

图 2.9 绘制圆弧的菜单

圆弧的终止点（称为端点），如图 2.10 所示。

单击菜单"绘图"|"圆弧"|"三点"，AutoCAD 提示：

> 指定圆弧的起点或 [圆心(C)]:(指定圆弧的起点位置)
> 指定圆弧的第二个点或 [圆心(C)/端点(E)]:(指定圆弧上任一点)
> 指定圆弧的端点:(指定圆弧的端点位置)

2. 根据圆弧的起点、圆心和端点绘制圆弧（如图 2.11 所示）

图 2.10　根据三点绘制圆弧示例　　　图 2.11　根据起点、圆心和端点绘制圆弧示例 1

单击菜单"绘图"|"圆弧"|"起点、圆心、端点"，AutoCAD 提示：

> 指定圆弧的起点或 [圆心(C)]:(指定圆弧的起点位置)
> 指定圆弧的第二个点或 [圆心(C)/端点(E)]:_c 指定圆弧的圆心:(指定圆弧的圆心位置)
> 指定圆弧的端点或 [角度(A)/弦长(L)]:(指定圆弧的端点位置)

 提示　根据起点、圆心和端点绘制圆弧时，AutoCAD 总是从起点开始，绕圆心沿逆时针方向绘制圆弧。因此，对于如图 2.11 所示，如果圆心不变，而将起点、端点交换位置，绘出的圆弧则为如图 2.12 所示的结果。

3. 根据圆弧的起点、圆心和包含角绘制圆弧（如图 2.13 所示）

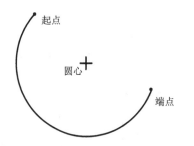

图 2.12　根据起点、圆心和端点绘制圆弧示例 2　　图 2.13　根据起点、圆心和包含角绘制圆弧示例

单击菜单"绘图"|"圆弧"|"起点、圆心、角度"，AutoCAD 提示：

> 指定圆弧的起点或 [圆心(C)]: (指定圆弧的起点位置)
> 指定圆弧的第二个点或 [圆心(C)/端点(E)]:_c 指定圆弧的圆心:(指定圆弧的圆心位置)
> 指定圆弧的端点或 [角度(A)/弦长(L)]:_a 指定包含角:(输入圆弧包含角度值（即圆心角）后按 Enter 键)

第 2 章 绘制基本二维图形

> **提示** 在角度的默认正方向设置下,当提示"指定包含角:"时,若输入正角度值,AutoCAD 从起点绕圆心沿逆时针方向绘制圆弧;如果输入负角度值,则沿顺时针方向绘制圆弧。后面介绍的其他绘制圆弧方法中有相同的规则,不再说明。用户可以单独设置正角度的方向(见 4.1 节)。

4.根据圆弧的起点、圆心和弦长绘制圆弧(如图 2.14 所示)

单击菜单"绘图"|"圆弧"|"起点、圆心、长度",AutoCAD 提示:

```
指定圆弧的起点或 [圆心(C)]:(指定圆弧的起点位置)
指定圆弧的第二个点或 [圆心(C)/端点(E)]: _c 指定圆弧的圆心:(指定圆弧的圆心位置)
指定圆弧的端点或 [角度(A)/弦长(L)]: _l 指定弦长:(输入圆弧的弦长值后按 Enter 键)
```

> **提示** 根据起点、圆心和弦长绘制圆弧时,AutoCAD 总是从起点开始,绕圆心沿逆时针方向绘制对应的圆弧。另外,弦长是正值或负值时,得到的圆弧是不一样的,其效果如图 2.15 所示。

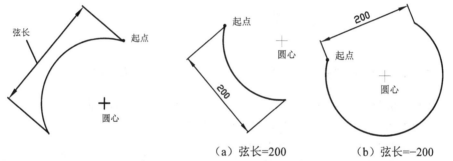

图 2.14 根据起点、圆心和弦长绘制圆弧示例   图 2.15 弦长为正值或负值时绘出的不同圆弧效果

5.根据圆弧的起点、端点和包含角绘制圆弧(如图 2.16 所示)

单击菜单"绘图"|"圆弧"|"起点、端点、角度",AutoCAD 提示:

```
指定圆弧的起点或 [圆心(C)]:(指定圆弧的起点位置)
指定圆弧的第二个点或 [圆心(C)/端点(E)]: _e
指定圆弧的端点:(指定圆弧的端点位置)
指定圆弧的圆心或 [角度(A)/方向(D)/半径(R)]: _a 指定包含角:(输入圆弧的包含角度值后按 Enter 键)
```

6.根据圆弧的起点、端点和圆弧在起点的切线方向绘制圆弧(如图 2.17 所示)

图 2.16 根据起点、端点和包含角绘制圆弧示例   图 2.17 根据起点、端点和切线方向绘制圆弧示例

单击菜单"绘图"|"圆弧"|"起点、端点、方向",AutoCAD 提示:

指定圆弧的起点或 [圆心(C)]:(指定圆弧的起点位置)
指定圆弧的第二个点或 [圆心(C)/端点(E)]: _e
指定圆弧的端点:(指定圆弧的端点位置)
指定圆弧的圆心或 [角度(A)/方向(D)/半径(R)]: _d 指定圆弧的起点切向:(输入圆弧在起点处的切线方向与水平方向的夹角)

> **提示** 当提示"指定圆弧的起点切向:"时,AutoCAD 会从圆弧的起点向光标引出一条橡皮筋线,此橡皮筋线的方向就表示圆弧的起点切向(如图 2.18 所示)。此时可以通过拖动鼠标的方式,动态地确定圆弧的起点切向,确定后单击鼠标左键,即可绘出对应的圆弧。

7. 根据圆弧的起点、端点和半径绘制圆弧(如图 2.19 所示)

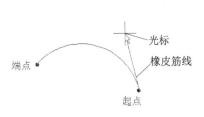 

图 2.18　动态确定圆弧的起点切向　　图 2.19　根据起点、端点和半径绘制圆弧

单击菜单"绘图"|"圆弧"|"起点、端点、半径",AutoCAD 提示:

指定圆弧的起点或 [圆心(C)]:(指定圆弧的起点位置)
指定圆弧的第二个点或 [圆心(C)/端点(E)]: _e
指定圆弧的端点:(指定圆弧的端点位置)
指定圆弧的圆心或 [角度(A)/方向(D)/半径(R)]: _r 指定圆弧的半径:(输入圆弧的半径值后按 Enter 键)

8. 根据圆弧的圆心、起点和端点位置绘制圆弧
单击菜单"绘图"|"圆弧"|"圆心、起点、端点",AutoCAD 提示:

指定圆弧的起点或 [圆心(C)]: _c 指定圆弧的圆心:(指定圆弧的圆心位置)
指定圆弧的起点:(指定圆弧的起点位置)
指定圆弧的端点或 [角度(A)/弦长(L)]:(指定圆弧的端点位置)

9. 根据圆弧的圆心、起点和圆弧的包含角绘制圆弧
单击菜单"绘图"|"圆弧"|"圆心、起点、角度",AutoCAD 提示:

指定圆弧的起点或 [圆心(C)]: _c 指定圆弧的圆心:(指定圆弧的圆心位置)
指定圆弧的起点:(指定圆弧的起点位置)
指定圆弧的端点或 [角度(A)/弦长(L)]: _a 指定包含角:(输入圆弧的包含角度值后按 Enter 键)

10. 根据圆弧的圆心、起点和弦长绘制圆弧
单击菜单"绘图"|"圆弧"|"圆心、起点、长度",AutoCAD 提示:

指定圆弧的起点或 [圆心(C)]: _c 指定圆弧的圆心:(指定圆弧的圆心位置)
指定圆弧的起点:(指定圆弧的起点位置)
指定圆弧的端点或 [角度(A)/弦长(L)]: _l 指定弦长:(输入圆弧的弦长值后按 Enter 键)

11. 绘制连续圆弧

如果单击菜单"绘图"|"圆弧"|"继续",AutoCAD 会以上一次绘制直线或圆弧时确定的终止点作为新圆弧的起点,并以直线方向或圆弧在终止点处的切线方向为新圆弧在起点处的切线方向开始绘制圆弧,同时提示:

> 指定圆弧的端点:

在此提示下确定相应的点,即可绘出对应的圆弧。

例 2.5 绘制图 2.20 所示的两段圆弧。

可以看出,位于左侧的圆弧可通过指定起点、圆心和端点的方法绘制,位于右侧的圆弧可以通过继续的方式绘制。

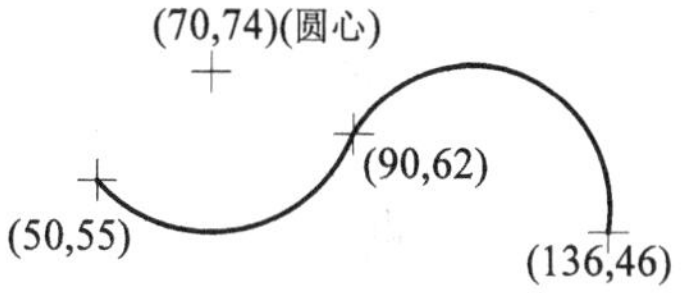

绘图步骤

单击菜单"绘图"|"圆弧"|"起点、圆心、端点",AutoCAD 提示:

> 指定圆弧的起点或 [圆心(C)]: 50,55↙
> 指定圆弧的第二个点或 [圆心(C)/端点(E)]: _c 指定圆弧的圆心: 70,74↙
> 指定圆弧的端点或 [角度(A)/弦长(L)]: 90,62↙

图 2.20 绘制圆弧

再单击菜单"绘图"|"圆弧"|"继续",AutoCAD 提示:

> 指定圆弧的端点: 136,46↙

2.2.3 绘制椭圆、椭圆弧

命令:ELLIPSE。**菜单**:"绘图"|"椭圆",如图 2.21 所示。**工具栏**:"绘图"| (椭圆)、"绘图"| (椭圆弧)。

命令操作

执行 ELLIPSE 命令,AutoCAD 提示:

> 指定椭圆的轴端点或 [圆弧(A)/中心点(C)]:

图 2.21 绘制椭圆菜单

下面分别介绍各选项的含义及其操作。

1. 指定椭圆的轴端点

根据椭圆某一轴上的两个端点位置等参数绘制椭圆(如图 2.22 所示),此选项为默认项。

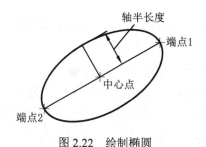

图 2.22 绘制椭圆

执行"指定椭圆的轴端点"选项,即指定椭圆上某一条轴的端点位置,AutoCAD 提示:

> 指定轴的另一个端点:(确定同一轴上的另一端点位置)
> 指定另一条半轴长度或 [旋转(R)]:

在此提示下如果输入椭圆另一轴的半长度值后按 Enter 键,即执行默认项,AutoCAD 绘制出对应的椭圆。如果执行"旋转(R)"选项,AutoCAD 提示:

> 指定绕长轴旋转的角度:

在此提示下输入角度值后按 Enter 键,AutoCAD 绘制出椭圆,该椭圆是经过已确定两点且以这两点之间的距离为直径的圆,绕所确定椭圆轴旋转指定角度后得到的投影椭圆。

通过菜单"绘图" | "椭圆" | "轴、端点"可以实现上述方式的椭圆绘制。

2. 中心点(C)

根据椭圆的中心点位置绘制椭圆。执行该选项,AutoCAD 提示:

> 指定椭圆的中心点:(确定椭圆的中心位置)
> 指定轴的端点:(确定椭圆某一轴的一端点位置)
> 指定另一条半轴长度或 [旋转(R)]:(输入另一轴的半长,或通过"旋转(R)"选项确定椭圆)

通过菜单"绘图" | "椭圆" | "圆心"可以实现上述方式的椭圆绘制。

3. 圆弧(A)

绘制椭圆弧。执行该选项,AutoCAD 提示:

> 指定椭圆弧的轴端点或 [中心点(C)]:

在此提示下的操作与前面介绍的绘制椭圆的过程完全相同,用于确定椭圆的形状。确定椭圆的形状后,AutoCAD 继续提示:

> 指定起始角度或 [参数(P)]:

上面两选项的含义如下。

(1)指定起始角度。

通过确定椭圆弧的起始角(椭圆中心与椭圆第一轴端点之间的连线方向为椭圆的 0°方向)绘制椭圆弧,为默认项。响应该选项,即输入椭圆弧的起始角度值后按 Enter 键,AutoCAD 提示:

> 指定终止角度或 [参数(P)/包含角度(I)]:

其中,"指定终止角度"选项要求用户根据椭圆弧的终止角确定椭圆弧的另一端点位置;"包含角度(I)"选项将根据椭圆弧的包含角确定椭圆弧;"参数(P)"选项将通过参数确定椭圆弧另一个端点的位置,该选项的执行方式与执行选项"参数(P)"后的操作相同。

(2)参数(P)。

通过指定的参数绘制椭圆弧。执行该选项,AutoCAD 提示:

> 指定起始参数或 [角度(A)]:

其中,"角度(A)"选项可以切换到通过角度确定椭圆弧的方式。如果在提示下输入参数,即响应默认项"指定起始参数",AutoCAD 按下面的公式确定椭圆弧的起始角 $P(n)$:

$$P(n)=c+a\times\cos(n)+b\times\sin(n)$$

公式中,n 是用户输入的参数;c 是椭圆弧的半焦距;a 和 b 分别是椭圆长轴与短轴的半轴长。

输入起始参数后，AutoCAD 提示：

指定终止参数或 [角度(A)/包含角度(I)]:

在此提示下可以通过"角度（A）"选项确定椭圆弧的另一端点位置，或通过"包含角度(I)"选项确定椭圆弧的包含角。如果利用"指定终止参数"默认项给出椭圆弧的另一参数，AutoCAD 仍用前面介绍的公式确定椭圆弧的另一端点位置。

通过菜单"绘图"|"椭圆"|"圆弧"或"绘图"工具栏按钮 （椭圆弧）可以实现对应的椭圆弧绘制。

例 2.6 绘制如图 2.23 所示的椭圆。

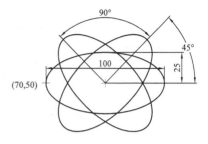

图 2.23 绘制椭圆

绘图步骤

① 绘制水平椭圆。

单击菜单"绘图"|"椭圆"|"轴、端点"，AutoCAD 提示：

指定椭圆的轴端点或 [圆弧(A)/中心点(C)]: 70,50↙
指定轴的另一个端点: @100,0↙(利用相对坐标确定另一端点)
指定另一条半轴长度或 [旋转(R)]: 25↙

② 绘制向右上方倾斜的椭圆。

单击菜单"绘图"|"椭圆"|"圆心"，AutoCAD 提示：

指定椭圆的轴端点或 [圆弧(A)/中心点(C)]: _c
指定椭圆的中心点: 120,50↙
指定轴的端点: @50<45↙
指定另一条半轴长度或 [旋转(R)]: 25↙

③ 绘制向左上方倾斜的椭圆。

单击菜单"绘图"|"椭圆"|"中心点"，AutoCAD 提示：

指定椭圆的轴端点或 [圆弧(A)/中心点(C)]: _c
指定椭圆的中心点: 120, 50↙
指定轴的端点: @50<135↙
指定另一条半轴长度或 [旋转(R)]: 25↙

2.2.4 绘制圆环

命令：DONUT。菜单："绘图"|"圆环"。

命令操作

执行 DONUT 命令，AutoCAD 提示：

指定圆环的内径:(输入圆环的内径后按 Enter 键)
指定圆环的外径:(输入圆环的外径后按 Enter 键)
指定圆环的中心点或 <退出>:(指定圆环的中心点位置)
指定圆环的中心点或 <退出>:↙(或继续指定圆环的中心点位置绘圆环)

> 提示 可以通过命令 FILL 或系统变量 FILLMODE（有关系统变量的概念请参见 4.3 节）设置是否填充圆环。圆环填充与否的效果如图 2.24 所示。另外，如果将圆环的内径设为 0，得到的结果为填充圆。

    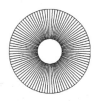

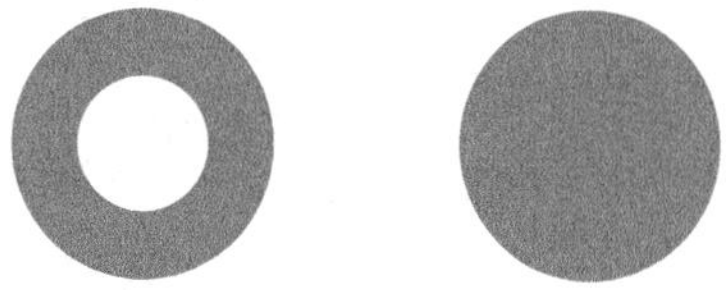

（a）填充的圆环　　　　　　　　　　　　（b）没有填充的圆环

图 2.24　有填充和没有填充的圆环

利用命令 FILL 设置是否填充圆环的步骤如下。
执行 FILL 命令，AutoCAD 提示：

输入模式 [开(ON)/关(OFF)] <开>:

提示中，"开（ON）"选项使填充有效；"关（OFF）"选项则关闭填充模式，即不填充。
利用系统变量 FILLMODE 设置是否填充圆环的步骤如下。
在"命令:"提示下输入 FILLMODE 后按 Enter 键，AutoCAD 提示：

输入 FILLMODE 的新值:

提示中，用 0 响应表示关闭填充模式，即不填充；用 1 响应则启用填充模式，即填充。

> 提示 用命令 FILL 或系统变量 FILLMODE 更改填充设置后，应执行 REGEN 命令（位于菜单"视图"|"重生成"）使填充设置生效。

2.3　绘　制　点

本节介绍如何利用 AutoCAD 2012 绘制点。

2.3.1　绘制单点与多点

命令：POINT（绘单点）。**菜单**："绘图"|"点"|"单点"，"绘图"|"点"|"多点"。**工具栏**："绘图"|·（点），用于绘多点。

命令操作

在"命令:"提示下输入 POINT 后按 Enter 键，或单击菜单"绘图"|"点"|"单点"，AutoCAD 提示：

指定点:

在该提示下指定所绘制点的位置，即可绘出对应的点。

第 2 章 绘制基本二维图形

> **命令操作**
>
> 单击菜单"绘图"|"点"|"多点"或单击"绘图"工具栏按钮（点），AutoCAD 提示：
>
> > 指定点:
>
> 在这样的提示下,可以通过指定点的位置绘制出一系列的点。如果在"指定点:"提示下按 Esc 键,将会结束命令的执行。

> **提示** 用 POINT 命令绘出点后,在屏幕上显示出的只是一个小点,但用户可以设置点的样式(参见 2.3.2 节)。

2.3.2 设置点样式

命令：DDPTYPE。**菜单**："格式"|"点样式"。

> **命令操作**
>
> 执行 DDPTYPE 命令,AutoCAD 弹出"点样式"对话框,如图 2.25 所示。

可以通过此对话框选择所需要的点样式。AutoCAD 的默认点样式如对话框中位于左上角的图标所示,即一个小点。还可以利用对话框中的"点大小"文本框确定点的大小。设置了点的样式和大小后,单击"确定"按钮关闭对话框,已绘出的点会自动进行对应的更新,且在此之后绘制的点均会采用新设置的样式。

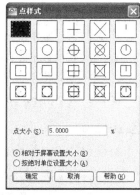

图 2.25 "点样式"对话框

2.3.3 绘制定数等分点

命令：DIVIDE。**菜单**："绘图"|"点"|"定数等分"。

绘制定数等分点是指将点对象沿指定对象的长度或周长方向等间隔排列。

> **命令操作**
>
> 执行 DIVIDE 命令,AutoCAD 提示：
>
> > 选择要定数等分的对象:(选择要进行定数等分的对象)
> > 输入线段数目或 [块(B)]:(输入等分数后按 Enter 键,有效值为 2～32 767 之间的数。或通过"块(B)"选项将指定的块对象沿所指定对象的长度或周长方向等间隔插入。有关块的概念与使用请参见 7.3、7.4 节)

例 2.7 已知有如图 2.26 所示的曲线,对其绘制定数等分点,为曲线均匀标记出 5 等分(如图 2.27 所示)。

图 2.26 已有曲线

图 2.27 绘制定数等分点

绘图步骤

执行 DIVIDE 命令,AutoCAD 提示:

选择要定数等分的对象:(选择已有曲线)
输入线段数目或 [块(B)]: 5↙

执行结果如图 2.27 所示。

> **提示** 用户可以根据需要设置不同的点样式。

2.3.4 绘制定距等分点

命令:MEASURE。**菜单**:"绘图"|"点"|"定距等分"。

绘制定距等分点是指将点对象在指定的对象上按指定的距离间隔放置,请注意与定数等分点的区别。

命令操作

执行 MEASURE 命令,AutoCAD 提示:

选择要定距等分的对象:(选择对应的对象)
指定线段长度或 [块(B)]: (在此提示下如果输入长度值后按 Enter 键,AutoCAD 就在所指定对象上按指定的长度绘制出对应的点。"[块(B)]:"选项表示将在对象上按指定的长度插入块)

例 2.8 已知图 2.26 所示的曲线,对其从左端点起按长度 30 绘制定距等分点。

绘图步骤

执行 MEASURE 命令,AutoCAD 提示:

选择要定距等分的对象:(在靠近曲线的左端点处选择该曲线)
指定线段长度或 [块(B)]: 30↙

执行结果如图 2.28 所示,即从曲线左端点起,每隔长度 30 绘制一个点。

> **提示** 用 MEASURE 命令绘定距等分点时,AutoCAD 总是在指定对象上从离拾取点近的端点位置开始绘定距等分点。对于例 2.8,如果在"选择要定距等分的对象:"提示下在靠近曲线的右端点处选择曲线,绘图结果则如图 2.29 所示。

图 2.28 绘制定距等分点 1   图 2.29 绘制定距等分点 2

2.4 绘制矩形和正多边形

利用 AutoCAD 2012,可以方便地绘制各种形式的矩形和正多边形。

2.4.1 绘制矩形

命令：RECTANG。**菜单**："绘图"|"矩形"。**工具栏**："绘图"|□（矩形）。

命令操作

执行 RECTANG 命令，AutoCAD 提示：

指定第一个角点或 [倒角(C)/标高(E)/圆角(F)/厚度(T)/宽度(W)]:

提示说明 AutoCAD 可以绘制出多种形式的矩形，与各选项对应的矩形如图 2.30 所示。

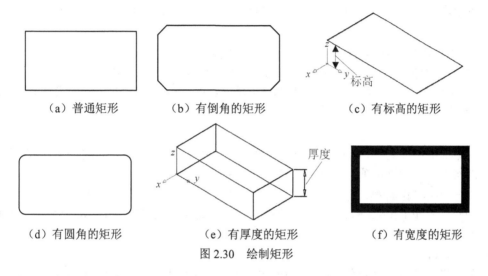

（a）普通矩形　　（b）有倒角的矩形　　（c）有标高的矩形

（d）有圆角的矩形　　（e）有厚度的矩形　　（f）有宽度的矩形

图 2.30　绘制矩形

下面进一步介绍各选项的含义及其操作。

1．指定第一个角点

指定矩形的一角点位置，为默认项。执行该默认项，即指定矩形的一角点位置后，AutoCAD 提示：

指定另一个角点或 [面积(A)/尺寸(D)/旋转(R)]:

（1）指定另一个角点。

指定矩形的另一个角点位置，即指定矩形中与第一角点成对角关系的另一角点的位置。确定该点后，AutoCAD 绘制出对应的矩形。

（2）面积（A）。

根据面积绘制矩形。执行该选项，AutoCAD 提示：

输入以当前单位计算的矩形面积:(输入所绘矩形的面积值后按 Enter 键)
计算矩形标注时依据 [长度(L)/宽度(W)] <长度>:(利用"长度(L)"或"宽度(W)"选项确定矩形的长或宽，确定后 AutoCAD 按指定的面积和对应的边长等绘出矩形)

（3）尺寸（D）。

根据矩形的长和宽绘制矩形。执行该选项，AutoCAD 提示：

指定矩形的长度:(输入矩形的长度值后按 Enter 键)
指定矩形的宽度:(输入矩形的宽度值后按 Enter 键)
指定另一个角点或 [面积(A)/尺寸(D)/旋转(R)]:(拖曳鼠标确定所绘矩形的另一角点相对于第一角点的位置,确定后单击鼠标左键,AutoCAD 按指定的长和宽绘出矩形)

(4) 旋转(R)。

绘制按指定倾斜角度放置的矩形。执行该选项,AutoCAD 提示:

指定旋转角度或 [拾取点(P)]:(输入旋转角度值后按 Enter 键,或通过"拾取点(P)"选项确定角度)
指定另一个角点或 [面积(A)/尺寸(D)/旋转(R)]:(执行某一选项绘制矩形)

2. 倒角(C)

设置矩形的倒角尺寸,使所绘矩形在各角点处按指定的尺寸倒角。执行该选项,AutoCAD 提示:

指定矩形的第一个倒角距离:(输入矩形的第一倒角距离值后按 Enter 键)
指定矩形的第二个倒角距离:(输入矩形的第二倒角距离值后按 Enter 键)
指定第一个角点或 [倒角(C)/标高(E)/圆角(F)/厚度(T)/宽度(W)]:(指定矩形的角点位置来绘制矩形或进行其他设置)

3. 标高(E)

设置矩形的绘图高度,即所绘矩形的平面与当前坐标系的 xy 面之间的距离。此功能一般用于三维绘图。执行该选项,AutoCAD 提示:

指定矩形的标高:(输入高度值)
指定第一个角点或 [倒角(C)/标高(E)/圆角(F)/厚度(T)/宽度(W)]:(指定矩形的角点位置绘制矩形或进行其他设置)

4. 圆角(F)

设置矩形在角点处的圆角半径,使所绘矩形在各角点处均按此半径绘制圆角。执行该选项,AutoCAD 提示:

指定矩形的圆角半径:(输入圆角的半径值后按 Enter 键)
指定第一个角点或 [倒角(C)/标高(E)/圆角(F)/厚度(T)/宽度(W)]:(指定矩形的角点位置绘制矩形或进行其他设置)

5. 厚度(T)

设置矩形的绘图厚度,即矩形沿 z 轴方向的厚度尺寸,使所绘矩形沿当前坐标系的 z 方向具有一定的厚度,此功能一般用于三维绘图。执行该选项,AutoCAD 提示:

指定矩形的厚度:(输入厚度值后按 Enter 键)
指定第一个角点或 [倒角(C)/标高(E)/圆角(F)/厚度(T)/宽度(W)]:(指定矩形的角点位置绘制矩形或进行其他设置)

6. 宽度(W)

设置矩形的线宽,使所绘矩形的各边具有宽度。执行该选项,AutoCAD 提示:

指定矩形的线宽:(输入宽度值)
指定第一个角点或 [倒角(C)/标高(E)/圆角(F)/厚度(T)/宽度(W)]:(指定矩形的角点位置绘矩形或进行其他设置)

很显然，当绘制有特殊要求的矩形时（如有倒角或圆角要求等），一般应首先进行对应的设置，然后再确定矩形的角点位置。

例 2.9 绘制图 2.31 所示的矩形。

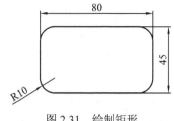

图 2.31 绘制矩形

绘图步骤

执行 RECTANG 命令，AutoCAD 提示：

> 指定第一个角点或 [倒角(C)/标高(E)/圆角(F)/厚度(T)/宽度(W)]: F↙（设置圆角半径）
> 指定矩形的圆角半径: 10↙
> 指定第一个角点或 [倒角(C)/标高(E)/圆角(F)/厚度(T)/宽度(W)]:(在绘图屏幕适当位置拾取一点作为矩形的左上角点)
> 指定另一个角点或 [面积(A)/尺寸(D)/旋转(R)]: @80,-45↙（通过相对坐标确定矩形的对角点）

2.4.2 绘制正多边形

命令：POLYGON。**菜单**："绘图"|"正多边形"。**工具栏**："绘图"|⬡（正多边形）。

正多边形即等边多边形。

命令操作

执行 POLYGON 命令，AutoCAD 提示：

> 输入侧面数:(输入所绘多边形的边数值后按 Enter 键。允许值为 3～1 024 的整数)
> 指定正多边形的中心点或 [边(E)]:

下面介绍提示中各选项的含义。

1. 指定正多边形的中心点

此默认选项要求用户确定正多边形的中心点位置，以便根据多边形的假设外接圆或内切圆来绘制正多边形。执行该选项，即指定多边形的中心点后，AutoCAD 提示：

> 输入选项 [内接于圆(I)/外切于圆(C)]:

提示中，"内接于圆（I）"选项表示所绘正多边形内接于假想的圆；"外切于圆（C）"选项则表示所绘正多边形外切于假想的圆。它们的效果如图 2.32 所示。

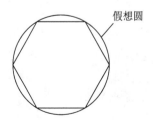
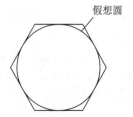

（a）根据假想圆绘制内接正多边形　　（b）根据假想圆绘制外切正多边形

图 2.32 根据假想圆绘正多边形

如果执行"内接于圆(I)"选项，AutoCAD 提示：

> 指定圆的半径:

输入圆的半径后，AutoCAD 会假设有一半径为输入值、圆心位于多边形中心的圆，并按照指定的边数绘制出与该圆内接的正多边形。

如果执行"外切于圆（C）"选项，AutoCAD 同样提示：

指定圆的半径：

输入圆的半径后，AutoCAD 会假设有一半径为输入值、圆心位于多边形中心的圆，并按照指定的边数绘制出与该圆外切的正多边形。

2．边（E）

根据多边形某一条边的两个端点绘制正多边形。执行该选项，AutoCAD 依次提示：

指定边的第一个端点：
指定边的第二个端点：

用户依次确定边的两端点后，AutoCAD 以这两个点作为正多边形上一条边的两个端点，且按指定的边数绘制出正多边形。

> **提示** 通过"边（E）"选项绘制正多边形时，AutoCAD 总是从指定的第一端点向第二端点，沿逆时针方向绘制正多边形。
> 例如，已知有所图 2.33(a)所示的两个点，如果将这两个点作为正六边形一条边上的两个端点来绘正六边形，那么分别以不同的点作为第一、第二端点时，将会得到不同位置的六边形，如图 2.33（b）和（c）所示。

例 2.10　绘制如图 2.34 所示的正六边形。

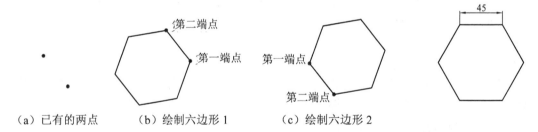

（a）已有的两点　　（b）绘制六边形 1　　（c）绘制六边形 2

图 2.33　根据"边"选项绘制正多边形　　　　图 2.34　绘制正六边形

绘图步骤

执行 POLYGON 命令，AutoCAD 提示：

输入侧面数:6↙
指定正多边形的中心点或 [边(E)]:(在绘图屏幕适当位置指定一点)
输入选项 [内接于圆(I)/外切于圆(C)]: I↙
指定圆的半径: 45↙(对于六边形，其边长等于对应外接圆的半径)

2.5　练　习

1．绘制如图 2.35 所示的各个图形（尺寸由读者确定，绘出近似图形即可）。

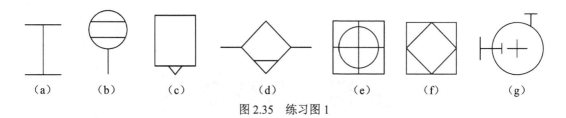

图 2.35 练习图 1

2. 绘制如图 2.36 所示的图形（尺寸由读者确定，绘出近似图形即可）。
3. 绘制如图 2.37 所示的图形（尺寸由读者确定，绘出近似图形即可）。

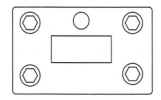

图 2.36 练习图 2

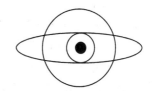

图 2.37 练习图 3

第 3 章 编辑二维图形

第 2 章介绍了 AutoCAD 提供的基本二维图形绘制功能,但是读者在完成 2.5 节中的各绘图练习时可能会发现:虽然用各绘图命令能够绘出基本的图形对象,但当绘制稍微复杂的图形时,绘图效率和准确性还较差。只有结合本章介绍的二维图形编辑以及后面章节介绍的相关功能,才能够用 AutoCAD 高效、准确地绘制工程图。本章重点介绍 AutoCAD 2012 的二维图形编辑功能。利用 AutoCAD 2012 提供的"修改"菜单和"修改"工具栏可以执行 AutoCAD 的编辑命令。如图 3.1 所示为"修改"菜单,如图 3.2 所示为"修改"工具栏。

图 3.1 "修改"菜单　　　　　　图 3.2 "修改"工具栏

3.1 删除图形

命令:ERASE。**菜单**:"修改"|"删除"。**工具栏**:"修改"|✎(删除)。

删除图形与手工绘图时用橡皮擦除已绘出的图形相似。

命令操作

执行 ERASE 命令，AutoCAD 提示：

> 选择对象:(选择要删除的对象。选择时直接拾取对象即可)
> 选择对象:↙(也可以继续选择要删除的对象)

3.2 选 择 对 象

从 3.1 节可以看出，执行 ERASE 命令后，AutoCAD 会提示"选择对象:"。此提示要求用户选择要删除的对象。当用户执行某一编辑命令进行编辑操作时，AutoCAD 一般会首先提示"选择对象:"，即要求用户选择要进行编辑操作的对象，同时把十字光标改为一个小方框（称为拾取框）。为提高绘图的效率，AutoCAD 提供了多种选择对象的方法。本节介绍 AutoCAD 的对象选择模式以及常用的对象选择方法。

1. 对象选择的模式

AutoCAD 有两种对象选择模式：添加模式和扣除模式。

当 AutoCAD 给出提示"选择对象:"时，用户选择对象后，AutoCAD 一般还会继续给出提示"选择对象:"，即允许用户继续选择要操作的对象，而且选择后这些对象均以虚线形式显示（称其为亮显），表示它们被选中。我们将这种选择模式称为添加模式，在此模式下选择的对象均被添加到选择集中。

有时候，当选择一些对象后，发现某些对象被选错了，需要从选择集中去除，这时就应采用扣除模式。扣除模式是指将选中的对象移出选择集，在画面上体现为：原来以虚线形式显示的被选中对象又恢复成正常显示，即退出了选择集。

从添加模式切换到扣除模式的方法是：在"选择对象:"提示下用 R 响应，即输入 R 后按 Enter 键，AutoCAD 的提示会变为：

> 删除对象:

此提示表示进入了扣除模式，用户可以进行相应的选择操作。如果在"删除对象:"提示下用 A 响应，即输入 A 后按 Enter 键，AutoCAD 的提示又变为：

> 选择对象:

即又进入添加模式。

2. 选择对象的方法

下面以添加模式为例说明选择对象的方法。在扣除模式下选择对象的方法与在添加模式下选择对象的方法完全相同。

（1）直接拾取。

这是默认选择对象的方法。选择过程为：通过鼠标移动拾取框，使其压住希望选择的对象后单击鼠标左键，该对象会以虚线形式显示，表示已被选中。

（2）选择全部对象。

如果在"选择对象:"提示下输入 ALL（全部）后按 Enter 键或空格键，AutoCAD 会选中屏幕上的全部对象。

（3）默认矩形窗口选择方法。

通过矩形窗口选择对象。当提示"选择对象:"时，如果将拾取框移到图中的空白处并单击鼠标左键，AutoCAD 会提示：

指定对角点:

在该提示下确定矩形选择窗口的对角点位置，即将光标移到矩形选择窗口的对角点位置后，单击鼠标左键，AutoCAD 以所指定的两个点为对角点确定出一个矩形选择窗口。如果矩形窗口是从左向右定义的（定义矩形窗口的第二角点位于第一角点的右侧），那么位于窗口内的对象均被选中，而位于窗口外以及与窗口边界相交的对象不会被选中，如图 3.3 所示。如果矩形窗口是从右向左定义的（即定义矩形窗口的第二角点位于第一角点的左侧），那么不仅位于窗口内的对象会被选中，而且与窗口边界相交的对象也均被选中，如图 3.4 所示。

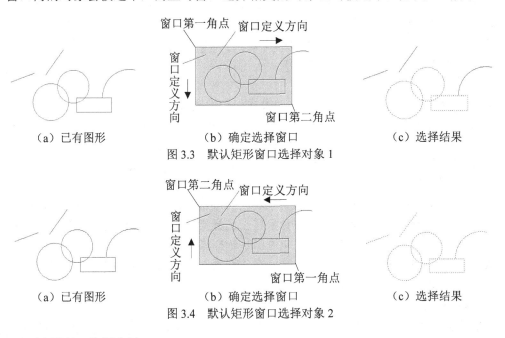

（a）已有图形　　　（b）确定选择窗口　　　（c）选择结果

图 3.3　默认矩形窗口选择对象 1

（a）已有图形　　　（b）确定选择窗口　　　（c）选择结果

图 3.4　默认矩形窗口选择对象 2

（4）矩形窗口选择方法。

该选择方法也是通过矩形窗口选择对象，但与默认矩形窗口选择方法不同的是，用户需给予显式说明。在"选择对象:"提示下用 W 响应，即输入 W 后按 Enter 键或空格键，此时 AutoCAD 会提示用户指定矩形选择窗口的两个对角点：

指定第一个角点:(指定矩形选择窗口的第一角点位置)
指定对角点:(指定选择窗口的对角点位置)

执行结果为：AutoCAD 选中位于由两角点确定的矩形窗口内的所有对象。这种方法与前面介绍的默认矩形窗口方法的区别是：在"指定第一个角点:"提示下确定矩形窗口的第一角点位置时，无论拾取框是否压住对象，AutoCAD 均将拾取点看成选择窗口的第一角点，而不会选中所压对象。另外，用此方法选择对象时，无论是从左向右还是从右向左定义窗口，被选中的对象均是位于窗口内的对象。

（5）交叉矩形窗口选择方法。

如果在"选择对象:"提示下用 C 响应，即输入 C 后按 Enter 键，AutoCAD 会依次提示用户指定矩形选择窗口的两个角点：

> 指定第一个角点:
> 指定对角点:

用户依次响应后，AutoCAD 会将位于矩形窗口内以及与窗口边界相交的所有对象选中。

（6）不规则窗口选择方法。

如果在"选择对象:"提示下用 WP 响应，即输入 WP 后按 Enter 键或空格键，AutoCAD 提示：

> 第一圈围点:(指定不规则选择窗口的第一个角点位置)
> 指定直线的端点或 [放弃(U)]:

在后续给出的一系列提示下指定不规则选择窗口的其他各角点位置，而后按 Enter 键或空格键，AutoCAD 会选中位于由这些点确定的不规则窗口内的所有对象。

（7）不规则交叉窗口选择方法。

如果在"选择对象:"提示下用 CP 响应，即输入 CP 后按 Enter 键或空格键，后续操作与前面介绍的不规则窗口选择方法相同，但执行的结果是：位于不规则选择窗口内以及与该窗口边界相交的对象均被选中。

（8）前一个方法。

如果在"选择对象:"提示下用 P 响应，即输入 P 后按 Enter 键或空格键，AutoCAD 会选中在当前操作前所进行的编辑操作中，在"选择对象:"提示下选中的对象。

（9）最后一个方法。

在"选择对象:"提示下用 L 响应，即输入 L 后按 Enter 键或空格键，AutoCAD 选中最后操作或绘制的对象。

（10）栏选方法。

在"选择对象:"提示下用 F 响应，即输入 F 后按 Enter 键或空格键，AutoCAD 提示：

> 指定第一个栏选点:(指定第一点)
> 指定下一个栏选点或 [放弃(U)]:

在后续给出的一系列此提示下确定各栏选点，而后按 Enter 键或空格键，那么与由这些点确定的围线相交的对象均会被选中。

（11）取消操作。

如果在"选择对象:"提示下用 U 响应，即输入 U 后按 Enter 键或空格键，则可以取消最后进行的选择操作，即从选择集中去掉最后一次选择的对象。用户可以在"选择对象:"提示下连续用 U 响应，从选择集中取消已选择的对象。

本节介绍了 AutoCAD 提供的常用选择对象方法。在实际操作中，用户可以根据具体绘图需要和习惯采用不同的方法来选择对象。

> **提示** 有些 AutoCAD 命令只能对一个对象进行操作，如 BREAK（打断）命令等，这时只能通过直接拾取的方法来选择操作对象（参见 3.13 节）。还有些命令只能采用特殊的选择对象方法选择对象。例如，STRETCH（拉伸）命令一般应通过交叉矩形窗口或不规则交叉窗口方法选择对象（参见 3.16 节）。

3.3 移动对象

命令：MOVE。**菜单**："修改"|"移动"。**工具栏**："修改"|⊕（移动）。
移动对象是指将选定的对象从一个位置移动到另一个位置。

命令操作

执行 MOVE 命令，AutoCAD 提示：

> 选择对象:(选择要移动的对象)
> 选择对象:✓(也可以继续选择要移动的对象)
> 指定基点或 [位移(D)] <位移>:

1．指定基点

指定位移基点，为默认项。执行该默认项，即指定一点作为位移基点，AutoCAD 将提示：

> 指定第二个点或 <使用第一个点作为位移>:

在该提示下再指定一点，即执行"指定第二个点"选项，AutoCAD 将选择的对象从当前位置按由所指定两点确定的位移矢量移动；如果在此提示下直接按 Enter 键或空格键，AutoCAD 则会将所指定的第一点的各坐标分量作为移动位移量来移动对象。

2．位移（D）

根据位移量移动对象。执行该选项，AutoCAD 提示：

> 指定位移:

在此提示下输入移动位移量（如输入"20,30,50"）后按 Enter 键，AutoCAD 将所选择对象按此移动位移量移动。

例 3.1 已知有如图 3.5 所示的图形，移动图中的圆和六边形，结果如图 3.6 所示。

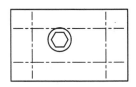 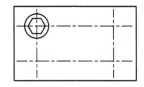

图 3.5　已有图形　　　　　　　　图 3.6　移动结果

操作步骤

执行 MOVE 命令，AutoCAD 提示：

> 选择对象:(选择圆和六边形。可以用直接拾取的方式选择，也可以用其他方式选择)
> 选择对象:✓
> 指定基点或 [位移(D)] <位移>:(拾取圆的圆心为位移基点)
> 指定第二个点或 <使用第一个点作为位移>:(拾取位于图中左上角位置的两条中心线的交点为位移第二点)

> **提示** 读者现在也许还不能准确地确定出圆心或交点这样的特殊点，请不要着急，利用 5.2 节介绍的对象捕捉等功能，可以准确地确定圆心等特殊点。

3.4 复 制 对 象

命令：COPY。**菜单**："绘图" | "复制"。**工具栏**："绘图" | ⊕（复制）。
复制对象是指将选定的对象复制到其他位置。

命令操作

执行 COPY 命令，AutoCAD 提示：

> 选择对象:(选择要复制的对象)
> 选择对象:✓(也可以继续选择对象)
> 指定基点或 [位移(D)/模式(O)] <位移>:

1．指定基点

确定复制基点，为默认项。执行该默认项，即指定一点作为复制基点后，AutoCAD 提示：

> 指定第二个点或 <使用第一个点作为位移>:

在此提示下再确定一点，AutoCAD 将所选择对象按由两点确定的位移矢量复制到指定位置，而后 AutoCAD 可能会继续提示（由复制模式确定，见后面的介绍）：

> 指定第二个点或 [退出(E)/放弃(U)] <退出>:

如果在这样的提示下再依次确定位移的第二点，AutoCAD 会将选择的对象按基点与其他各点确定的各位移矢量关系进行多次复制；如果按 Enter 键、空格键或 Esc 键，AutoCAD 结束 COPY 命令。

> **提示** 执行 COPY 命令后，可以通过"模式（O）"选项确定是否进行多次复制（见后面对该选项的介绍）。

执行 COPY 命令并指定基点后，如果在"指定第二个点或 <使用第一个点作为位移>:"提示下直接按 Enter 键或空格键，AutoCAD 会将该基点的各坐标分量作为位移量复制对象，而后结束 COPY 命令。

2．位移（D）

根据位移量复制对象。执行该选项，AutoCAD 提示：

> 指定位移:

如果在此提示下输入位移量（如输入"20,30,50"，它表示沿 x、y、z 3 个坐标方向的位移量分别是 20、30、50）后按 Enter 键，AutoCAD 将按此位移量复制所选对象。

> **提示** 当用 AutoCAD 在一幅图中绘制多个相同的图形时，可以先绘出一个图形，然后通过复制的方法得到其他图形。

3．模式（O）

确定复制的模式。执行该选项，AutoCAD 提示：

输入复制模式选项 [单个(S)/多个(M)] <多个>:

其中，"单个(S)"选项表示执行 COPY 命令后只能对选择的对象执行一次复制，而"多个（M）"选项表示可以多次复制，AutoCAD 默认为"多个(M)"。

例 3.2 对如图 3.6 所示的圆和六边形进行复制操作，结果如图 3.7 所示。

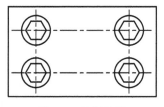

图 3.7　复制结果

操作步骤

执行 COPY 命令，AutoCAD 提示：

选择对象:(选择已有的圆和六边形)
选择对象:✓
指定基点或 [位移(D)/模式(O)] <位移>:(拾取已有圆的圆心)
指定第二个点或 <使用第一个点作为位移>:(拾取位于图中左下角位置的两条中心线交点)
指定第二个点或 [退出(E)/放弃(U)] <退出>:(拾取位于图中右上角位置的两条中心线交点)
指定第二个点或 [退出(E)/放弃(U)] <退出>:(拾取位于图中右下角位置的两条中心线交点)
指定第二个点或 [退出(E)/放弃(U)] <退出>:✓

3.5　镜　像　对　象

命令：MIRROR。**菜单**："修改" | "镜像"。**工具栏**："修改" | ⚠ （镜像）。

镜像对象是指将选定的对象相对于镜像线进行镜像复制，如图 3.8 所示。

（a）已有图形　　　　　　　　　（b）镜像结果

图 3.8　镜像对象示例

> **提示**　镜像功能特别适合绘制对称图形。

命令操作

执行 MIRROR 命令，AutoCAD 提示：

选择对象:(选择要镜像的对象)
选择对象:✓(也可以继续选择对象)

指定镜像线的第一点:(指定镜像线的第一点)
指定镜像线的第二点:(指定镜像线的第二点)
要删除源对象吗？[是(Y)/否(N)] <N>:(确定镜像后是否删除源对象。如果直接按 Enter 键，即执行"否(N)"项，AutoCAD 镜像复制对象，即镜像后保留源对象。如果执行"是(Y)"选项，AutoCAD 执行镜像操作后要删除源对象。在如图 3.8 所示的示例中，镜像后保留了源对象)

> 提示　用户可以根据需要确定镜像时是否绘制镜像线。有时可以直接通过指定两点的方式确定镜像线，也可以直接以已有图形上的某条直线作为镜像线。

3.6 偏移对象

命令：OFFSET。**菜单**："修改" | "偏移"。**工具栏**："修改" | ⚏ （偏移）。
偏移操作用于平行复制，通过该命令可以创建同心圆、平行线或等距曲线，如图 3.9 所示。

（a）已有图形　　　　　　　　　　（b）偏移结果

图 3.9　偏移对象示例

命令操作

执行 OFFSET 命令，AutoCAD 提示：

指定偏移距离或 [通过(T)/删除(E)/图层(L)] <通过>:

1．指定偏移距离

根据偏移距离偏移复制对象。如果在"指定偏移距离或 [通过(T)/删除(E)/图层(L)] <通过>:"提示下输入距离值后按 Enter 键，AutoCAD 提示：

选择要偏移的对象，或 [退出(E)/放弃(U)] <退出>:(选择要偏移的对象。注意，此时只能选择一个操作对象。也可以按 Enter 键，即执行"<退出>"选项结束命令。)
指定要偏移的那一侧上的点，或 [退出(E)/多个(M)/放弃(U)] <退出>:

（1）指定要偏移的那一侧上的点。
相对于源对象，在要偏移复制到的一侧任意拾取一点，即可实现偏移，而后 AutoCAD 继续提示：

选择要偏移的对象，或 [退出(E)/放弃(U)] <退出>:↙(也可以继续选择对象进行偏移)

（2）退出（E）。
退出 OFFSET 命令。
（3）多个（M）。
利用当前设置的偏移距离重复进行偏移操作。执行该选项，AutoCAD 提示：

指定要偏移的那一侧上的点，或 [退出(E)/放弃(U)]<下一个对象>:(相对于源对象，在要复制到的一侧任意拾取一点，即可实现对应的偏移复制)
指定要偏移的那一侧上的点，或 [退出(E)/放弃(U)]<下一个对象>:✓(也可以继续指定偏移位置实现偏移复制操作)
选择要偏移的对象，或 [退出(E)/放弃(U)]<退出>:✓

> **提示** 用给定偏移距离的方式偏移复制对象时，距离值必须大于零。

（4）放弃（U）。
取消前一次操作。
2．通过（T）
使对象偏移复制后通过指定的点（或对象的延伸线通过该指定点）。执行该选项，即输入 T 后按 Enter 键，AutoCAD 提示：

选择要偏移的对象，或 [退出(E)/放弃(U)]<退出>:(选择对象，也可以按 Enter 键结束命令)
指定通过点或 [退出(E)/多个(M)/放弃(U)]<退出>:(确定新对象要通过的点，即可实现偏移复制)
选择要偏移的对象，或 [退出(E)/放弃(U)]<退出>:✓(也可以继续选择对象进行偏移复制)

3．删除（E）
确定偏移后是否删除源对象（如图 3.9 所示示例中，偏移后保留源对象）。执行该选项，AutoCAD 提示：

要在偏移后删除源对象吗？[是(Y)/否(N)]<否>:

用户做出对应的选择后，AutoCAD 提示：

指定偏移距离或 [通过(T)/删除(E)/图层(L)]<通过>:

根据提示操作即可。
4．图层（L）
确定将偏移后得到的对象创建在当前图层还是源对象所在图层（有关图层的概念参见 4.4 节）。执行"图层(L)"选项，AutoCAD 提示：

输入偏移对象的图层选项 [当前(C)/源(S)]<源>:

提示中，"当前(C)"选项表示将偏移后得到的对象创建在当前图层；"源(S)"选项则表示要将偏移后得到的对象创建在源对象所在图层。用户做出选择后，AutoCAD 提示：

指定偏移距离或 [通过(T)/删除(E)/图层(L)]<通过>:

根据提示操作即可。
例 3.3 对如图 3.10 所示各图形进行偏移操作，结果如图 3.11 所示。

操作步骤

① 偏移圆弧。
执行 OFFSET 命令，AutoCAD 提示：

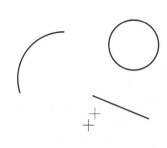

图 3.10 已有图形

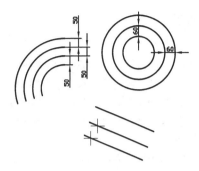

图 3.11 偏移结果

> 指定偏移距离或 [通过(T)/删除(E)/图层(L)]:50↙
> 选择要偏移的对象,或 [退出(E)/放弃(U)] <退出>:(选择圆弧)
> 指定要偏移的那一侧上的点,或 [退出(E)/多个(M)/放弃(U)] <退出>:M↙(多次偏移复制)
> 指定要偏移的那一侧上的点,或 [退出(E)/放弃(U)] <下一个对象>:(在已有圆弧的右下角位置拾取一点,得到一条新圆弧)
> 指定要偏移的那一侧上的点,或 [退出(E)/放弃(U)] <下一个对象>:(在已有圆弧的右下角位置拾取一点,又得到一条新圆弧)
> 指定要偏移的那一侧上的点,或 [退出(E)/放弃(U)] <下一个对象>:(在已有圆弧的右下角位置再拾取一点,又得到另一条新圆弧)
> 指定要偏移的那一侧上的点,或 [退出(E)/放弃(U)] <下一个对象>:↙
> 选择要偏移的对象,或 [退出(E)/放弃(U)] <退出>:↙

操作结果如图 3.12 所示,即创建出同心圆弧。

② 偏移直线。

执行 OFFSET 命令,AutoCAD 提示:

> 指定偏移距离或 [通过(T)/删除(E)/图层(L)] <通过>:T↙
> 选择要偏移的对象,或 [退出(E)/放弃(U)] <退出>:(选择已有直线)
> 指定通过点或 [退出(E)/多个(M)/放弃(U)] <退出>: M↙
> 指定通过点或 [退出(E)/放弃(U)] <下一个对象>:(拾取小十字线的交点,即偏移线通过的点,得到另一条平行线)
> 指定通过点或 [退出(E)/放弃(U)] <下一个对象>:(拾取另一小十字线的交点,得到另一条平行线)
> 指定通过点或 [退出(E)/放弃(U)] <下一个对象>:↙
> 选择要偏移的对象,或 [退出(E)/放弃(U)] <退出>:↙

操作结果如图 3.13 所示。

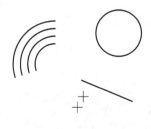

图 3.12 偏移圆弧

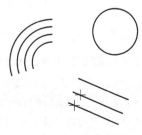

图 3.13 偏移直线

③ 偏移圆。

执行 OFFSET 命令，AutoCAD 提示：

> 指定偏移距离或 [通过(T)/删除(E)/图层(L)] <通过>:60↙
> 选择要偏移的对象，或 [退出(E)/放弃(U)] <退出>:(选择圆)
> 指定要偏移的那一侧上的点，或 [退出(E)/多个(M)/放弃(U)] <退出>:M↙
> 指定要偏移的那一侧上的点，或 [退出(E)/放弃(U)] <下一个对象>:(在已有圆内拾取一点，得到一个同心圆)
> 指定要偏移的那一侧上的点，或 [退出(E)/放弃(U)] <下一个对象>:(在已有圆外拾取一点，得到另一个同心圆)
> 指定要偏移的那一侧上的点，或 [退出(E)/放弃(U)] <下一个对象>:↙
> 选择要偏移的对象，或 [退出(E)/放弃(U)] <退出>:↙

执行结果如图 3.11 所示。

3.7 阵列对象

AutoCAD 2012 提供了矩形阵列、环形阵列等多种阵列方式。

3.7.1 矩形阵列

命令：ARRAYRECT。**菜单**："修改"|"阵列"|"矩形阵列"。**工具栏**："修改"| 品 （矩形阵列）。

矩形阵列对象是指将选定的对象以矩形方式进行多重复制，如图 3.14 所示。

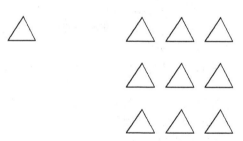

（a）已有图形　　　（b）矩形阵列结果

图 3.14　矩形阵列对象示例

命令操作

执行 ARRAYRECT 命令，AutoCAD 提示：

> 选择对象:(选择要阵列的对象)
> 选择对象:↙(也可以继续选择阵列对象)
> 为项目数指定对角点或 [基点(B)/角度(A)/计数(C)] <计数>:

下面介绍二维绘图中常用的选项。

1．角度（A）

指定矩形阵列时的倾斜角度，即使所选择对象沿指定的方向进行矩形阵列。执行该选项，AutoCAD 提示：

> 指定行轴角度 <0>:(输入阵列旋转角度)
> 为项目数指定对角点或 [基点(B)/角度(A)/计数(C)] <计数>:

2．计数（C）

指定阵列的行数和列数。执行该选项，AutoCAD 提示：

> 输入行数或 [表达式(E)] <4>:(输入阵列行数，也可以通过表达式确定行数)
> 输入列数或 [表达式(E)] <4>:(输入阵列列数，也可以通过表达式确定列数)
> 指定对角点以间隔项目或 [间距(S)] <间距>:

提示中，"间距(S)"选项用于确定行间距和列间距。执行该选项，AutoCAD 提示：

> 指定行之间的距离或 [表达式(E)]:(输入阵列的行间距，也可以通过表达式确定)
> 指定列之间的距离或 [表达式(E)]: (输入阵列的列间距，也可以通过表达式确定)
> 按 Enter 键接受或 [关联(AS)/基点(B)/行(R)/列(C)/层(L)/退出(X)] <退出>:↵

> **提示** 通过"指定行之间的距离"和"指定列之间的距离"提示确定阵列行间距和列间距时，距离值可正、可负，其含义为：在默认坐标系设置下，如果行间距为正值，则相对于源对象向上阵列，否则向下阵列；如果列间距为正值，相对于源对象向右阵列，否则向左阵列。

例 3.4 设有如图 3.15 所示的图形，对其进行矩形阵列，结果及相关尺寸如图 3.16 所示。

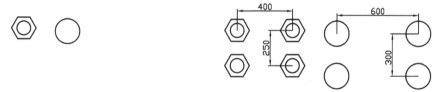

图 3.15 已有图形　　　　　　　　图 3.16 阵列结果

操作步骤

① 阵列大圆。

执行 ARRAYRECT 命令，AutoCAD 提示：

> 选择对象:(选择大圆)
> 选择对象:↵
> 为项目数指定对角点或 [基点(B)/角度(A)/计数(C)] <计数>:↵
> 输入行数或 [表达式(E)] <4>: 2↵
> 输入列数或 [表达式(E)] <4>: 2↵
> 指定对角点以间隔项目或 [间距(S)] <间距>:↵
> 指定行之间的距离或 [表达式(E)]:-300↵
> 指定列之间的距离或 [表达式(E)]:600↵
> 按 Enter 键接受或 [关联(AS)/基点(B)/行(R)/列(C)/层(L)/退出(X)] <退出>:↵

② 阵列小圆和六边形。

再执行 ARRAYRECT 命令，AutoCAD 提示：

```
选择对象:(选择小圆和六边形)
选择对象:↙
为项目数指定对角点或 [基点(B)/角度(A)/计数(C)]<计数>:↙
输入行数或 [表达式(E)] <4>:2↙
输入列数或 [表达式(E)] <4>:2↙
指定对角点以间隔项目或 [间距(S)]<间距>:↙
指定行之间的距离或 [表达式(E)]:-250↙
指定列之间的距离或 [表达式(E)]:-300↙
按 Enter 键接受或 [关联(AS)/基点(B)/行(R)/列(C)/层(L)/退出(X)]<退出>:↙
```

3.7.2 环形阵列

命令：ARRAYPOLAR。**菜单**："修改"|"阵列"|"环形阵列"。**工具栏**："修改"（环形阵列）。

环形阵列是指将选定的对象围绕圆心实现多重复制，如图 3.17 所示。

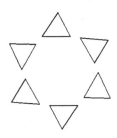

（a）已有图形　　　　　　（b）环形阵列结果

图 3.17　环形阵列对象示例

执行 ARRAYPOLAR 命令，AutoCAD 提示：

```
选择对象:(选择阵列对象)
选择对象:↙(也可以继续选择阵列对象)
指定阵列的中心点或 [基点(B)/旋转轴(A)]:
```

提示中，"指定阵列的中心点"选项用于确定环形阵列时的阵列中心点。在"指定阵列的中心点或 [基点(B)/旋转轴(A)]:"提示下确定了阵列中心点后，AutoCAD 提示：

```
输入项目数或 [项目间角度(A)/表达式(E)]:("输入项目数"选项用于设置阵列后所显示的对象数
目；"项目间角度(A)"选项用于设置环形阵列后相邻两对象之间的夹角；"表达式(E)"选项用于通过
表达式进行设置)
指定填充角度(+=逆时针、-=顺时针)或 [表达式(EX)] <360>:(设置环形阵列的填充角度，或通过
表达式进行设置)
按 Enter 键接受或 [关联(AS)/基点(B)/项目(I)/项目间角度(A)/填充角度(F)/行(ROW)/层(L)/旋转
项目(ROT)/退出(X)]<退出>:↙
```

例 3.5 已知有如图 3.18 所示的图形，对其进行环形阵列，结果如图 3.19 所示。

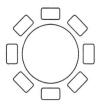

图 3.18　已有图形　　　　　　　　　图 3.19　阵列结果

执行 ARRAYPOLAR 命令，AutoCAD 提示：

> 选择对象:(选择矩形对象)
> 选择对象:↙(也可以继续选择阵列对象)
> 指定阵列的中心点或 [基点(B)/旋转轴(A)]:(确定大圆的圆心点)
> 按 Enter 键接受或 [关联(AS)/基点(B)/项目(I)/项目间角度(A)/填充角度(F)/行(ROW)/层(L)/旋转项目(ROT)/退出(X)]<退出>:↙

3.8　旋　转　对　象

命令：ROTATE。**菜单**："修改" | "旋转"。**工具栏**："修改" | （旋转）。

旋转对象是指将指定的对象绕指定的点（基点）旋转指定的角度。

命令操作

执行 ROTATE 命令，AutoCAD 提示：

> 选择对象:(选择要旋转的对象)
> 选择对象:↙(也可以继续选择对象)
> 指定基点:(指定旋转基点)
> 指定旋转角度，或 [复制(C)/参照(R)] <0>:

1. 指定旋转角度

确定旋转角度。如果直接在"指定旋转角度，或 [复制(C)/参照(R)]:"提示下输入角度值后按 Enter 键或空格键，即执行默认项，AutoCAD 将选定的对象绕基点旋转该角度。

> **提示**　在默认设置下，角度为正时沿逆时针方向旋转，反之沿顺时针方向旋转。

2. 复制（C）

以复制的模式旋转对象，即创建出旋转对象后仍在原位置保留源对象。执行该选项后，根据提示指定旋转角度即可。

3. 参照（R）

以参照方式旋转对象。执行该选项，AutoCAD 提示：

> 指定参照角:(输入参照方向的角度值后按 Enter 键)

指定新角度或 [点(P)](输入相对于参照方向的新角度,或通过"点(P)"选项确定角度)

执行结果:AutoCAD 旋转对象,且实际旋转角度=输入的新角度-参照角度。

3.9 修剪对象

命令:TRIM。**菜单**:"修改"|"修剪"。**工具栏**:"修改"|-/-(修剪)。

修剪对象是指由作为剪切边的对象来修剪指定的对象,就像用剪刀剪掉对象的某一部分一样,如图 3.20 所示。

(a)已有图形　　　　　　　　(b)修剪结果

图 3.20　修剪对象示例

命令操作

执行 TRIM 命令,AutoCAD 提示:

> 选择剪切边...
> 选择对象或 <全部选择>:(选择作为剪切边的对象,按 Enter 键则选择全部对象)
> 选择对象:✓(可以继续选择对象)
> 选择要修剪的对象,或按住 Shift 键选择要延伸的对象,或
> [栏选(F)/窗交(C)/投影(P)/边(E)/删除(R)/放弃(U)]:

1. 选择要修剪的对象,或按住 Shift 键选择要延伸的对象

该提示为默认项。如果用户直接在提示下选择被修剪对象,AutoCAD 以剪切边为边界,将被修剪对象上位于选择对象拾取点一侧的对象修剪掉。如果被修剪对象没有与剪切边交叉,在提示下按下 Shift 键后选择对象,AutoCAD 会将其延伸到剪切边。

2. 栏选(F)

以栏选方式(参见 3.2 节)确定被修剪对象并进行修剪。执行该选项,AutoCAD 提示:

> 指定第一个栏选点:(指定第一个栏选点)
> 指定下一个栏选点或 [放弃(U)]:(依次在此提示下确定各栏选点后按 Enter 键,AutoCAD 用剪切边对由栏选方式确定的被修剪对象进行修剪)
> 选择要修剪的对象,或按住 Shift 键选择要延伸的对象,或
> [栏选(F)/窗交(C)/投影(P)/边(E)/删除(R)/放弃(U)]:✓(也可以继续选择操作对象,或进行其他操作或设置)

3. 窗交(C)

使与矩形选择窗口边界相交的对象作为被修剪对象并进行修剪。执行该选项,AutoCAD 提示:

> 指定第一个角点:(确定窗口的第一角点)
> 指定对角点:(确定窗口的另一角点。AutoCAD 用剪切边对由窗交方式确定的被修剪对象进行修剪)

选择要修剪的对象,或按住 Shift 键选择要延伸的对象,或
[栏选(F)/窗交(C)/投影(P)/边(E)/删除(R)/放弃(U)]:↙(也可以继续选择操作对象,或进行其他操作或设置)

4. 投影（P）

确定修剪时的操作空间。执行该选项,AutoCAD 提示:

输入投影选项 [无(N)/UCS(U)/视图(V)] <UCS>:

（1）无（N）。

按实际三维空间的相互关系修剪,即只有在三维空间实际能够相交的对象才能进行修剪或延伸,而不是按它们在平面上的投影关系进行修剪（二维图形一般不存在此问题）。

（2）UCS（U）。

在当前 UCS（UCS,用户坐标系,参见 12.3 节）的 xy 面上修剪。选择该选项后,可以在当前 xy 面上按图形的投影关系修剪在三维空间中并不相交的对象（一般用于三维绘图）。

（3）视图（V）。

在当前视图平面（计算机绘图屏幕）上按相交关系修剪（一般用于三维绘图）。

5. 边（E）

确定剪切边的隐含延伸模式。执行该选项,AutoCAD 提示:

输入隐含边延伸模式 [延伸(E)/不延伸(N)] <延伸>:

（1）延伸（E）。

按延伸模式修剪,即如果剪切边太短、没有与被修剪对象相交,AutoCAD 会假想地将剪切边延长后进行修剪,如图 3.21 所示。

(a) 已有图形　　　　　　(b) 延伸修剪结果

图 3.21　延伸修剪示例

（2）不延伸（N）。

只按各边的实际相交情况修剪,如果剪切边太短、没有与被修剪对象相交,则不进行修剪。

6. 删除（R）

删除指定的对象。执行该选项,AutoCAD 提示:

选择要删除的对象或 <退出>:(选择要删除的对象)
选择要删除的对象:↙(也可以继续选择对象。按 Enter 键后 AutoCAD 删除选定的对象)
选择要修剪的对象,或按住 Shift 键选择要延伸的对象,或
[栏选(F)/窗交(C)/投影(P)/边(E)/删除(R)/放弃(U)]:↙(也可以继续进行其他操作)

7. 放弃（U）

取消上一次的操作。

> 提示　剪切边也可以同时作为被修剪对象。AutoCAD 2012 允许用线、构造线、射线、圆、圆弧、椭圆、椭圆弧、多段线、样条曲线以及文字等对象作为剪切边来修剪对象。

例 3.6　已知有如图 3.22 所示图形，对其进行修剪，结果如图 3.23 所示。

图 3.22　已有图形

图 3.23　修剪结果

操作步骤

执行 TRIM 命令，AutoCAD 提示：

> 选择剪切边...
> 选择对象或 <全部选择>:✓(选择全部对象作为剪切边)
> 选择要修剪的对象，或按住 Shift 键选择要延伸的对象，或
> [栏选(F)/窗交(C)/投影(P)/边(E)/删除(R)/放弃(U)]:(在这样的提示下，在要修剪处依次拾取对象)
> 选择要修剪的对象，或按住 Shift 键选择要延伸的对象，或
> [栏选(F)/窗交(C)/投影(P)/边(E)/删除(R)/放弃(U)]:✓

本例中，图 3.22 所示的 4 个对象既是剪切边，又是被修剪对象。

例 3.7　已知有如图 3.24 所示的图形（图中的矩形是用 LINE 命令绘制的），对其进行修剪，结果如图 3.25 所示。

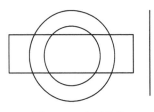
图 3.24　已有图形

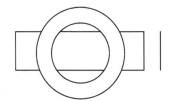
图 3.25　修剪结果

操作步骤

执行 TRIM 命令，AutoCAD 提示：

> 选择剪切边...
> 选择对象或 <全部选择>:(选择 2 个圆和 2 条水平直线)
> 选择对象:✓
> 选择要修剪的对象，或按住 Shift 键选择要延伸的对象，或
> [栏选(F)/窗交(C)/投影(P)/边(E)/删除(R)/放弃(U)]:(在 2 个圆之间，在 4 个被修剪位置依次拾取水平线)
> 选择要修剪的对象，或按住 Shift 键选择要延伸的对象，或
> [栏选(F)/窗交(C)/投影(P)/边(E)/删除(R)/放弃(U)]: E✓(执行"边(E)"选项)

输入隐含边延伸模式 [延伸(E)/不延伸(N)]: E✓(采用延伸模式)
选择要修剪的对象，或按住 Shift 键选择要延伸的对象，或
[栏选(F)/窗交(C)/投影(P)/边(E)/删除(R)/放弃(U)]:(分别在对应的 2 条水平直线之上和之下拾取位于右侧的垂直线)
选择要修剪的对象，或按住 Shift 键选择要延伸的对象，或
[栏选(F)/窗交(C)/投影(P)/边(E)/删除(R)/放弃(U)]:✓

> 提示：本例中，两条水平线并不与右侧的垂直线相交，但修剪时由于采用了延伸模式，所以能够修剪右侧的垂直线。

3.10 延 伸 对 象

命令：EXTEND。**菜单**："修改"|"延伸"。**工具栏**："修改"|-/（延伸）。
延伸对象是指将指定的对象延伸到另一对象（称为边界边）上，如图 3.26 所示。

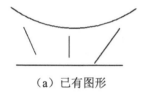

（a）已有图形　　　　　　　（b）延伸结果
图 3.26　延伸对象示例

命令操作

执行 EXTEND 命令，AutoCAD 提示：

选择边界的边...
选择对象或 <全部选择>:(选择作为边界边的对象，按 Enter 键选择全部对象)
选择对象:✓(可以继续选择对象)
选择要延伸的对象，或按住 Shift 键选择要修剪的对象，或
[栏选(F)/窗交(C)/投影(P)/边(E)/放弃(U)]:

1. 选择要延伸的对象，或按住 Shift 键选择要修剪的对象

选择对象进行延伸或修剪，为默认项。如果在该提示下选择要延伸的对象，AutoCAD 把该对象延长到指定的边界边；如果延伸对象与边界边交叉，在该提示下按下 Shift 键后选择对象，AutoCAD 则会以边界边作为剪切边，将选择对象时所选择一侧的对象修剪掉。

2. 栏选（F）

以栏选方式确定被延伸对象。执行该选项，AutoCAD 提示：

指定第一个栏选点:(指定第一个栏选点)
指定下一个栏选点或 [放弃(U)]:(在这样的提示下依次确定各栏选点后按 Enter 键，AutoCAD 将被延伸对象延伸到对应的边界边对象)
选择要延伸的对象，或按住 Shift 键选择要修剪的对象，或
[栏选(F)/窗交(C)/投影(P)/边(E)/放弃(U)]:✓(也可以继续选择操作对象，或进行其他操作或设置)

3．窗交（C）

将与矩形选择窗口边界相交的对象延伸。执行该选项，AutoCAD 提示：

> 指定第一个角点:(确定窗口的第一角点)
> 指定对角点:(确定窗口的另一角点。AutoCAD 将被延伸对象延伸到对应的边界边对象)
> 选择要延伸的对象，或按住 Shift 键选择要修剪的对象，或
> [栏选(F)/窗交(C)/投影(P)/边(E)/放弃(U)]: ↙(也可以继续选择操作对象，或进行其他操作或设置)

4．投影（P）

确定执行延伸操作的空间。执行该选项，AutoCAD 提示：

> 输入投影选项 [无(N)/UCS(U)/视图(V)] <UCS>:

（1）无（N）。

按实际三维关系，而不是投影关系延伸，即只有在三维空间实际能够相交的对象才能够延伸（二维图形的延伸一般不存在此问题）。

（2）UCS（U）。

在当前 UCS 的 xy 面上延伸。此时可以在 xy 面上按投影关系延伸在三维空间并不能相交的对象（一般用于三维绘图）。

（3）视图（V）。

在当前视图平面（计算机屏幕）延伸（一般用于三维绘图）。

5．边（E）

确定延伸模式。执行该选项，AutoCAD 提示：

> 输入隐含边延伸模式 [延伸(E)/不延伸(N)] <延伸>:

（1）延伸（E）。

如果边界边太短，被延伸对象延伸后并不能与其相交，AutoCAD 会自动将边界边延长，使延伸对象延长到与其相交的位置。

（2）不延伸（N）。

表示按边的实际位置进行延伸，不对边界边进行延长假设。因此，在此设置下，如果边界边太短，有可能不能实现延伸。

6．放弃（U）

取消上一次的操作。

例 3.8　将如图 3.25 所示图形中的水平线向右延伸，结果如图 3.27 所示。

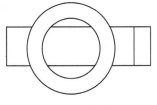

图 3.27　延伸结果

操作步骤

执行 EXTEND 命令，AutoCAD 提示：

> 选择边界的边...
> 选择对象或 <全部选择>:(选择图 3.25 中位于最右侧的垂直线)
> 选择对象:↙
> 选择要延伸的对象，或按住 Shift 键选择要修剪的对象，或
> [栏选(F)/窗交(C)/投影(P)/边(E)/放弃(U)]:(在上水平线的右端点附近拾取水平线)
> 选择要延伸的对象，或按住 Shift 键选择要修剪的对象，或

[栏选(F)/窗交(C)/投影(P)/边(E)/放弃(U)]:(在下水平线的右端点附近拾取水平线)
选择要延伸的对象,或按住 Shift 键选择要修剪的对象,或
[栏选(F)/窗交(C)/投影(P)/边(E)/放弃(U)]:↙

3.11 创建倒角

命令:CHAMFER。**菜单**:"修改"|"倒角"。**工具栏**:"修改" (倒角)。
创建倒角是指在两条直线之间绘制出倒角,如图 3.28 所示。

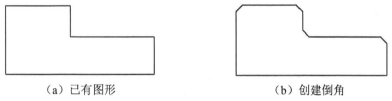

（a）已有图形　　　　　　　　（b）创建倒角

图 3.28　创建倒角示例

命令操作

执行 CHAMFER 命令,AutoCAD 提示:

("修剪"模式)当前倒角距离 1 = 0.000 0,距离 2 = 0.000 0
选择第一条直线或 [放弃(U)/多段线(P)/距离(D)/角度(A)/修剪(T)/方式(E)/多个(M)]:

提示的第一行说明当前倒角时的修剪模式为"修剪",即创建倒角的同时要进行修剪(见后面的介绍),且两条边上的倒角距离均为 0。下面介绍第二行提示中各选项的含义。

1．选择第一条直线

选择进行倒角的第一条直线,为默认项。选择某一直线,即执行默认项后,AutoCAD 提示:

选择第二条直线,或按住 Shift 键选择要应用角点的直线:

在该提示下如果选择另一条直线,AutoCAD 按当前倒角设置对这两条直线倒角。如果按下 Shift 键并选择另一条直线,则可以使这两条直线准确相交,相当于创建距离为 0 的倒角。

> **提示**　执行 CHAMFER 创建倒角时,一般应先利用"距离(D)"、"角度(A)"等选项设置倒角尺寸。

2．多段线(P)

对整条多段线(多段线的概念参见 8.1 节)创建倒角。执行该选项,AutoCAD 提示:

选择二维多段线:

在该提示下选择多段线后,AutoCAD 在多段线的各顶点处按当前倒角设置创建出倒角。

3．距离(D)

设置倒角距离。执行该选项,AutoCAD 依次提示:

指定第一个倒角距离:(输入第一倒角距离后按 Enter 键)
指定第二个倒角距离:(输入第二倒角距离后按 Enter 键)

确定距离值后，AutoCAD 会继续给出下面的提示，用户进行操作即可：

选择第一条直线或 [放弃(U)/多段线(P)/距离(D)/角度(A)/修剪(T)/方式(E)/多个(M)]:

> **提示** 如果将两个倒角距离设成不同的值，那么当根据提示依次选择两条倒角直线时，选择的第一条直线将按第一倒角距离倒角，第二条直线将按第二倒角距离倒角。如果将两个倒角距离均设为 0，则可以延伸或修剪两条倒角直线，使它们相交于一点。

4．角度（A）

根据倒角长度和角度来设置倒角尺寸。执行该选项，AutoCAD 依次提示：

指定第一条直线的倒角长度:(指定第一条直线的倒角长度值后按 Enter 键)
指定第一条直线的倒角角度:(指定第一条直线的倒角角度值后按 Enter 键)

倒角长度与倒角角度的含义如图 3.29 所示。

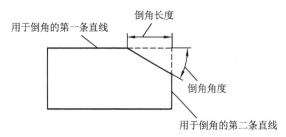

图 3.29　倒角长度与倒角角度的含义

用户依次输入倒角长度与倒角角度后，AutoCAD 继续给出下面的提示，用户进行操作即可：

选择第一条直线或 [放弃(U)/多段线(P)/距离(D)/角度(A)/修剪(T)/方式(E)/多个(M)]:

5．修剪（T）

设置倒角的修剪模式，即倒角时是否对倒角边进行修剪。执行该选项，AutoCAD 提示：

输入修剪模式选项 [修剪(T)/不修剪(N)] <修剪>:

其中，"修剪(T)"选项表示倒角后对倒角边进行修剪；"不修剪(N)"选项表示不进行修剪。它们的效果如图 3.30 所示。

（a）要倒角的直线　　　（b）倒角后修剪　　　（c）倒角后不修剪

图 3.30　创建倒角示例

> **提示** 对相交的两条边倒角且倒角后要修剪倒角边时，执行倒角操作后，AutoCAD 总是保留选择倒角对象时所拾取的那一部分对象。

6．方式（E）

确定将以何种方式进行倒角（即距离方式或角度方式，分别与"距离(D)"和"角度(A)"

选项的设置对应)。执行该选项,AutoCAD 提示:

> 输入修剪方法 [距离(D)/角度(A)]:

"距离(D)"选项表示将按倒角距离设置进行倒角;"角度(A)"选项则表示将按倒角长度和倒角角度设置进行倒角。

7．多个(M)

依次对多条边倒角。执行该选项,并对一对边创建倒角后,AutoCAD 会继续给出提示(否则结束 CHAMFER 命令):

> 选择第一条直线或 [放弃(U)/多段线(P)/距离(D)/角度(A)/修剪(T)/方式(E)/多个(M)]:

此时可以继续进行倒角设置,或继续对其他边创建倒角。

8．放弃(U)

放弃前一次操作。

> 提示　如果因两条直线平行等原因不能创建倒角,AutoCAD 会给出相应的提示。

3.12　创 建 圆 角

命令:FILLET。**菜单**:"修改"|"圆角"。**工具栏**:"修改"| （圆角）。

创建圆角是指在两个对象(直线或曲线)之间绘制出圆角,如图 3.31 所示。

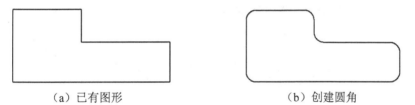

(a) 已有图形　　　　　　　　　　(b) 创建圆角

图 3.31　创建圆角示例

命令操作

执行 FILLET 命令,AutoCAD 提示:

> 当前设置: 模式 =修剪, 半径 = 0.000 0
> 选择第一个对象或 [放弃(U)/多段线(P)/半径(R)/修剪(T)/多个(M)]:

提示第一行说明当前创建圆角时的修剪模式为"修剪",即创建圆角的同时进行修剪(见后面的介绍),且圆角半径为 0。下面介绍第二行提示中各选项的含义。

1．选择第一个对象

此提示要求选择用于创建圆角的第一个对象,为默认项。选择后 AutoCAD 提示:

> 选择第二个对象,或按住 Shift 键选择要应用角点的对象:

在此提示下,如果选择另一个对象,AutoCAD 按当前设置对它们创建出圆角;如果按下 Shift 键并选择相邻的另一对象,则能够使这两个对象准确相交,相当于创建 0 半径的圆角。

> 提示　执行 FILLET 命令创建圆角时，一般应先利用"半径(R)"选项设置圆角的半径尺寸。

2．多段线（P）

为二维多段线创建圆角，执行该选项，AutoCAD 提示：

　　选择二维多段线：

在此提示下选择二维多段线后，AutoCAD 按当前的设置在多段线各顶点处创建出圆角。

3．半径（R）

设置圆角半径。执行该选项，AutoCAD 提示：

　　指定圆角半径：

在此提示下输入圆角半径值并按 Enter 键后，AutoCAD 继续给出下面的提示：

　　选择第一个对象或 [放弃(U)/多段线(P)/半径(R)/修剪(T)/多个(M)]:

> 提示　如果将圆角半径设为零，则创建圆角时 AutoCAD 将延伸或修剪所操作的两个对象，使它们相交（如果能够相交的话）。

4．修剪（T）

设置创建圆角时的修剪模式，即创建圆角后是否对两个对象进行修剪。执行该选项，AutoCAD 提示：

　　输入修剪模式选项 [修剪(T)/不修剪(N)]:

其中，"修剪(T)"选项表示在创建圆角的同时修剪对应的两个对象；"不修剪(N)"选项表示不进行修剪，它们的效果如图 3.32 所示。

（a）创建圆角的两对象　　（b）创建圆角后修剪　　（c）创建圆角后不修剪

图 3.32　创建圆角示例

> 提示　对相交对象创建圆角时，如果采用修剪模式，那么在创建圆角之后，AutoCAD 总是保留选择对象时所拾取的那部分对象。

5．多个（M）

执行该选项后，当用户对两个对象创建出圆角后，可以继续对其他对象创建圆角，不必重新执行 FILLET 命令。

6．放弃（U）

放弃已进行的设置或操作。

> 提示　AutoCAD 允许对两条平行线创建圆角，其圆角半径为两平行线之间距离的一半。

例 3.9　已知有如图 3.33 所示的图形，对其创建倒角和圆角，结果如图 3.34 所示。

操作步骤

① 创建倒角。

执行 CHAMFER 命令，AutoCAD 提示：

> 选择第一条直线或 [放弃(U)/多段线(P)/距离(D)/角度(A)/修剪(T)/方式(E)/多个(M)]:D↙
> 指定第一个倒角距离: 15↙
> 指定第二个倒角距离<15>:↙(默认时，第二倒角距离与第一倒角距离相等)
> 选择第一条直线或 [放弃(U)/多段线(P)/距离(D)/角度(A)/修剪(T)/方式(E)/多个(M)]:T↙
> 输入修剪模式选项 [修剪(T)/不修剪(N)] <不修剪>: T↙
> 选择第一条直线或 [放弃(U)/多段线(P)/距离(D)/角度(A)/修剪(T)/方式(E)/多个(M)]:(选择左垂直线)
> 选择第二条直线，或按住 Shift 键选择要应用角点的直线:(选择上水平线)

执行结果如图 3.35 所示。

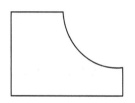
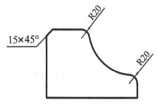
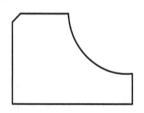

图 3.33　已有图形　　　　图 3.34　修改结果　　　　图 3.35　创建倒角

② 创建圆角。

执行 FILLET 命令，AutoCAD 提示：

> 选择第一个对象或 [放弃(U)/多段线(P)/半径(R)/修剪(T)/多个(M)]: R↙
> 指定圆角半径: 20↙
> 选择第一个对象或 [放弃(U)/多段线(P)/半径(R)/修剪(T)/多个(M)]: M↙
> 选择第一个对象或 [放弃(U)/多段线(P)/半径(R)/修剪(T)/多个(M)]:(选择上水平线)
> 选择第二个对象，或按住 Shift 键选择要应用角点的对象:(选择圆弧)
> 选择第一个对象或 [放弃(U)/多段线(P)/半径(R)/修剪(T)/多个(M)]: (选择圆弧)
> 选择第二个对象，或按住 Shift 键选择要应用角点的对象:(选择右垂直线)
> 选择第一个对象或 [放弃(U)/多段线(P)/半径(R)/修剪(T)/多个(M)]:

3.13　打　断　对　象

命令：BREAK。菜单："修改"|"打断"。工具栏："修改"　（打断于点），"修改"　（打断）。

打断对象是指将对象在某点处打断（即一分为二），或在两点之间打断对象，即删除位于两点之间的那部分对象，如图 3.36 所示。

命令操作

如果以单击菜单"修改"|"打断"或单击工具栏按钮"修改"　（打断）的方式执行

BREAK 命令，AutoCAD 提示：

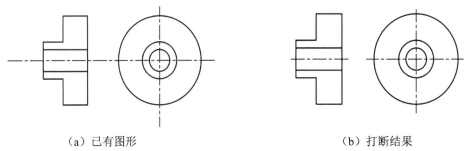

（a）已有图形　　　　　　　　　　　（b）打断结果

图 3.36　打断示例

选择对象:(选择操作对象)
指定第二个打断点或 [第一点(F)]:

> **提示**　执行 BREAK 命令时，只能用直接拾取的方式选择一个操作对象。

1．指定第二个打断点

确定第二断点，即以选择对象时的拾取点作为第一断点，再确定第二断点来打断对象，此时用户可以有如下操作方式。

（1）如果直接拾取同一对象上的另一点，AutoCAD 删除位于指定两点之间的那部分对象。

（2）如果键入@后按 Enter 键，AutoCAD 在选择对象时的拾取点位置将对象一分为二（分成两个对象）。

（3）如果在对象的一端之外确定一点，AutoCAD 将位于所确定两点之间的那一段对象删除。

2．第一点（F）

重新确定第一断点。执行该选项，AutoCAD 提示：

指定第一个打断点:

在该提示下重新确定对象上的第一断点后，AutoCAD 提示：

指定第二个打断点:

此提示要求指定第二个断点，用户按前面介绍的 3 种方法执行即可。

如果以单击工具栏按钮"修改"|□（打断于点）的方式执行 BREAK 命令，则可以直接实现在一点处打断，此时 AutoCAD 提示：

选择对象:(选择要打断的对象)
指定第二个打断点 或 [第一点(F)]: _f(此行是 AutoCAD 自动显示的内容)
指定第一个打断点:

此时如果重新指定打断点的位置，AutoCAD 在该点打断对象；如果输入@后按 Enter 键，就会在选择对象时的拾取点位置打断对象。

> **提示**　打断命令非常有用。例如，当绘制完图形后，如果发现中心线等对象的长度不合适，则可以用 BREAK 命令打断（如图 3.36 所示）。
> 当对圆执行 BREAK 命令并通过指定两点的方式打断时，AutoCAD 要沿逆时针方向将圆上位于第一断点与第二断点之间的那段圆弧删除掉。

3.14 合并对象

命令：JOIN。**菜单**："修改" | "合并"。**工具栏**："修改" | ┅ (合并)。
合并对象是指将多个对象合并成一个对象。

命令操作

执行 JOIN 命令，AutoCAD 提示：

> 选择源对象或要一次合并的多个对象:

此时可以选择直线、圆弧、椭圆弧（或选择在第 8 章将介绍的多段线或样条曲线）作为合并源对象。选择的源对象不同，AutoCAD 给出的后续提示也不同，下面分别介绍。

1. 直线

如果在"选择源对象:"提示下选择了直线，AutoCAD 提示：

> 选择要合并到源的直线:(选择要合并到源对象的一条或多条直线。这些直线对象必须共线，但它们之间可以有间隙)
> 选择要合并到源的直线:✓(可以继续选择直线)

2．圆弧

如果在"选择源对象:"提示下选择的对象是圆弧，AutoCAD 提示：

> 选择圆弧，以合并到源或进行 [闭合(L)]:(选择一条或多条圆弧，这些圆弧对象必须位于同一假想的圆上，但它们之间可以有间隙。执行"闭合(L)"选项将使源圆弧转换为圆)
> 选择要合并到源的圆弧:✓(可以继续选择圆弧)

> **提示** 当合并两条或多条圆弧时，AutoCAD 从源对象开始沿逆时针方向合并圆弧。

3．椭圆弧

如果在"选择源对象:"提示下选择的对象是椭圆弧，AutoCAD 提示：

> 选择椭圆弧，以合并到源或进行 [闭合(L)]:(选择一条或多条椭圆弧，这些椭圆弧必须位于同一假想的椭圆上，但它们之间可以有间隙。执行"闭合(L)"选项将使源椭圆弧闭合成完整的椭圆)
> 选择要合并到源的椭圆弧:✓(可以继续选择椭圆弧)

> **提示** 当合并两条或多条椭圆弧时，AutoCAD 从源对象开始沿逆时针方向合并椭圆弧。

此外，也可以合并彼此首尾相连的多条多段线或样条曲线。
此外，如果在"选择源对象或要一次合并的多个对象"提示下直接选取多条首尾相连的直线、圆弧等对象，AutoCAD 会将它门连接成一条多段线。

3.15 缩放对象

命令：SCALE。**菜单**："修改" | "缩放"。**工具栏**："修改" | ▫ (缩放)。

缩放对象是指将选定的对象相对于指定点（基点）按指定的比例放大或缩小。

命令操作

执行 SCALE 命令，AutoCAD 提示：

> 选择对象:(选择要缩放的对象)
> 选择对象:✓(也可以继续选择对象)
> 指定基点:(指定基点)
> 指定比例因子或 [复制(C)/参照(R)]:

1．指定比例因子

确定缩放比例因子，为默认项。若执行该默认项，即输入比例因子后按 Enter 键，AutoCAD 将对象按该比例相对于基点放大或缩小，且 0<比例因子<1 时缩小对象，比例因子>1 时放大对象。

2．复制（C）

以复制的形式进行缩放，即创建出缩小或放大的对象后仍在原位置保留源对象。执行该选项后，根据提示指定缩放比例因子即可。

3．参照（R）

将对象以参照方式缩放。执行该选项，AutoCAD 提示：

> 指定参照长度:(输入参照长度的值)
> 指定新的长度或 [点(P)]:(输入新长度值或利用"点(P)"选项确定新值)

执行结果：AutoCAD 根据参照长度与新长度的值自动计算比例因子（比例因子＝新长度值÷参照长度值），然后按该比例缩放对应的对象。

3.16 拉 伸 对 象

命令：STRETCH。**菜单**："修改"｜"拉伸"。**工具栏**："修改"｜（拉伸）。

利用拉伸功能，可以拉伸（或压缩）对象，使其长度发生变化，如图 3.37 所示。

(a) 已有图形　　　　　　　　(b) 拉伸结果

图 3.37　拉伸（压缩）对象示例

命令操作

执行 STRETCH 命令，AutoCAD 提示：

> 以交叉窗口或交叉多边形选择要拉伸的对象...
> 选择对象:

> **提示** 执行STRETCH命令后，所给出提示中的第一行说明：此时只能以交叉窗口或交叉多边形方式（不规则交叉窗口方式，它们的含义参见3.2节）选择对象。所以，此时应在"选择对象:"提示下应用C（交叉窗口方式）或CP（不规则交叉窗口方式）来响应，然后根据提示选择对象。

如果在"选择对象:"提示后输入C（交叉窗口）并按Enter键，AutoCAD提示：

指定第一个角点:(指定选择窗口的一角点)
指定对角点:(指定选择窗口的另一角点)
选择对象:↙
指定基点或 [位移(D)] <位移>:(指定拉伸基点或位移)
指定第二个点或 <使用第一个点作为位移>:(指定拉伸第二点或直接按Enter键)

执行结果：AutoCAD将位于选择窗口之内的对象进行移动，将与窗口边界相交的对象按规则拉伸、压缩或移动。

> **提示** 执行STRETCH命令后，在执行STRETCH命令后，AutoCAD提示：
>
> 以交叉窗口或交叉多边形选择要拉伸的对象...
> 选择对象:
>
> 提示下，AutoCAD默认采用交叉选择窗口选择拉伸对象，即如果此时在非图形位置拾取一点，AutoCAD提示：
>
> 指定对角点:
>
> 此时将第一拾取点作为选择窗口的第一角点，在该"指定对角点"提示下，在第一角点的左侧拾取第二点，AutoCAD将这两点确定的窗口作为选择窗口来选择拉伸对象。

> **提示** 在"选择对象:"提示下以交叉窗口方式或不规则交叉窗口方式选择对象时，对于由LINE（直线）、ARC（圆弧）等命令绘制的直线或圆弧，若整个图形位于选择窗口内，执行的结果是对它们进行移动。若图形的一端在选择窗口内，另一端在选择窗口外，即对象与选择窗口的边界相交，则有以下拉伸规则。
> （1）直线段（LINE）：位于窗口外的端点不动，而位于窗口内的端点移动，直线由此改变。
> （2）圆弧（ARC）：与直线的改变规则类似，但在圆弧改变的过程中，圆弧的弦高保持不变，同时由此来调整圆心的位置等。
> （3）多段线（PLINE）：与直线或圆弧相似，但多段线两端的宽度、切线方向以及曲线拟合信息均不改变。
> （4）其他对象：如果对象的定义点位于选择窗口内，对象发生移动，否则不移动。其中，圆的定义点为圆心、块的定义点为插入点、文字和属性定义的定义点为文字串的左下端点。

例3.10 已知有如图3.38所示的图形，对其进行拉伸，结果如图3.39所示。

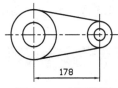

图3.38 已有图形

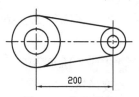

图3.39 拉伸结果

操作步骤

执行 STRETCH 命令，AutoCAD 提示：

> 以交叉窗口或交叉多边形选择要拉伸的对象...
> 选择对象:C↙
> 指定第一个角点:(确定矩形窗口的一角点，参照图 3.40)
> 指定对角点:(确定矩形窗口的另一角点)
> 选择对象:↙
> 指定基点或 [位移(D)] <位移>:(在绘图屏幕任意位置拾取一点)
> 指定第二个点或 <使用第一个点作为位移>: @22,0↙

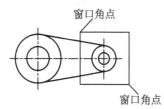

图 3.40 利用矩形窗口选择对象

可以看出，由于位于右侧的两个圆以及对应的垂直中心线均位于矩形选择窗口中，所以执行拉伸操作后它们发生的是移动，但两条斜线被拉长，且拉长后仍保持与圆的相切关系。

3.17 修 改 长 度

命令：LENGTHEN。**菜单**："修改"|"拉长"。无工具栏。

修改长度是指改变直线或圆弧的长度。

命令操作

执行 LENGTHEN 命令，AutoCAD 提示：

> 选择对象或 [增量(DE)/百分数(P)/全部(T)/动态(DY)]:

1．选择对象

该选项用于显示所指定直线或圆弧的现有长度和包含角（对于圆弧而言），为默认项。选择对象后，AutoCAD 显示出对应的值，而后继续提示：

> 选择对象或 [增量(DE)/百分数(P)/全部(T)/动态(DY)]:

2．增量（DE）

通过设定长度增量或角度增量来改变对象的长度。执行此选项（注意，要用 DE 响应），AutoCAD 提示：

> 输入长度增量或 [角度(A)]:

（1）输入长度增量。

输入长度增量，为默认项。执行该选项，即输入长度增量值后按 Enter 键，AutoCAD 提示：

选择要修改的对象或 [放弃(U)]:(在该提示下选择线段或圆弧,被选择对象按给定的长度增量在离拾取点近的一端改变长度,且长度增量为正值时变长,反之变短)

选择要修改的对象或 [放弃(U)]:✓(也可以继续选择对象来改变其长度)

（2）角度（A）。

根据圆弧的包含角增量改变弧长。执行该项，AutoCAD 提示：

输入角度增量:

输入圆弧的角度增量后按 Enter 键，AutoCAD 提示：

选择要修改的对象或 [放弃(U)]:(在该提示下选择圆弧,圆弧按指定的角度增量在离拾取点近的一端改变长度,且角度增量为正值时圆弧变长,反之变短)

选择要修改的对象或 [放弃(U)]:✓(也可以继续选择对象进行修改)

3．百分数（P）

使直线或圆弧按百分比改变长度。执行该选项，AutoCAD 提示：

输入长度百分数:(输入百分比值)
选择要修改的对象或 [放弃(U)]:(选择对象)

执行结果：所选择对象在离拾取点近的一端按指定的百分比变长或变短。当输入的值大于 100 时（相当于大于 100%）变长，反之变短，而当输入的值等于 100 时，对象的长度保持不变。

4．全部（T）

根据直线或圆弧的新长度或圆弧的新包含角改变长度。执行该选项，AutoCAD 提示：

指定总长度或 [角度(A)]:

（1）指定总长度。

输入直线或圆弧的新长度，为默认项。执行默认项，即输入新长度值后，AutoCAD 提示：

选择要修改的对象或 [放弃(U)]:

在此提示下选择直线或圆弧，AutoCAD 会使操作对象在离拾取点近的一端改变长度，使其长度为新设定的值。

（2）角度（A）。

确定圆弧的新包含角度（此选项只适用于圆弧）。执行该选项，AutoCAD 提示：

指定总角度:(输入角度值后按 Enter 键)
选择要修改的对象或 [放弃(U)]:

在此提示下选择圆弧，圆弧在离拾取点近的一端改变长度，使圆弧的包含角变为新设值。

5．动态（DY）

动态改变圆弧或直线的长度。执行该选项，AutoCAD 提示：

选择要修改的对象或 [放弃(U)]:

在此提示下选择对象后，AutoCAD 提示：

指定新端点:

此时可以通过鼠标以拖曳的方式动态确定圆弧或线段的新端点位置，确定后单击鼠标左键即可。

3.18 利用夹点编辑图形

AutoCAD 提供了利用夹点编辑图形对象的功能。读者可能已经注意到：如果在没有执行任何命令的时候直接选择图形对象，通常在被选中图形对象上的某些部位出现实心小方框（默认颜色为蓝色），即夹点，如图 3.41 所示。

利用夹点，可以快速实现拉伸、移动、旋转、缩放以及镜像操作。

图 3.41　显示夹点

> 提示　选择对象后，会显示出一个含有该对象特性的窗口。用户可通过该窗口了解对象的特性，修改某些特性值，也可以关闭该窗口。

下面以图 3.42 为例说明如何利用夹点进行拉伸，将两直线的交点拉伸到另一位置。

首先，拾取如图 3.42 所示的两条直线，选择后在两条直线上显示出夹点，如图 3.43 所示。

图 3.42　已有图形

图 3.43　显示夹点

> 提示　AutoCAD 显示出夹点后，按 Esc 键可以取消夹点的显示。

然后，再拾取两直线在交点处的夹点，该点变为另一种颜色（默认为红色），同时进入拉伸模式，并提示：

　　** 拉伸 **
　　指定拉伸点或 [基点(B)/复制(C)/放弃(U)/退出(X)]:

第二次选择的夹点称为操作基点。在上述提示下即可进行拉伸操作。例如，如果输入"@150,100"后按 Enter 键，则会将操作基点相对于现在位置按相对坐标（150,100）拉伸，结果如图 3.44 所示。

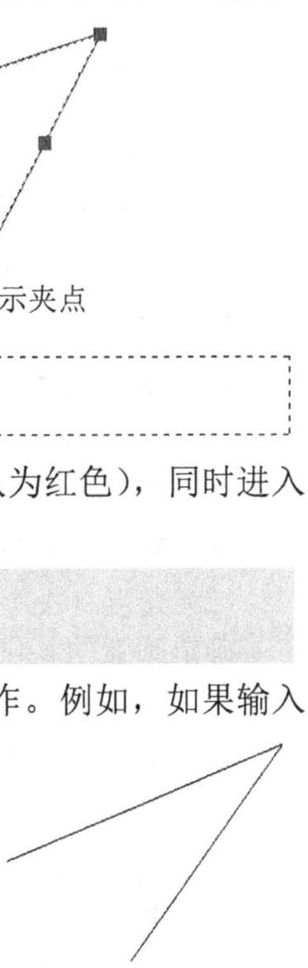

提示"指定拉伸点或 [基点(B)/复制(C)/放弃(U)/退出(X)]:"中，"基点(B)"选项用于确定拉伸基点；"复制(C)"选项允许用户进行多次拉伸操作；"放弃(U)"选项用于取消上一次操作；"退出(X)"选项则用于退出当前的操作。

图 3.44　拉伸结果

如果在提示"指定拉伸点或 [基点(B)/复制(C)/放弃(U)/退出(X)]:"下直接按 Enter 键，或输入 MO 后按 Enter 键，或单击鼠标右键从快捷菜单中选择"移动"，则会进入移动模式，对应的提示为：

　　** 移动 **
　　指定移动点或 [基点(B)/复制(C)/放弃(U)/退出(X)]:

其中,"指定移动点"用于确定移动后操作点的新位置,为默认项;"基点(B)"选项用于指定移动操作的基点;"复制(C)"选项可以实现多次移动;"放弃(U)"选项用于取消上一次操作;"退出(X)"选项则用于退出当前的操作。

如果在提示"指定拉伸点或 [基点(B)/复制(C)/放弃(U)/退出(X)]:"下连续按 2 次 Enter 键,或输入 RO 后按 Enter 键,或单击鼠标右键,从快捷菜单中选择"旋转",则进入旋转模式,对应的提示为:

> ** 旋转 **
> 指定旋转角度或 [基点(B)/复制(C)/放弃(U)/参照(R)/退出(X)]:

其中,"指定旋转角度"选项用于指定旋转角度,使操作对象绕基点旋转该角度;"基点(B)"选项用于重新指定旋转基点;"复制(C)"选项用于实现多次旋转;"放弃(U)"选项用于取消上一次操作;"参照(R)"选项用于以参照的方式指定旋转角(与执行 ROTATE 命令时的"参照(R)"选项的功能相同)来旋转对象;"退出(X)"选项则用于退出当前的操作。

如果在提示"指定拉伸点或 [基点(B)/复制(C)/放弃(U)/退出(X)]:"下连续按 3 次 Enter 键,或输入 SC 后按 Enter 键,或单击鼠标右键从快捷菜单中选择"缩放",则进入缩放模式,对应的提示为:

> ** 比例缩放 **
> 指定比例因子或 [基点(B)/复制(C)/放弃(U)/参照(R)/退出(X)]:

其中,"指定比例因子"选项用于指定缩放比例,使对象绕操作基点按此比例缩放,为默认项;"基点(B)"选项用于重新指定缩放基点;"复制(C)"选项用于实现多次缩放;"放弃(U)"选项用于取消上一次操作;"参照(R)"选项用于以参照的方式进行缩放(与执行 SCALE 命令时的"参照(R)"选项的功能相同);"退出(X)"选项则用于退出当前的操作。

如果在提示"指定拉伸点或 [基点(B)/复制(C)/放弃(U)/退出(X)]:"下连续按 4 次 Enter 键,或输入 MI 后按 Enter 键,或单击鼠标右键从快捷菜单中选择"镜像",则进入镜像模式,对应的提示为:

> ** 镜像 **
> 指定第二点或 [基点(B)/复制(C)/放弃(U)/退出(X)]:

其中,"指定第二点"选项用于确定镜像线上的第二个点,指定后 AutoCAD 将操作点(或基点)作为镜像线上的第一点,并对指定的对象进行镜像;"基点(B)"选项用于重新指定镜像基点;"复制(C)"选项用于实现镜像复制(镜像后保留原对象);"放弃(U)"选项用于取消上一次操作;"退出(X)"选项则退出当前的操作。

> 提示:无论目前处于夹点编辑的何种模式,都可以通过单击鼠标右键,从弹出的快捷菜单中直接选择某一夹点编辑模式。

利用夹点进行编辑操作时,选择的对象不同,在对象上显示出的夹点数量与位置也不同,如表 3.1 所示。

表 3.1　　　　　　　　　　AutoCAD 对夹点的规定

对 象 类 型	夹点的位置
线段	两个端点和中点
多段线	直线段、圆弧段上的中点和两端点
样条曲线	拟合点和控制点
射线	起点和线上的一点
构造线	控制点和线上邻近两点
圆弧	两个端点、中点和圆心
圆	各象限点和圆心
椭圆	各象限点和椭圆中心点
椭圆弧	两个端点、中点和椭圆弧中心点
文字（用 DTEXT 命令标注）	文字行定位点和第二个对齐点（如果有的话）
文字（用 MTEXT 命令标注）	各顶点
属性	文字行定位点
尺寸	尺寸线端点和尺寸界线的起点、尺寸文字的中心点

3.19　利用特性选项板编辑图形

利用 AutoCAD 提供的特性选项板，也可以快速进行图形的编辑。用于打开特性选项板的命令是 PROPERTIES，可以通过菜单"工具"|"选项板"|"特性"、"修改"|"特性"或"标准"工具栏上的 （特性）按钮执行 PROPERTIES 命令。

执行 PROPERTIES 命令，AutoCAD 弹出"特性"选项板，如图 3.45 所示。

打开"特性"选项板后，如果没有选中图形对象，在"特性"选项板内会显示出当前的主要绘图环境设置（如图 3.45 所示）。如果选择了单一对象，在"特性"选项板内会列出该对象的全部特性及其当前设置。如果选择了同一类型的多个对象，在"特性"选项板内会列出这些对象的公共特性及当前设置。如果选择的是不同类型的多个对象，在"特性"选项板内则会列出这些对象的基本特性以及它们的当前设置。可以通过"特性"选项板直接修改相关特性，即对图形进行编辑。

例如，图 3.45 所示是没有选择图形对象时在"特性"选项板内显示的内容。如果选择了一个圆，在"特性"选项板就会显示出对应的信息，如图 3.46 所示。此时可以通过"特性"选项板修改图形，如修改圆的圆心坐标、半径等，即对圆进行编辑。

图 3.45　"特性"选项板

> 提示　双击某一图形对象，AutoCAD 一般会自动打开"特性"选项板，并在窗口中显示出该对象的特性，供用户修改。

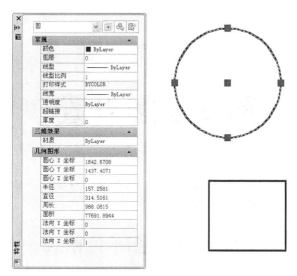

图 3.46　显示圆的相关特性

3.20　练　习

绘制如图 3.47 所示的各图形（尺寸由读者确定）。

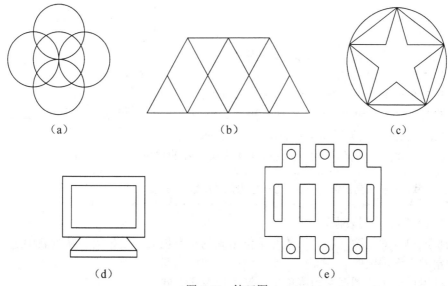

图 3.47　练习图

绘制如图 3.47（a）提示：先绘出位于中间的圆和另外任一个圆，然后对其进行圆环阵列。

绘制如图 3.47（c）提示：绘制图中的五角星时，先用 POLYGON 命令绘制五边形，再用 LINE 命令绘制连接五边形对应顶点的直线，再执行 TRIM 命令进行修剪。

第 4 章

基本绘图设置

用 AutoCAD 绘制图形时,通常需要进行一些基本绘图设置,如设置单位格式、图形界限以及图层等。本章重点介绍这些基本设置。

4.1 设置绘图单位格式

命令:UNITS。**菜单**:"格式"|"单位"。

设置绘图单位格式是指定义绘图时使用的长度单位、角度单位的格式以及它们的精度。

命令操作

执行 UNITS 命令,AutoCAD 弹出"图形单位"对话框,如图 4.1 所示。

下面介绍对话框中主要项的功能。

1. "长度"选项组

该选项组用于确定长度单位的格式及精度。

(1) "类型"下拉列表框。

确定长度单位的格式。下拉列表中有"分数"、"工程"、"建筑"、"科学"和"小数"5 种选择。其中,"工程"和"建筑"格式提供英尺和英寸显示,并假设每个图形单位表示 1 英寸;其他格式则可以表示任何真实世界的单位。

图 4.1 "图形单位"对话框

> **提示** 我国的机械制图中,长度尺寸一般采用"小数"格式。

(2) "精度"下拉列表框。

设置长度单位的精度,如"小数"单位格式的小数位数。根据需要从列表中选择即可。

2. "角度"选项组

该选项组用于确定图形的角度单位、精度以及正方向。

(1) "类型"下拉列表框。

设置角度单位的格式。下拉列表中有"百分度"、"度/分/秒"、"弧度"、"勘测单位"和"十进制度数"5 种选择,默认设置为"十进制度数"。AutoCAD 用不同的标记表示不同的角度单位:十进制度用十进制数表示;百分度以字母 g 为后缀;度/分/秒格式用字母 d 表示度、用符号'表示分、用符号"表示秒；弧度则以字母 r 为后缀。勘测单位也有其专门的表示方式。

> 提示　我国的机械制图中，角度尺寸一般采用"度/分/秒"格式。

（2）"精度"下拉列表框。
设置角度单位的精度，从对应的列表中选择即可。
（3）"顺时针"复选框。
确定角度的正方向。如果不选中此复选框，表示逆时针方向是角度的正方向，即 AutoCAD 的默认角度正方向；如果选中此复选框，则表示顺时针方向为角度正方向。

> 提示　前面曾多次提到过，在角度的默认正方向设置下，正角度值沿逆时针方向确定，反之沿顺时针方向确定。角度的默认正方向就是通过此"顺时针"复选框设定的。

3．"方向"按钮
确定角度的 0°方向。单击该按钮，AutoCAD 弹出"方向控制"对话框，如图 4.2 所示。

对话框中，"东"、"北"、"西"和"南"单选按钮分别表示以东、北、西或南方向作为角度的 0°方向。如果选中"其他"单选按钮，则表示以其他某一方向作为角度的 0°方向，此时可以在"角度"文本框中输入 0°方向与 x 轴正向的夹角，也可以单击对应的"角度"按钮，从绘图屏幕上直接指定。

图 4.2　"方向控制"对话框

> 提示　设置绘图单位后，AutoCAD 在状态栏上以对应的格式和精度显示光标的坐标。

4.2　设置图形界限

命令：LIMITS。**菜单**："格式"|"图形界限"。
利用图形界限功能可以设置绘制图形时的绘图范围，与手工绘图时选择图纸的大小相似。

命令操作

执行 LIMITS 命令，AutoCAD 提示：

    指定左下角点或 [开(ON)/关(OFF)] <0.000 0,0.000 0>:(此选项要求指定图形界限的左下角位置，直接按 Enter 键或空格键则采用默认值)
        指定右上角点:(指定图形界限的右上角位置)

执行 LIMITS 命令后，在 AutoCAD 给出的提示"指定左下角点或[开(ON)/关(OFF)]"中，"开（ON）"选项使 AutoCAD 打开绘图范围检验功能，即启用该选项后，只能在设定的图形界限内绘图，如果所绘图形超出界限，AutoCAD 拒绝执行，并给出对应的提示信息。"关（OFF）"选项关闭 AutoCAD 的图形界限检验功能，即执行该选项后，所绘图形的范围不再受所设图形界限的限制。因此可以看出，用 LIMITS 命令设置了绘图界限后，如果希望在所设范围内绘图，应再执行 LIMITS 命令，并执行"开（ON）"选项，使所设置的绘图界限生效。

> **提示** 用 LIMITS 命令设置图形界限后，单击菜单"视图"|"缩放"|"全部"，即执行 ZOOM 命令的"全部(A)"选项（ZOOM 命令的功能参见 5.6 节），可以使所设置的图形界限尽可能充满绘图窗口。

例 4.1 设置绘图单位与图形界限。要求：长度单位采用小数，精度为保留整数；角度单位采用"度/分/秒"，精度为精确到分；设成竖装 A4 图幅（即绘图范围为 210 × 297），并使所设的图形界限有效。

图 4.3 "图形单位"对话框

操作步骤

① 设置绘图单位。

执行 UNITS 命令，在弹出的"图形单位"对话框中进行对应的设置，如图 4.3 所示。

单击"确定"按钮完成单位设置。

② 设置图形界限。

执行 LIMITS 命令，AutoCAD 提示：

　　指定左下角点或 [开(ON)/关(OFF)] <0.000 0,0.000 0>：↙
　　指定右上角点：210,297↙（也可以输入相对坐标"@210,297"）

再执行 LIMITS 命令，AutoCAD 提示：

　　指定左下角点或 [开(ON)/关(OFF)] <0.000 0,0.000 0>:ON↙（使所设图形界限生效）

最后，单击菜单"视图"|"缩放"|"全部"，使所设绘图范围充满绘图窗口。

4.3　设置系统变量

AutoCAD 可以通过系统变量控制其工作环境和某些命令的工作方式。AutoCAD 提供众多的系统变量，且每一个系统变量都有对应的数据类型，如整数、实数、字符串等，各系统变量还有默认值。用户可以根据需要浏览、更改系统变量的值（有些系统变量为只读变量，不允许更改值）。浏览、更改系统变量值的方法通常是：在命令行的"命令:"提示后输入系统变量名，然后按 Enter 键或空格键，AutoCAD 会显示出系统变量的当前值，用户根据需要输入新值（如果值允许更改的话）即可。利用 AutoCAD 的帮助功能，可以浏览它所提供的全部系统变量及值。

例如，系统变量 SAVETIME（与 AutoCAD 命令一样，系统变量不区分大小写，本书一般用大写字母表示系统变量）用于控制系统自动保存 AutoCAD 图形的时间间隔，其默认值是 10（单位：分钟）。如果在"命令:"提示下输入 SAVETIME 后按 Enter 键或空格键，AutoCAD 提示：

　　输入 SAVETIME 的新值<10>：

提示中，位于尖括号中的 10 表示系统变量的当前默认值。如果直接按 Enter 键或空格键，变量值保持不变；如果输入新值后按 Enter 键或空格键，则会对系统变量设置新值。

有些系统变量的名称与 AutoCAD 命令的名称相同。例如，命令 AREA 用于求面积，而系统变量 AREA 则用于存储由 AREA 命令计算的最后一个面积值。对于这样的系统变量，当观看或修改其值时，应首先执行 SETVAR 命令，而后根据提示输入对应的变量名。例如：

命令:SETVAR↙
输入变量名或[?]:

在该提示下如果用"？"响应，即输入符号"？"后按 Enter 键或空格键，AutoCAD 会列出系统拥有的全部系统变量；如果输入变量名 AREA 后按 Enter 键或空格键，就会显示出该变量的当前值。

> 提示　利用 AutoCAD 2012 的帮助功能，可以了解它的全部系统变量。
> 　　　可以利用 AutoCAD 2012 提供的"选项"对话框进行绘图环境设置，有关该对话框的使用参见 10.3 节。

4.4 设置图层

图层是用 AutoCAD 绘图时的常用工具之一，也是与手工绘图有所区别的地方。

4.4.1 图层的特点

可以将图层想象成一些没有厚度且互相重叠在一起的透明薄片，用户可以在不同的图层上绘图。

AutoCAD 的图层有以下特点。

1．用户可以在一幅图中指定任意数量的图层。AutoCAD 对图层的数量没有限制，对各图层上的对象数量也没有任何限制。

2．每一个图层有一个名字。每当开始绘制一幅新图形时，AutoCAD 自动创建一个名为 0 的图层，这是 AutoCAD 的默认图层，其余图层需用户定义。

3．图层有颜色、线型以及线宽等特性。一般情况下，同一图层上的对象应具有相同的颜色、线型和线宽，这样做便于管理图形对象、提高绘图效率，可以根据需要改变图层的颜色、线型以及线宽等特性。

4．虽然 AutoCAD 允许建立多个图层，但用户只能在当前图层上绘图。因此，如果要在某一图层上绘图，必须将该图层设为当前层。

5．各图层具有相同的坐标系、图形界限、显示缩放倍数，可以对位于不同图层上的对象同时进行编辑操作（如移动、复制等）。

6．可以对各图层进行打开、关闭、冻结、解冻、锁定与解锁等操作，以决定各图层的可见性与可操作性（后面将介绍它们的具体含义）。

4.4.2 创建、管理图层

命令：LAYER。**菜单**："格式"|"图层"。**工具栏**："图层"|（图层特性管理器）。

命令操作

执行 LAYER 命令，AutoCAD 弹出图层特性管理器，如图 4.4 所示。

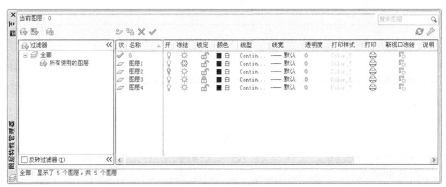

图 4.4　图层特性管理器

对话框中有树状图窗格（位于对话框左侧的大矩形框内）、列表视图窗格（位于对话框右侧的大矩形框内）以及多个按钮等。下面介绍对话框中主要项的功能。

1．树状图窗格

显示图形中图层和过滤器的层次结构列表。顶层节点"全部"可以显示图形中的所有图层。"所有使用的图层"过滤器是只读过滤器。用户可以通过管理器中的按钮 （新建特性过滤器）等创建过滤器，以便在列表视图窗格中显示满足过滤条件的图层。

2．列表视图窗格

列表视图窗格内的列表显示出满足过滤条件的已有图层（或新建图层）及相关设置。窗格中的第一行为标题行，与各标题所对应的列的含义如下。

（1）"状态"列。

通过图标显示图层的当前状态。当图标为 时，该图层为当前层。图 4.4 所示的对话框中，"0"图层是当前图层。

（2）"名称"列。

显示各图层的名称。图 4.4 所示对话框说明当前已有名为"0"（系统提供的图层）、"图层 1"～"图层 4"的图层（由笔者创建的图层）。

> 提示　依次单击"名称"标题，可以调整图层的排列顺序，使各图层根据其名称按升序或降序的形式显示列表。

（3）"开"列。

显示图层打开还是关闭。如果图层被打开，可以在显示器上显示或在绘图仪上绘出该图层上的图形。被关闭的图层仍然是图形的一部分，但关闭图层上的图形并不显示出来，也不能通过绘图仪输出到图纸。用户可以根据需要打开或关闭图层。

在列表视图窗格中，与"开"对应的列是小灯泡图标。通过单击小灯泡图标可以实现打开或关闭图层的切换。如果灯泡颜色是黄色，表示对应图层是打开层；如果是灰色，则表示对应图层是关闭层。如图 4.4 所示，"图层 2"是关闭的图层，其他图层则是打开图层。

如果要关闭当前层，AutoCAD 会显示出对应的提示信息，警告正在关闭当前图层。很显然，关闭当前图层后，所绘图形均不能显示出来。

> **提示** 依次单击"开"标题，可以调整各图层的排列顺序，使当前关闭的图层放在列表的最前面或最后面。

（4）"冻结"列。

显示图层是冻结还是解冻。如果图层被冻结，该图层上的图形对象不能被显示出来，不能输出到图纸，而且也不参与图形之间的运算。被解冻的图层正好相反。从可见性来说，冻结图层与关闭图层是相同的，但冻结图层上的对象不参与处理过程中的运算，关闭图层上的对象则要参与运算（参见例 4.2）。所以，在复杂图形中，冻结不需要的图层可以加快系统重新生成图形的速度。

在列表视图窗格中，与"冻结"对应的列是太阳或雪花状图标。太阳表示对应的图层没有冻结，雪花则表示图层被冻结。单击这些图标可以实现图层冻结与解冻的切换。如图 4.4 所示，"图层 1"是冻结图层，其他图层则是非冻结图层。

用户不能冻结当前图层，也不能将冻结图层设为当前层。

> **提示** 依次单击"冻结"标题，可以调整各图层的排列顺序，使当前冻结的图层放在列表的最前面或最后面。

（5）"锁定"列。

显示图层是锁定还是解锁。锁定图层后并不影响该图层上图形对象的显示，即锁定图层上的图形仍可以显示出来（但图形颜色的亮度会降低），但用户不能改变锁定图层上的对象，不能对其进行编辑操作。如果锁定图层是当前层，用户仍可在该图层上绘图。

在列表视图窗格中，与"锁定"对应的列是关闭或打开的小锁图标。锁打开表示该图层是非锁定层；锁关闭则表示对应图层是锁定层。单击这些图标可以实现图层锁定与解锁的切换。如图 4.4 所示，"图层 3"是锁定图层，其他图层则是非锁定层。

> **提示** 依次单击列表视图窗格中的"锁定"标题，可以调整各图层的排列顺序，使当前锁定的图层放在列表的最前面或最后面。

（6）"颜色"列。

说明图层的颜色。与"颜色"对应的列上的各小图标的颜色反映了对应图层的颜色，同时还在图标的右侧显示出颜色的名称。如果要改变某一图层的颜色，单击对应的图标，AutoCAD 会弹出如图 4.5 所示的"选择颜色"对话框，从中选择即可。

所谓图层的颜色，是指当在某图层上绘图时，将绘图颜色设为随层（默认设置）时所绘出的图形对象的颜色。

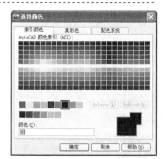

图 4.5 "选择颜色"对话框

> **提示** 图层的颜色并不是指该图层具有某一颜色，而是在一定条件下，在该图层上所绘图形对象的颜色。不同的图层可以设置成相同的颜色，也可以设置成不同的颜色。

（7）"线型"列。

说明图层的线型。所谓图层的线型，是指在某图层上绘图时，将绘图线型设为随层（默认设置)时绘出的图形对象所采用的线型。不同的图层可以设成不同的线型,也可以设成相同的线型。

如果要改变某一图层的线型,单击该图层的原有线型名称,AutoCAD 弹出如图 4.6 所示的"选择线型"对话框,从中选择即可。

如果在"选择线型"对话框中没有列出所需要的线型,应单击"加载"按钮,通过弹出的"加载或重载线型"对话框(如图 4.7 所示)选择线型文件,并加载所需要的线型。

 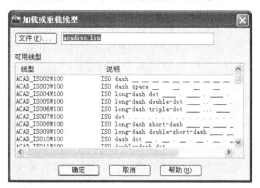

图 4.6 "选择线型"对话框　　　　　　　图 4.7 "加载或重载线型"对话框

AutoCAD 将线型保存在线型文件中。线型文件的扩展名是 LIN。AutoCAD 2012 提供了线型文件 ACADISO.LIN 等,文件中定义了 40 余种标准线型,供用户选择。这些线型的名称及格式如表 4.1 所示。

表 4.1　　　　　　　　　线型文件 ACADISO.LIN 提供的线型

线 型 名 称	线 型 样 式
BORDER	__ __ . __ __ . __ __ . __ __ . __ __ .
BORDER2	_ _ . _ _ . _ _ . _ _ . _ _ . _ _ . _ _ .
BORDERX2	___ ___ . ___ ___ . ___ ___ .
CENTER	____ _ ____ _ ____ _ ____
CENTER2	__ _ __ _ __ _ __ _ __ _ __
CENTERX2	_____ __ _____ __ _____
DASHDOT	__ . __ . __ . __ . __ . __ . __ .
DASHDOT2	_ . _ . _ . _ . _ . _ . _ . _ . _ .
DASHDOTX2	___ . ___ . ___ . ___ . ___ .
DASHED	__ __ __ __ __ __ __ __ __
DASHED2	_ _ _ _ _ _ _ _ _ _ _ _ _ _ _
DASHEDX2	___ ___ ___ ___ ___ ___
DIVIDE	__ . . __ . . __ . . __ . . __ . .
DIVIDE2	_ .. _ .. _ .. _ .. _ .. _ .. _ ..
DIVIDEX2	___ . . ___ . . ___ . . ___ . .
DOT	. . . .
DOT2	....
DOTX2	. . . .

续表

线 型 名 称	线 型 样 式
HIDDEN	— — — — — — — — — — — — —
HIDDEN2	- - - - - - - - - - - - - - - - - - - -
HIDDENX2	—— —— —— —— —— —— ——
PHANTOM	—— — — —— — — —— — —
PHANTOM2	— - - — - - — - - — - -
PHANTOMX2	———— - - ————
ACAD_ISO02W100	— — — — — — — —
ACAD_ISO03W100	— — — — — —
ACAD_ISO04W100	___ . ___ . ___ . ___ . ___
ACAD_ISO05W100	___ .. ___ .. ___ .. ___ .. ___
ACAD_ISO06W100	___ ... ___ ... ___ ... ___
ACAD_ISO07W100	. . . .
ACAD_ISO08W100	___ _ ___ _ ___ _ ___
ACAD_ISO09W100	___ _ _ ___ _ _ ___
ACAD_ISO10W100	_._._._._._._._._._
ACAD_ISO11W100	__ __ . __ __ . __ __ . __ __
ACAD_ISO12W100	__ .. __ .. __ .. __ .. __
ACAD_ISO13W100	__ . __ . __ . __
ACAD_ISO14W100	__ . . __ . . __ . . __
ACAD_ISO15W100	__ __ .. __ __ .. __ __
FENCELINE1	----0-----0----0-----0-----0-----00----0-----0----
FENCELINE2	----[]-----[]----[]-----[]----[]-----[]----[]----
TRACKS	-|-|-|-|-|-|-|-|-|-|-|-|-|-|-|-|-|-|-|-|-|-|-|-|-
BATTING	SSSSSSSSSSSSSSSSSSSSSSSSSSSSSS
HOT_WATER_SUPPLY	---- HW ---- HW ---- HW ---- HW ---- HW
GAS_LINE	----GAS----GAS----GAS----GAS----GAS----
ZIGZAG	/\/\/\/\/\/\/\/\/\/\/\/\/\/\/\/\/\/\/\
JIS_08_11	— — — — — — — — — — —
JIS_08_15	— — — — — — — —
JIS_08_25	— — — — —
JIS_08_37	— — — —
JIS_08_50	— — —
JIS_02_0.7	- - - - - - - - - - - - - - - -
JIS_02_1.0	- - - - - - - - - - - -
JIS_02_1.2	- - - - - - - - - -
JIS_02_2.0	- - - - - - - -
JIS_02_4.0	- - - -
JIS_09_08	— - — - — - — - — - — -
JIS_09_15	— - — - — - — -
JIS_09_29	— - — - —
JIS_09_50	— - —

可以看出，AutoCAD 的主要线型有 3 种类型：DIVIDE、DIVIDE2、DIVIDEX2。在这 3 种类型中，一般第一种线型是标准形式，第二种线型的比例是第一种线型的一半，第三种线型的比例则是第一种线型的 2 倍。

> **提示** 受线型影响的图形对象有直线、构造线、射线、圆、圆弧、椭圆、矩形、正多边形及样条曲线等。如果一条线太短，AutoCAD 不能用指定的线型将其绘出，那么 AutoCAD 会在两端点之间绘出一条实线（连续线）。

（8）"线宽"列。

说明图层的线宽。如果要改变某一图层的线宽，单击该图层上的对应项，AutoCAD 会弹出如图 4.8 所示的"线宽"对话框，从中选择即可。

图 4.8 "线宽"对话框

所谓图层的线宽，是指在某图层上绘图时，将绘图线宽设为随层（默认设置）时所绘出的图形对象的线条宽度（即默认线宽）。不同的图层可以设成不同的线宽，也可以设成相同线宽。

> **提示** 单击状态栏上的 ➕（显示/隐藏线宽）按钮，可以实现是否在绘图屏幕上使所绘图形按指定线宽显示的切换。此外，用户还可以设置线宽的显示比例（参见 4.5.3 节）。

我国制图标准对不同的绘图线型均有对应的线宽要求。例如，国家标准 GB/T 4457.4-1984 中，对机械制图中使用的各种图线的名称、线型以及在图样中的应用给出了具体的规定，如表 4.2 所示（表中只列出了部分常用线型）。常用的图线有 4 种，即粗实线、细实线、虚线、细点划线。图线又分粗、细两种，粗线的宽度 b 应按图样的大小和图形复杂程度来确定，可以在 0.5mm～2mm 之间选择，细线的宽度约为 $b/2$。

表 4.2　　　　　　　　　　　　　线型、线宽及应用

图线名称	线　型	线　宽	主要用途
粗实线	———————	b	可见轮廓线，可见过渡线
细实线	———————	约 $b/2$	尺寸线、尺寸界线、剖面线、指引线、辅助线等
细点划线	—— — ——	约 $b/2$	轴线、对称中心线等

续表

图线名称	线型	线宽	主要用途
虚线	------	约 $b/2$	不可见轮廓线、不可见过渡线
波浪线	~~~	约 $b/2$	断裂处的边界线、剖视与视图的分界线
双点划线	— ·· — ·· —	约 $b/2$	相邻辅助零件的轮廓线、极限位置的轮廓线、假想位置的轮廓线

(9)"打印样式"列。

修改与选中图层相关的打印样式。

(10)"打印"列。

确定是否打印对应图层上的图形,单击相应的按钮可以实现打印与否的切换。此功能只对可见图层起作用,即对没有冻结且没有关闭的图层起作用。

> 提示 在列表视图窗格中,还可以通过快捷菜单进行相应的设置。

3."新建图层"按钮

该按钮用于建立新图层。单击按钮 (新建图层),可以创建出名为"图层 n"的新图层,并将其显示在列表视图窗格中。新建的图层一般与当前在列表视图窗格中选中的图层具有相同的颜色、线型、线宽等设置。用户可以根据需要更改新建图层的名称、颜色、线型以及线宽等。

4."删除图层"按钮

该按钮用于删除指定的图层。删除方法为:在列表视图窗格内选中对应的图层行,单击按钮 (删除图层)即可。

> 提示 用户只能删除没有图形对象的图层。也就是说,要删除某一图层,必须首先删除该图层上的所有对象(如果有的话),然后才可以通过按钮 删除图层。

5."置为当前"按钮

前面曾介绍过,如果要在某一图层上绘图,必须首先将该图层设为当前图层。将图层置为当前层的方法是:在列表视图窗格内选中对应的图层行,单击按钮 (置为当前)。将某图层置为当前层后,在列表视图窗格中,与"状态"列对应的地方上会显示出符号 ,同时在对话框顶部的右侧显示出"当前图层:图层名",以说明当前图层。此外,在列表视图窗格内某图层行上双击与"状态"列对应的图标,可以直接将该图层置为当前层。

4.4.3 "图层"工具栏

AutoCAD 提供了专门用于管理图层的"图层"工具栏,如图 4.9 所示。

下面介绍工具栏中主要项的功能。

1."图层特性管理器"按钮

此按钮用于打开图层特性管理器,以便用户进行相关的操作。

图 4.9 "图层"工具栏

2. 图层控制下拉列表框

此下拉列表中列有当前满足过滤条件的已有图层及其图层状态。用户可以通过该列表方便地将某图层设为当前层，设置方法是：直接从列表中单击对应的图层名。可以将指定的图层设成打开或关闭、冻结或解冻、锁定或解锁等状态，设置时在下拉列表中单击对应的图标即可，不需要再打开"图层特性管理器"对话框进行设置。此外，还可以利用列表方便地为图形对象更改图层。更改方法为：选中要更改图层的图形对象，在图层控制下拉列表中选择对应的图层项，然后按 Esc 键。

3. "将对象的图层置为当前"按钮

此按钮用于将指定对象所在的图层置为当前层。单击该按钮，AutoCAD 提示：

选择将使其图层成为当前图层的对象：

在该提示下选择对应的图形对象，即可将该对象所在的图层置为当前层。

4. "上一个图层"按钮

此按钮用于恢复上一个图层设置，即将当前图形的图层设置恢复成前一个图层设置。

例 4.2 按表 4.3 所示要求建立新图层，并绘制如图 4.10 所示的图形，然后执行关闭、冻结、锁定等操作，观看执行结果。

表 4.3　　　　　　　　　　　　　图层设置要求

图 层 名	线　型	线　宽	颜　色
粗实线	Continuous	0.7	白色
细实线	Continuous	0.35	蓝色
细点划线	CENTER	0.35	红色
虚线	DASHED	0.35	黄色
波浪线	Continuous	0.35	青色
双点划线	DIVIDE	0.35	洋红色
文字	Continuous	默认	绿色

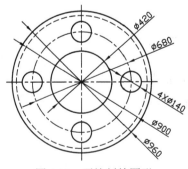

图 4.10　要绘制的图形

操作步骤

1. 创建图层

执行 LAYER 命令，在弹出的图层特性管理器中，单击 7 次 （新建图层）按钮创建 7

个新图层,如图 4.11 所示。

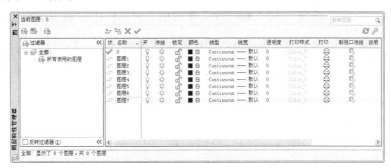

图 4.11　图层特性管理器

首先创建表 4.3 中名为"细点划线"的图层并进行相关设置,步骤如下。
① 更名。
将如图 4.11 所示的"图层 1"更名为"细点划线",结果如图 4.12 所示(方法:单击"图层 1"选中"图层 1"行,再单击"图层 1",切换到编辑模式,然后输入"细点划线")。

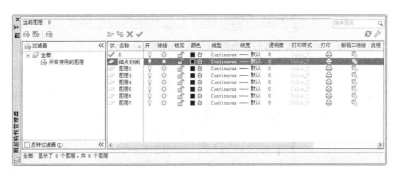

图 4.12　更名结果

② 设置颜色。
在"细点划线"行,单击颜色图标,从弹出的"选择颜色"对话框(如图 4.5 所示)中选择红色,然后关闭"选择颜色"对话框,结果如图 4.13 所示。

图 4.13　设置颜色后的结果

③ 设置线型。
在"细点划线"行,单击"Continous"项,从弹出的"选择线型"对话框(如图 4.6 所

示)中选择"CENTER"(注意:如果"选择线型"对话框中没有此线型,应先单击"选择线型"对话框中的"加载"按钮,从"加载或重载线型"对话框中加载该线型)。

④ 设置线宽。

在"细点划线"行,单击"线宽"列中的"默认"项,从弹出的"线宽"对话框(如图4.8所示)选择0.35,最后得到的结果如图4.14所示。

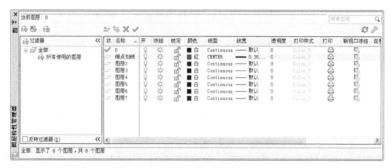

图 4.14 设置"细点划线"图层

用类似的方法,根据表4.3更改其他各图层名,并设置对应的颜色、线型与线宽,结果如图4.15所示。

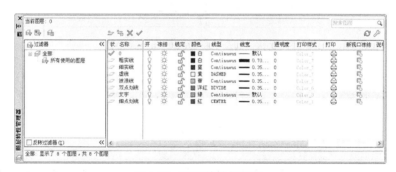

图 4.15 图层特性管理器

> 提示:可以先用 LWEIGHT 命令(参见4.5.3节)将默认线宽设为0.35 mm,而后在如图4.15所示的图层特性管理器中,将"粗实线"以外的各图层的线宽均设为"默认"。

关闭对话框,完成图层的建立。

2. 绘制图形

(1) 绘制中心线线型的图形。

将"细点划线"图层置为当前图层(可以直接通过"图层"工具栏设置,过程略)。

根据图4.10,执行 LINE 命令绘制中心线,执行 CIRCLE 命令绘制中心线圆,结果如图4.16所示(过程略)。

> 提示:两条中心线的长度并不是很重要,因为当绘制完图形后,可以通过编辑(如打断等)功能对其进行修改。

(2) 绘制虚线圆。

将"虚线"图层置为当前图层（过程略）。

根据如图 4.10 所示的尺寸，执行 CIRCLE 命令绘制虚线圆，结果如图 4.17 所示（过程略）。

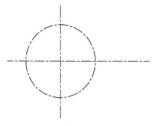 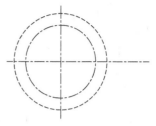

图 4.16　绘制中心线图形　　　　　　图 4.17　绘制虚线圆

(3) 绘制实线圆。

将"粗实线"图层置为当前图层（过程略）。

根据如图 4.10 所示的尺寸，执行 CIRCLE 命令绘制对应的实线圆，结果如图 4.18 所示（过程略）。

(4) 阵列小圆。

执行 ARRAYPOLAR 命令，将如图 4.18 所示的小圆进行环形阵列，结果如图 4.19 所示。

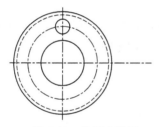 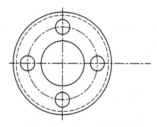

图 4.18　绘制实线圆　　　　　　图 4.19　阵列结果

(5) 整理。

在如图 4.19 所示的图形中，执行 BREAK 命令打断中心线（也可以利用夹点功能修改中心线的长度），即可得到如图 4.10 所示图形。

请读者将绘图结果保存（建议文件名"例 4.2（图层设置）.dwg"），后面还将用到此练习结果。

3．执行关闭、冻结、锁定等操作

(1) 关闭图层。

对于如图 4.19 所示的图形，如果利用"图层"工具栏关闭"虚线"图层，得到如图 4.20 所示结果。

可以看出，此时已不显示"虚线"图层中的图形，即不显示虚线圆。

如果执行 MOVE 命令移动图 4.20（但要用"ALL"选项选择全部对象来移动），移动后再打开"虚线"图层，会看到得到的图形与图 4.19 完全一样，说明虽然关闭了"虚线"图层，但该图层上的图形也随其他图形一起移动。

(2) 冻结图层。

单击"标准"工具栏上的 （放弃）按钮返回到如图 4.19 所示状态，冻结"虚线"图层，得到的结果与图 4.20 一样，即不显示虚线圆。但执行 MOVE 命令移动整个图形后（用"ALL"选项选择全部对象来移动），再解冻"虚线"图层，结果可能得到如图 4.21 所示的形式。说明冻结了"虚线"图层后，该图层上的图形不随其他图形一起移动。

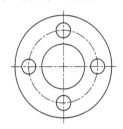 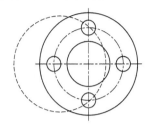

图 4.20　关闭"虚线"图层后的结果　　图 4.21　冻结"虚线"图层后移动图形的结果

（3）锁定图层。

单击"标准"工具栏上的 ⤺·（放弃）按钮返回到如图 4.19 所示状态，锁定"虚线"图层，得到的结果与图 4.19 一样，既显示出虚线圆，同时还能够在该图层上绘制图形。但执行 MOVE 命令移动整个图形后（用"ALL"选项选择全部对象来移动），"虚线"图层也不随着其他图形一起移动。

4.4.4　图层工具

AutoCAD 2012 提供了一些专门用于图层管理的工具，这些工具可以通过菜单"格式"|"图层工具"和"图层 II"工具栏执行。图 4.22 和图 4.23 所示分别是"图层工具"子菜单和"图层 II"工具栏。

图 4.22　"图层工具"子菜单　　　　图 4.23　"图层 II"工具栏

在"图层工具"子菜单中，"将对象的图层置为当前"和"上一个图层"菜单项分别与 4.4.3 节介绍的"图层"工具栏中的"将对象的图层置为当前"按钮（ ）和"上一个图层"按钮（ ）的功能相同，即分别将指定对象所在的图层置为当前层和恢复上一个图层设置。下面介绍其他主要图层工具。

1．图层漫游

命令：LAYWALK。**菜单**："格式"|"图层工具"|"图层漫游"。**工具栏**："图层 II"| （图层漫游）。

图层漫游用于动态显示图形中位于各图层上的对象。

设当前打开了如图 4.19 所示的图形，且图形中有如表 4.3 所示要求的图层设置。下面结合此图形说明层漫游功能的使用。

如果执行 LAYWALK 命令，AutoCAD 显示出"图层漫游"对话框，如图 4.24 所示。

"图层漫游"对话框中，大列表框内显示出当前图形中已建立的图层的名称，并默认将它们都选中，因此 AutoCAD 在绘图屏幕中显示出位于这些图层上的所有图形（但如果有关闭或冻结的图层，在列表中默认不选中这些图层，因此在绘图屏幕也不显示这些图层上的图形）。

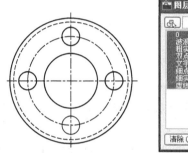 

图 4.24　显示"图层漫游"对话框

如果在大列表框内选中某一个图层名或几个图层名（按下 Ctrl 或 Shift 键可以选择多个项），则在绘图屏幕只显示位于这些选中图层内的图形。例如，如果只选中"粗实线"和"细点划线"项，结果如图 4.25 所示，即在绘图屏幕只显示位于"粗实线"和"细点划线"图层上的图形。

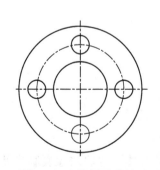 

图 4.25　在绘图屏幕只显示位于"粗实线"和"细点划线"上的图层

用这种方法可以动态查看位于各图层上的对象。

> **提示**：如果双击大列表框中的某一图层名，会在该图层名的前面显示一个星号（*），并在绘图屏幕内总显示出位于该图层内的对象，与在列表框中选中此图层名与否没有关系。双击有星号的图层名，星号取消。

如果单击按钮 （选择对象），AutoCAD 临时切换到绘图屏幕，提示：

　　选择对象：

在这样的提示下选择对象后按 Enter 键，AutoCAD 返回到"图层漫游"对话框，并在大列表框内选中所选对象所在的图层。利用此方法可以了解指定对象所在的图层。

如果单击"清除"按钮，AutoCAD 删除当前图形中没有绘制图形的图层。

如果选中"退出时恢复"复选框，关闭对话框后，AutoCAD 恢复成打开"图层漫游"对话框前的图层显示设置，否则按在"图层漫游"对话框中设置的显示状态显示图形。

2．图层匹配

命令：LAYMCH。**菜单**："格式"｜"图层工具"｜"图层匹配"。**工具栏**："图层 II"｜（图层匹配）。

图层匹配指将选定对象的图层改变为选定的目标对象所在的图层。

▶ 命令操作

执行 LAYMCH 命令，AutoCAD 提示：

　　选择要更改的对象:(选择要更改图层的对象)
　　选择对象:✓(也可以继续选择对象)
　　选择目标图层上的对象或 [名称(N)]:(选择目标图层上的对象，或执行"名称(N)"选项，从弹出的"更改到图层"对话框选择图层)

如果在"选择目标图层上的对象或[名称(N)]:"提示下直接按 Enter 键，AutoCAD 提示：

　　是否使用当前图层？[是(Y)/否(N)] <是(Y)>:

如果用"是(Y)"响应，则将选定对象所在的图层更改到当前图层。

3．更改为当前图层

命令：LAYCUR。**菜单**："格式"｜"图层工具"｜"更改为当前图层"。**工具栏**："图层 II"｜（更改为当前图层）。

更改为当前图层指将选定对象的图层更改为当前图层。

▶ 命令操作

执行 LAYCUR 命令，AutoCAD 提示：

　　选择要更改到当前图层的对象:(选择要更改图层的对象)
　　选择要更改到当前图层的对象:✓(也可以继续选择对象)

4．将对象复制到新图层

命令：COPYTOLAYER。**菜单**："格式"｜"图层工具"｜"将对象复制到新图层"。**工具栏**："图层 II"｜（将对象复制到新图层）。

将对象复制到新图层指将选定的对象复制到不同的图层。

▶ 命令操作

执行 COPYTOLAYER 命令，AutoCAD 提示：

选择要复制的对象:(选择操作对象)

选择要复制的对象:✓(也可以继续选择对象)

选择目标图层上的对象或[名称(N)]<名称(N)>:(选择目标图层上的对象,或执行"名称(N)"选项,从弹出的"复制到图层"对话框选择图层)

指定基点或[位移(D)/退出(X)] <退出(X)>:(指定复制时的位移基点或执行其他选项,与复制操作相同)

指定位移的第二个点或 <使用第一个点作为位移>:(指定复制时的位移第二个点)

5．图层隔离

命令：LAYISO。**菜单**："格式"|"图层工具"|"图层隔离"。**工具栏**："图层 II"|（图层隔离）。

图层隔离指隔离选定对象所在的图层,即关闭其他所有图层。

命令操作

执行 LAYISO 命令,AutoCAD 提示:

选择要隔离的图层上的对象或 [设置(S)] :

在此提示下选择要隔离图层的对象后,AutoCAD 只显示出位于该图层上的对象,关闭其他所有图层。

6．取消图层隔离

命令：LAYUNISO。**菜单**："格式"|"图层工具"|"取消图层隔离"。**工具栏**："图层 II"|（取消图层隔离）。

取消图层隔离指将图层恢复为执行 LAYISO 命令之前的状态。执行 LAYUNISO 命令,即可取消图层隔离。

7．图层关闭

命令：LAYOFF。**菜单**："格式"|"图层工具"|"图层关闭"。**工具栏**："图层 II"|（图层关闭）。

图层关闭用于关闭选定对象所在的图层。

命令操作

执行 LAYOFF 命令,AutoCAD 提示:

选择要关闭的图层上的对象或[设置(S)/放弃(U)] :

如果在此提示下选择图形对象,AutoCAD 关闭该对象所在的图层。如果选择的对象位于当前图层,AutoCAD 提示:

图层"图层名"为当前图层,是否关闭它? [是(Y)/否(N)] <否(N)> :

根据需要响应即可。

8．打开所有图层

命令：LAYON。**菜单**："格式"|"图层工具"|"打开所有图层"。无工具栏。

打开所有图层指打开图形中的所有图层。执行 LAYON 命令,即可打开图形中的所有图层。

9．图层冻结

命令：LAYFRZ。**菜单**："格式"|"图层工具"|"图层冻结"。**工具栏**："图层 II"|（图

AutoCAD 2012 中文版实用教程

层冻结)。

图层冻结指冻结选定对象所在的图层。

命令操作

执行 LAYFRZ 命令，AutoCAD 提示：

选择要冻结的图层上的对象或[设置(S)/放弃(U)]：

如果在此提示下选择图形对象，AutoCAD 冻结该对象所在的图层。

> 提示　AutoCAD 不能冻结当前图层。

10．解冻所有图层

命令：LAYTHW。**菜单**："格式"|"图层工具"|"解冻所有图层"。无工具栏。

解冻所有图层指将所有冻结图层解冻。执行 LAYTHW 命令，即可解冻图形中的所有冻结图层。

11．图层锁定

命令：LAYLCK。**菜单**："格式"|"图层工具"|"图层锁定"。**工具栏**："图层 II"|（图层锁定）。

图层锁定指锁定选定对象所在的图层。

命令操作

执行 LAYLCK 命令，AutoCAD 提示：

选择要锁定的图层上的对象:(选定对应的对象即可)

12．图层解锁

命令：LAYULK。**菜单**："格式"|"图层工具"|"图层解锁"。**工具栏**："图层 II"|（图层解锁）。

图层解锁指解锁选定对象所在的图层。

命令操作

执行 LAYULK 命令，AutoCAD 提示：

选择要解锁的图层上的对象:(选定对应的对象即可)

4.5　设置新绘图形对象的颜色、线型与线宽

用户可以单独为新绘制的图形对象设置颜色、线型与线宽。

4.5.1　设置颜色

命令：COLOR。**菜单**："格式"|"颜色"。

用户可以单独设置新绘图形对象的颜色。

命令操作

执行 COLOR 命令，AutoCAD 弹出"选择颜色"对话框，如图 4.26 所示。

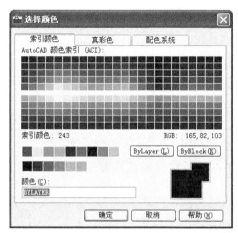

图 4.26 "选择颜色"对话框

对话框中有"索引颜色"、"真彩色"和"配色系统"3 个选项卡，分别用于以不同的方式确定绘图颜色。在"索引颜色"选项卡中，可以将绘图颜色设为 ByLayer（随层）或某一具体颜色，其中 ByLayer 指所绘对象的颜色总是与对象所在图层设置的图层颜色一致，这是最常用到的设置。

> **提示** 如果通过"选择颜色"对话框设置了某一具体颜色，那么在此之后所绘图形对象的颜色总为该颜色，不再受图层颜色的限制。但我们建议读者将绘图颜色设为 ByLayer（随层）。

4.5.2 设置线型

命令：LINETYPE。**菜单**："格式"|"线型"。
用户可以单独设置新绘图形对象的线型。

命令操作

执行 LINETYPE 命令，AutoCAD 弹出"线型管理器"对话框，如图 4.27 所示。如果读者得到的对话框与如图 4.27 所示不完全一样，单击"显示细节"按钮（此按钮与"隐藏细节"按钮是同一个按钮的两种不同状态）。

对话框中，位于中间位置的线型列表框中列出了当前可以使用的线型。对话框中主要项的功能如下。

1．"线型过滤器"选项组

设置过滤条件。可以通过其中的下拉列表框在"显示所有线型"和"显示所有使用的线型"等选项之间选择。设置过滤条件后，AutoCAD 在线型列表框中只显示满足条件的线型。

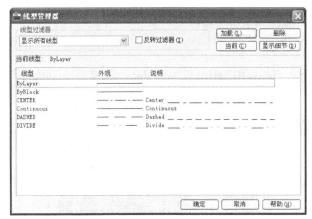

图 4.27 "线型管理器"对话框

"线型过滤器"选项组中的"反转过滤器"复选框用于确定是否在线型列表框中显示与过滤条件相反的线型。

2. "当前线型"标签框

显示当前绘图时使用的线型。

3. "线型"列表框

列表显示出满足过滤条件的线型，供用户选择。其中，"线型"列显示线型的设置或线型名称，"外观"列显示各线型的外观形式，"说明"列显示对各线型的说明。

4. "加载"按钮

加载线型。如果线型列表框中没有列出所需要的线型，则应加载该线型。单击"加载"按钮，AutoCAD 弹出"加载或重载线型"对话框（与如图 4.7 所示的对话框类似）。可通过单击该对话框中的"文件"按钮选择线型文件，通过"可用线型"列表框选择要加载的线型。

5. "删除"按钮

删除不需要的线型。删除过程为：在线型列表中选择线型，单击"删除"按钮即可。

同样，要删除的线型必须是没有使用的线型，即当前图形中没有用到该线型，否则 AutoCAD 拒绝删除此线型，并给出对应的提示信息。

6. "当前"按钮

设置当前绘图线型。设置过程为：在线型列表框中选择某一线型，单击"当前"按钮。

设置当前线型时，可以通过线型列表框在"随层"、某一具体线型等之间选择，其中"随层"表示绘图线型始终与图形对象所在图层设置的图层线型一致，这是最常用到的线型设置。

7. "隐藏细节"按钮

单击该按钮，AutoCAD 在"线型管理器"对话框中不再显示"详细信息"选项组部分，同时按钮变成了"显示细节"。

8. "详细信息"选项组

说明或设置线型的细节。

（1）"名称"、"说明"文本框。

显示或修改指定线型的名称与说明。在线型列表中选择某一线型，它的名称和说明会分别显示在"名称"和"说明"文本框中。

（2）"全局比例因子"文本框。

设置线型的全局比例因子，即所有线型的比例因子。用各种线型绘图时，除连续线外，每种线型一般都由实线段、空白段或点等组成。线型定义中定义了这些小段的长度，当在屏幕上显示或在图纸上输出的线型不合适时，可以通过改变线型比例的方法放大或缩小所有线型的每一小段的长度。全局比例因子对已有线型和新绘图形的线型均有效，也可以用LTSCALE 命令更改线型的比例因子。

> 提示　改变线型的比例后，各图形对象的总长度不会因此改变。

（3）"当前对象缩放比例"文本框。

设置新绘图形对象所用线型的比例因子。通过该文本框设置了线型比例后，所绘图形的线型比例均为此线型比例，利用系统变量 CELTSCALE 也可以实现此设置。

> 提示　如果通过"线型管理器"对话框设置了某一具体线型，那么在此之后所绘图形对象的线型总为该线型，与图层的线型没有任何关系，但我们建议读者将绘图线型设为 Bylayer（随层）。

4.5.3　设置线宽

命令：LWEIGHT。**菜单**："格式" | "线宽"。

用户可以单独设置新绘图形对象的线宽。

命令操作

执行 LWEIGHT 命令，AutoCAD 弹出"线宽设置"对话框，如图 4.28 所示。

对话框中各主要项的功能如下。

1．"线宽"列表框

设置绘图线宽。列表框中列出了 AutoCAD 2012 提供的 20 余种线宽，用户可以选择"随层"或某一具体线宽。"随层"表示绘图线宽始终与图形对象所在图层设置的图层线宽一致，这是最常用到的设置。

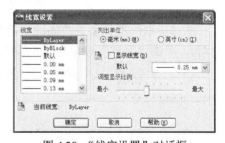

图 4.28　"线宽设置"对话框

2．"列出单位"选项组

确定线宽的单位。AutoCAD 提供了毫米和英寸两种单位，供用户选择。

3．"显示线宽"复选框

确定是否按用户设置的线宽显示所绘图形（也可以通过单击状态栏上的 ▣（显示/隐藏线宽）按钮，实现是否使所绘图形按指定的线宽来显示的切换）。

4．"默认"下拉列表框

设置 AutoCAD 的默认绘图线宽。

5．"调整显示比例"滑块

确定线宽的显示比例，通过对应的滑块调整即可。

> 提示　如果通过"线宽设置"对话框设置了某一具体线宽，那么在此之后所绘图形对象的线宽总是该线宽，与图层的线宽没有任何关系，但我们建议读者将绘图线宽设为 Bylayer（随层）。

4.6　更改对象特性

命令：SETBYLAYER。**菜单**："修改"|"更改为 Bylayer"。无工具栏。
这里的更改对象特性是指将对象的某些特性更改为 Bylayer（随层）等。

命令操作

执行 SETBYLAYER 命令，AutoCAD 提示：

　　选择对象或[设置(S)]:

如果执行"设置（S）"选项，AutoCAD 弹出"SetByLayer 设置"对话框，如图 4.29 所示。

图 4.29　"SetByLayer 设置"对话框

从对话框中选择要更改为随层的特性后（选中对应的复选框即可。"材质"项用于三维绘图），单击"确定"按钮，AutoCAD 继续提示：

　　选择对象或 [设置(S)]:（选择对象，然后根据提示响应即可）

4.7　"特性"工具栏

AutoCAD 提供了如图 4.30 所示的"特性"工具栏，利用它可以快速、方便地设置绘图颜色、线型以及线宽。

图 4.30　"特性"工具栏

下面介绍"特性"工具栏上主要项的功能。
1．"颜色控制"下拉列表框
设置绘图颜色。单击此列表框，AutoCAD 弹出下拉列表，如图 4.31 所示。用户可以通过该列表设置绘图颜色（一般应选择随层，即 ByLayer）或修改当前图形的颜色。修改图形对象颜色的方法是：首先选择图形，然后通过如图 4.31 所示的"颜色控制"列表选择对应的颜色。

图 4.31 显示"颜色控制"列表

> 提示　单击"颜色控制"下拉列表中的"选择颜色"项，AutoCAD 弹出如图 4.26 所示的"选择颜色"对话框，供用户选择颜色用。

2．"线型控制"下拉列表框

设置绘图线型。单击此列表框，AutoCAD 弹出下拉列表，如图 4.32 所示。可以通过该列表设置绘图线型（一般应选择随层，即 ByLayer）或修改当前图形的线型。修改图形对象线型的方法是：选择对应的图形，然后通过如图 4.32 所示的"线型控制"列表选择对应的线型。

图 4.32 显示"线型控制"列表

> 提示　单击"线型控制"下拉列表中的"其他"项，AutoCAD 弹出如图 4.27 所示的"线型管理器"对话框，供用户选择线型用。

3．"线宽控制"列表框

设置绘图线宽。单击此列表框，AutoCAD 弹出下拉列表，如图 4.33 所示。可以通过该列表设置绘图线宽（一般应选择随层，即 ByLayer）或修改当前图形的线宽。修改图形对象线宽的方法是：选择对应的图形，然后通过如图 4.33 所示的"线宽控制"列表选择对应的线宽。

图 4.33 显示"线宽控制"列表

可以看出，利用"特性"工具栏，可以方便地设置或修改绘图的颜色、线型与线宽。

> **提示** 如果通过"特性"工具栏设置了具体的绘图颜色、线型或线宽,而不是采用"随层"设置,那么在此之后用 AutoCAD 绘制出的新图形对象的颜色、线型或线宽均会采用新的设置,不再受图层颜色、图层线型或图层线宽的限制,但我们建议读者采用"随层"设置。

4.8 练 习

1. 按表 4.3 所示要求建立新图层,并绘制图 4.34。
主要绘图步骤如下:
① 执行 NEW 命令,以文件 acadiso.dwt 为样板建立新图形,并按表 4.3 所示要求建立各图层。
② 在对应图层绘制中心线和直径为 960 的细实线圆,如图 4.34-a 所示(各中心线的长度并不重要,如果不合适,以后可利用夹点功能调整)。
③ 在"粗实线"图层绘制辅助直线,如图 4.34-b 中的粗线部分所示(斜线与水平线的夹角应为 60°)。

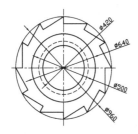  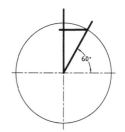

图 4.34　练习图 1　　　图 4.34-a　绘制中心线等　　　图 4.34-b　绘制辅助直线

④ 修剪、删除。
执行 TRIM 命令进行修剪,并删除辅助斜线,结果如图 4.34-c 所示。
⑤ 阵列。
执行 ARRAYPOLAR 命令,对在步骤(4)中得到的锯齿轮廓阵列,结果如图 4.34-d 所示。
⑥ 绘制其他图形、整理。
根据如图 4.34 所示绘制其他图形,并进行整理,如通过夹点功能修改中心线的长度等。

2. 按表 4.3 所示要求建立新图层,并绘制如图 4.35 所示的图形。

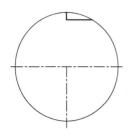 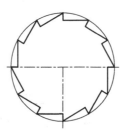 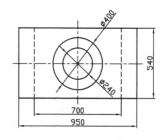

图 4.34-c　修剪、删除结果　　　图 4.34-d　阵列结果　　　图 4.35　练习图 2

第 5 章

精确绘图、图形显示控制

读者在完成第 3 章和第 4 章的练习题时可能会发现：虽然已经较熟练地掌握了 AutoCAD 提供的图形绘制与编辑功能，但当绘制某些图形时仍会感到绘图效率较低，而且准确性较差。例如，当进行环形阵列时，由于没能准确地确定出环形阵列的中心点，从而导致阵列后的对象发生偏移。再例如，很难准确地从一个圆的圆心向另一个圆绘制切线。为解决诸如此类的问题，AutoCAD 提供了用于精确绘图的方法，同时还提供了用于控制图形显示的各种工具。

5.1 捕捉模式、栅格功能及正交功能

捕捉、栅格以及正交功能可以用来快速绘制某些图形对象。

5.1.1 捕捉模式

如果启用了捕捉模式，可以使光标按指定的步距移动。利用该功能，在某些情况下能够提高绘图的效率与准确性。

1. 设置捕捉间距

设置捕捉间距，就是设置光标的移动步距。利用 AutoCAD 2012 提供的"草图设置"对话框中的"捕捉和栅格"选项卡可以进行该设置。

用于打开"草图设置"对话框的命令是 DSETTINGS。通过菜单"工具"|"绘图设置"，或在状态栏上的 ■（捕捉模式）按钮处单击鼠标右键，从弹出的快捷菜单中选择"设置"（如图 5.1 所示），都可以打开"草图设置"对话框。

图 5.1 捕捉模式快捷菜单

图 5.2 所示是对应的"捕捉和栅格"选项卡。选项卡中，"启用捕捉"复选框用于确定是否启用捕捉功能，选中复选框启用，否则不启用。在"捕捉间距"选项组中，"捕捉 X 轴间距"和"捕捉 Y 轴间距"文本框分别用于确定光标沿 x 方向和 y 方向移动的间距，它们的值可以相等，也可以不等。

2. 启用捕捉

用户可以通过以下方式实现是否启用捕捉功能的切换。

（1）通过"捕捉和栅格"选项卡中的"启用捕捉"复选框来设置。

（2）单击状态栏上的 ■（捕捉模式）按钮。按钮变蓝时启用捕捉功能，否则关闭捕捉功能。

AutoCAD 2012 中文版实用教程

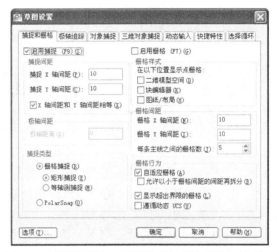

图 5.2 "草图设置"对话框的"捕捉和栅格"选项卡

（3）按 F9 键。

（4）执行 SNAP 命令。执行 SNAP 命令后，在给出的提示下执行"开（ON）"选项可以启用捕捉功能，执行"关（OFF）"选项则关闭捕捉功能。

（5）在状态栏上的 ▦（捕捉模式）按钮上单击鼠标右键，从弹出的快捷菜单（如图 5.1 所示）中选择"启用栅格捕捉"项。

> 提示　绘图过程中，可以根据需要随时启用或关闭捕捉功能。

3．设置捕捉类型

"捕捉和栅格"选项卡中，"捕捉类型"选项组用于确定捕捉的类型，即采用"栅格捕捉"还是"极轴捕捉"（PolarSnap）。如果选用"栅格捕捉"，当选中"矩形捕捉"单选按钮时，会将捕捉方式设为矩形捕捉模式，即光标要沿 x 和 y 方向移动；而当选中"等轴测捕捉"单选按钮时，可以将捕捉方式设置成等轴测捕捉模式。

如果选中了"PolarSnap"（极轴捕捉）单选按钮，在启用捕捉功能并启用极轴追踪（参见 5.4 节）或对象捕捉追踪（参见 5.5 节）功能后，如果指定了一点，光标将沿极轴角或对象捕捉追踪角度方向捕捉，使光标沿指定的方向按指定的步距移动。启用极轴捕捉后，可以通过"极轴距离"文本框设置极轴捕捉时的光标移动步距（参见 5.4 节中的例 5.3）。

5.1.2　栅格功能

如果启用了栅格功能，则可以显示出按指定的行间距和列间距均匀分布的栅格线，如图 5.3 所示。可以看出，这些栅格线可以用于表示绘图时的坐标位置，与坐标纸的作用类似，但 AutoCAD 不会将这些栅格线打印到图纸上。

> 提示　绘图时，利用栅格功能可以方便地实现图形之间的对齐，确定图形对象之间的距离等。

第 5 章 精确绘图、图形显示控制

1．设置栅格间距

利用如图 5.2 所示的"捕捉和栅格"选项卡可以设置栅格间距。在该选项卡中，"启用栅格"复选框用于确定是否显示栅格，选中复选框就显示，否则不显示；在"栅格间距"选项组中，"栅格 X 轴间距"和"栅格 Y 轴间距"文本框分别用于确定栅格线沿 x 方向和沿 y 方向的间距（它们的值可以相等，也可以不等），即所显示栅格线的列间距和行间距，在对应的文本框中输入数值即可。可以将栅格线间距设为 0。当距离为 0 时，表示所显示栅格线之间的距离与捕捉设置中的对应距离相等。在这样的设

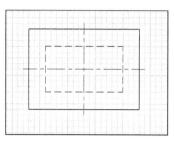

图 5.3 显示栅格线

置下，如果同时启用捕捉和栅格功能，移动光标时，光标会正好落在各栅格线上。

> 提示　如果设置的栅格间距太小，当通过某一方式启用栅格功能时，AutoCAD 会提示：
> 栅格太密，无法显示
> 此时不显示栅格。

2．启用栅格功能

可以通过以下操作实现是否启用栅格功能的切换。

① 通过"捕捉和栅格"选项卡中的"启用栅格"复选框设置。

② 单击状态栏上的▦（栅格显示）按钮。按钮变蓝时启用栅格功能，即在绘图窗口内显示出栅格；按钮变灰则关闭栅格的显示。

③ 按 F7 键。

④ 执行 GRID 命令。执行 GRID 命令后，在给出的提示下执行"开（ON）"选项可以启用栅格功能；执行"关（OFF）"选项则不显示栅格。

⑤ 在状态栏上的▦（栅格显示）按钮上单击鼠标右键，从弹出的快捷菜单（如图 5.4 所示）中选择"启用"项。"启用"项前面有✓符号表示启用栅格功能，否则关闭栅格功能。

图 5.4 栅格显示快捷菜单

> 提示　绘图过程中，可以根据需要随时启用或关闭栅格功能。

3．栅格行为设置

在"捕捉和栅格"选项卡的"栅格行为"选项组中，如果选中"自适应栅格"复选框，当缩小图形的显示时，会自动改变栅格的密度，以便栅格不至于太密。如果选中"允许以小于栅格间距的间距再拆分"复选框，当放大图形的显示时，可以再添加一些栅格线。如果选中"显示超出界限的栅格"复选框，AutoCAD 会在整个绘图屏幕中显示栅格，否则只在由 LIMITS 命令设置的绘图界限中显示栅格。

例 5.1　利用捕捉与栅格功能绘制如图 5.5 所示的三视图。

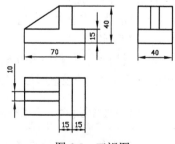

图 5.5 三视图

本三视图中的各视图均由简单的直线构成，而且图形中的各尺寸均为 5 的整数倍。因此，

利用 AutoCAD 的捕捉、栅格功能，不需要输入坐标值就能够方便地确定各直线的端点位置。

操作步骤

首先设置捕捉及栅格间距。打开"草图设置"对话框。在该对话框中的"捕捉和栅格"选项卡中，将捕捉间距和栅格间距均设为 5，同时启用捕捉和栅格功能，如图 5.6 所示。

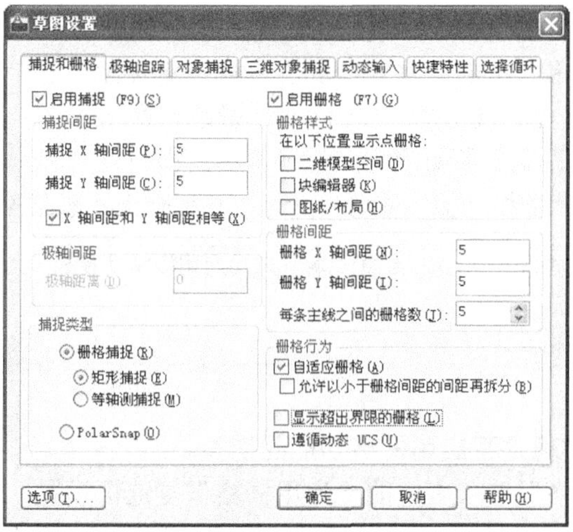

图 5.6　设置捕捉间距和栅格间距

单击"确定"按钮关闭对话框后，AutoCAD 在屏幕上显示出栅格线。此时用 LINE 命令绘制 3 个视图时，会看到光标只能位于各个栅格线上，因此能够容易地确定各直线的端点位置（通过栅格数来确定距离，过程略）。

5.1.3　正交功能

利用正交功能，可以方便地绘制出与当前坐标系的 x 轴或 y 轴平行的直线。

读者也许有这样的感觉：当通过用鼠标指定端点的方式绘制水平线或垂直线时，虽然在指定直线的另一端点时十分小心，但绘出的线仍可能是斜线（虽然倾斜程度很小）。利用正交功能，则可以轻松地绘出水平线或垂直线。

实现正交功能启用与否的命令是 ORTHO。但实际上，可以通过以下操作快速实现正交模式启用与否的切换。

① 单击状态栏上的 ▭（正交模式）按钮。按钮变蓝时启用正交模式，否则关闭正交模式。
② 按 F8 键。
③ 在状态栏上的 ▭（正交模式）按钮上单击鼠标右键，弹出与图 5.4 类似的快捷菜单，通过菜单中的"启用"项设置即可。"启用"项前面有 √ 符号表示启用正交功能，否则关闭正交功能。

> **提示**　绘图过程中，可以根据需要随时启用或关闭正交功能。

启用正交模式后，绘直线时，当指定线的起点并移动光标确定线的另一端点时，引出的橡皮筋线已不再是这两点之间的连线，而是从起点向两条光标十字线引出的两条垂直线中较

第 5 章　精确绘图、图形显示控制

长的那段线，如图 5.7（a）所示，此时单击鼠标左键，该橡皮筋线就变成所绘直线。在系统默认坐标系设置下，在正交模式下绘出的直线通常是水平线或垂直线。

如果关闭正交模式，当指定直线的起点并通过移动光标的方式确定直线的另一端点时，引出的橡皮筋线又恢复成起始点与光标点处的连线，其效果如图 5.7（b）所示。此时单击鼠标左键，该橡皮筋线就变成所绘直线。

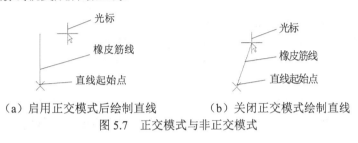

（a）启用正交模式后绘制直线　　　（b）关闭正交模式绘制直线
图 5.7　正交模式与非正交模式

5.2　对　象　捕　捉

本节介绍的"对象捕捉"功能与 5.1.1 节介绍的"捕捉模式"不同。5.1.1 节介绍的捕捉模式可以使光标按指定的步距移动，而利用本节介绍的对象捕捉功能，在绘图过程中可以快速、准确地确定一些特殊点，如圆心、端点、中点、切点、交点及垂足等。可以通过"对象捕捉"工具栏（如图 5.8 所示）和对象捕捉菜单（如图 5.9 所示。按下 Shift 键或 Ctrl 键后单击鼠标右键可以弹出此快捷菜单）启用对象捕捉功能。

图 5.8 所示工具栏上的各按钮图标以及如图 5.9 所示对象捕捉菜单中的各菜单项，直观、形象地说明了对应的对象捕捉功能。下面介绍这些功能。

图 5.8　"对象捕捉"工具栏　　　　　　　　图 5.9　对象捕捉菜单

101

1．捕捉端点

"对象捕捉"工具栏上的按钮 （捕捉到端点）和对象捕捉菜单中的"端点"项用于捕捉直线段、圆弧等对象上离光标最近的端点。当 AutoCAD 提示用户指定点的位置且用户此时希望指定端点时，单击按钮 （捕捉到断点）或选择对应的菜单项，AutoCAD 提示：

_endp 于

在此提示下只要将光标放到对应的对象上并接近其端点位置，AutoCAD 会自动捕捉到端点（称其为磁吸），并显示出捕捉标记（小方框），同时浮出"端点"标签（又称为自动捕捉工具提示），如图 5.10 所示。此时单击鼠标左键，即可确定出对应的端点。

2．捕捉中点

"对象捕捉"工具栏上的按钮 （捕捉到中点）和对象捕捉菜单中的"中点"项用于捕捉直线段、圆弧等对象的中点。当 AutoCAD 提示用户指定点的位置且用户希望指定中点时，单击按钮 或选择对应的菜单项，AutoCAD 提示：

_mid 于

在此提示下只要将光标放到对应对象上的中点附近，AutoCAD 会自动捕捉到该中点，并显示出捕捉标记（小三角），同时浮出"中点"标签，如图 5.11 所示。此时单击鼠标左键，即可确定出对应的中点。

3．捕捉交点

"对象捕捉"工具栏上的按钮 （捕捉到交点）和对象捕捉菜单中的"交点"项用于捕捉直线段、圆弧、圆、椭圆等对象之间的交点，与其对应的捕捉标记如图 5.12 所示（操作过程与前面介绍的捕捉操作类似，只是 AutoCAD 给出的提示和显示出的捕捉标记略有不同）。

 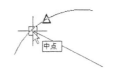 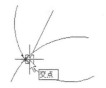

图 5.10　捕捉到端点　　　图 5.11　捕捉到中点　　　图 5.12　捕捉到交点

4．捕捉外观交点

"对象捕捉"工具栏上的按钮 （捕捉到外观交点）和对象捕捉菜单中的"外观交点"项用于捕捉直线段、圆弧、圆、椭圆等对象之间的外观交点，即对象本身之间没有相交，而是捕捉时假想地将对象延伸之后的交点。设有如图 5.13（a）所示的图形，如果希望将延伸直线后与圆的交点作为新绘直线的起始点，操作如下。

 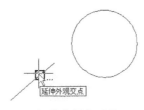 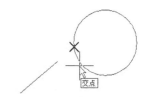

（a）已有图形　　　　（b）确定相交对象　　　（c）确定另一相交对象，捕捉到交点

图 5.13　捕捉到外观交点

第 5 章 精确绘图、图形显示控制

执行 LINE 命令，AutoCAD 提示：

> 指定第一点:(在该提示下单击"对象捕捉"工具栏上的按钮 ，表示将确定外观交点)
> _appint 于(将光标放到对应的直线，AutoCAD 显示捕捉标记和对应的标签，如图 5.13(b)所示，而后单击鼠标左键)
> 和(将光标放到圆上，AutoCAD 自动捕捉到对应的交点，并显示出捕捉标记和标签，如图 5.13(c)所示，此时单击鼠标左键即可)
> 指定下一点或 [放弃(U)]:

在此提示下可以继续执行后续操作。

5．捕捉延伸点

"对象捕捉"工具栏上的按钮 ---（捕捉到延长线）和对象捕捉菜单中的"延长线"项用于捕捉将已有直线段、圆弧延长一定距离后的对应点，与其对应的捕捉标记如图 5.14 所示。

图 5.14 捕捉到延伸点

如图 5.14 所示，左图浮出的标签说明当前光标位置与直线端点之间的距离以及直线的角度，右图浮出的标签说明当前光标位置与圆弧端点之间的弧长。此时可以通过单击鼠标左键的方式确定对应的点，也可以通过输入与已有端点之间的距离来确定新点。

6．捕捉圆心

"对象捕捉"工具栏上的按钮 ◎（捕捉到圆心）

图 5.15 捕捉到圆心

和对象捕捉菜单中的"圆心"项用于捕捉圆或圆弧的圆心位置，与其对应的捕捉标记如图 5.15 所示。

> 提示：一般情况下，当使用捕捉圆心功能时，只要将光标放到圆或圆弧的边界上，即可自动捕捉到对应的圆心。

7．捕捉象限点

"对象捕捉"工具栏上的按钮 （捕捉到象限点）和对象捕捉菜单中的"象限点"项用于捕捉圆、圆弧、椭圆、椭圆弧上离光标最近的象限点，即周边上位于 0°、90°、180° 或 270° 位置的点，与其对应的捕捉标记如图 5.16 所示。

 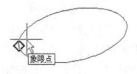

图 5.16 捕捉到象限点

103

8．捕捉切点

"对象捕捉"工具栏上的按钮 ○（捕捉到切点）和对象捕捉菜单中的"切点"项用于捕捉圆、圆弧或椭圆等对象的切点，与其对应的捕捉标记如图 5.17 所示。

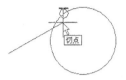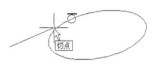

图 5.17　捕捉到切点

9．捕捉垂足

"对象捕捉"工具栏上的按钮 ⊥（捕捉到垂足）和对象捕捉菜单中的"垂足"项用于捕捉对象之间的正交点，与其对应的捕捉标记如图 5.18 所示。

10．捕捉平行线

"对象捕捉"工具栏上的按钮 ∥（捕捉

图 5.18　捕捉到垂足

到平行线）和对象捕捉菜单中的"平行线"项用于确定与已有直线平行的线。例如，设有如图 5.19（a）所示的直线，如果希望从某点绘制与该直线平行且长度为 280 的直线，操作如下。

（a）已有直线　　　　（b）确定被平行对象　　　　（c）显示捕捉线

图 5.19　捕捉到平行线

执行 LINE 命令，AutoCAD 提示：

```
指定第一点:(确定直线的起始点)
指定下一点或 [放弃(U)]:(单击"对象捕捉"工具栏上的按钮 ∥)
_par
```

将光标放到被平行直线上，AutoCAD 显示出捕捉标记和对应的标签，如图 5.19（b）所示。然后，向左上方拖曳鼠标，当橡皮筋线与已有直线近似平行时，AutoCAD 显示出辅助捕捉线，并显示对应的标签，如图 5.19（c）所示。此时输入 280 后按 Enter 键或空格键，AutoCAD 提示：

```
指定下一点或 [放弃(U)]:↙
```

至此完成平行线的绘制，继续操作即可。

11．捕捉插入点

"对象捕捉"工具栏上的按钮 ⊠（捕捉到插入点）和对象捕捉菜单中的"插入点"项用于捕捉文字、属性和块等对象的定义点或插入点。

12. 捕捉节点

"对象捕捉"工具栏上的按钮 ⊙（捕捉到节点）和对象捕捉菜单中的"节点"项用于捕捉节点，即用 POINT、DIVIDE 和 MEASURE 命令绘制的点。

13. 捕捉最近点

"对象捕捉"工具栏上的按钮 ⊠（捕捉到最近点）和对象捕捉菜单中的"最近点"项用于捕捉图形对象上与光标最接近的点。

14. 临时追踪点

"对象捕捉"工具栏上的按钮 ⊸（临时追踪点）和对象捕捉菜单中的"临时追踪点"项用于确定临时追踪点，有关临时追踪点的概念与使用参见 5.5 节。

15. 相对于已有点确定特殊点

"对象捕捉"工具栏上的按钮 ⌐（捕捉自）和对象捕捉菜单中的"自"项用于相对于指定的点确定另一点（此功能的使用参见例 5.2）。

例 5.2 已知有如图 5.20 所示的圆，对其绘制其他部分，结果如图 5.21 所示。

图 5.20 已有图形

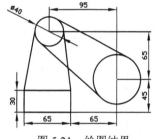

图 5.21 绘图结果

操作步骤

为便于绘图，首先打开"对象捕捉"工具栏。

① 绘制直径为 40 的圆。

执行 CIRCLE 命令，AutoCAD 提示：

> 指定圆的圆心或 [三点(3P)/两点(2P)/相切、相切、半径(T)]:

在此提示下，单击"对象捕捉"工具栏上的 ⌐（捕捉自）按钮，AutoCAD 提示：

> _from 基点:

在此提示下，单击"对象捕捉"工具栏上的 ⊙（捕捉到圆心）按钮，AutoCAD 提示：

> _cen 于

在此提示下，将光标放到已有圆的边界上，AutoCAD 显示出捕捉到圆心的标记（如图 5.22 所示），此时单击鼠标左键确定圆心，AutoCAD 提示：

> <偏移>: @-95,65↙(通过相对偏移坐标确定新绘圆的圆心位置)
> 指定圆的半径或 [直径(D)]: 20↙

绘图结果如图 5.23 所示。

② 绘制矩形。

执行 RECTANG 命令，AutoCAD 提示：

> 指定第一个角点或 [倒角(C)/标高(E)/圆角(F)/厚度(T)/宽度(W)]:(用类似的方法,相对于大圆圆心确定矩形的右下角位置。相对坐标:@-65,-45)
> 指定另一个角点或 [面积(A)/尺寸(D)/旋转(R)]:@-65,30↙

执行结果如图 5.24 所示。

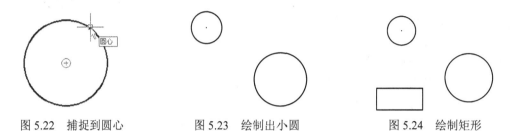

图 5.22 捕捉到圆心 　　　　图 5.23 绘制出小圆 　　　　图 5.24 绘制矩形

③ 绘制切线。

从矩形左上角点向小圆绘切线。执行 LINE 命令,AutoCAD 提示:

> 指定第一点:(在该提示下单击"对象捕捉"工具栏上的 ∕(捕捉到端点)按钮)
> _endp 于(将光标放到矩形左上位置的某一条边上,AutoCAD 显示出捕捉到端点的标记,如图 5.25 所示。此时单击鼠标左键确定端点)
> 指定下一点或 [放弃(U)]:(在该提示下单击"对象捕捉"工具栏上的 ○(捕捉到切点)按钮)
> _tan 到(将光标放到圆的左侧边上,AutoCAD 显示出捕捉到切点的标记,如图 5.26 所示。此时单击鼠标左键确定端点)
> 指定下一点或 [放弃(U)]:↙

执行结果如图 5.27 所示。

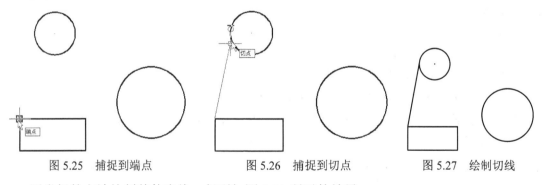

图 5.25 捕捉到端点 　　　　图 5.26 捕捉到切点 　　　　图 5.27 绘制切线

用类似的方法绘制其他直线,得到如图 5.21 所示的结果。

> **提示** 只有当 AutoCAD 提示用户指定点的时候(如指定圆心、端点等),才可以使用对象捕捉功能。

5.3 自动对象捕捉

自动对象捕捉是使 AutoCAD 自动捕捉到圆心、端点、中点这样的特殊点。绘图时,可能需要频繁地捕捉一些相同类型的特殊点，此时如果用前一节介绍的对象捕捉方式来确定这些点，需要频繁地单击"对象捕捉"工具栏上的对应按钮或单击对应快捷菜单项来执行操作，较浪费时间。为避免出现这样的问题，AutoCAD 提供了自动对象捕捉功能。自动对象捕捉又称为隐含对象捕捉。

下面介绍如何通过"草图设置"对话框设置自动对象捕捉的捕捉模式。

单击菜单项"工具"|"绘图设置"，从弹出的"草图设置"对话框中选择"对象捕捉"选项卡，结果如图 5.28 所示（在状态栏上的 ▭（对象捕捉）按钮上单击鼠标右键，从弹出的快捷菜单中单击"设置"项，也可以弹出"对象捕捉"选项卡）。

在该选项卡中，可以通过"对象捕捉模式"选项组中的各复选框确定自动对象捕捉的捕捉模式，即确定使 AutoCAD 自动捕捉到的点。"启用对象捕捉"复选框用于确定是否启用自动对象捕捉功能，"启用对象捕捉追踪"复选框则用于确定是否启用对象捕捉追踪功能，5.5 节将介绍该功能。

> 提示
>
> 利用"对象捕捉"选项卡设置了默认捕捉模式并启用了自动对象捕捉功能后，在绘图过程中，每当 AutoCAD 提示用户确定点的时候，如果光标位于对象上在自动捕捉模式中设置的对应点的附近，AutoCAD 会自动捕捉到这些点，并显示出捕捉到对应点的小标签，此时单击鼠标左键，AutoCAD 就会以该捕捉点作为对应的点。
>
> 绘图过程中，可以通过单击状态栏上的 ▭（对象捕捉）按钮或按 F3 键的方式，随时启用或关闭自动对象捕捉功能。

此外，在状态栏上的 ▭（对象捕捉）按钮上单击鼠标右键，弹出对应的快捷菜单，如图 5.29 所示。利用该菜单可以快速设置自动对象捕捉的捕捉模式。菜单中，如果捕捉图标有一个外方框，如图中的"断点"、"圆心"和"交点"项，表示启用了对应的捕捉功能。

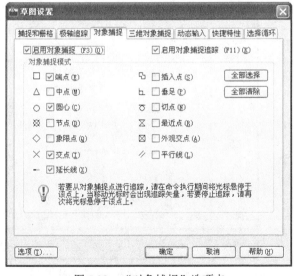

图 5.28 "对象捕捉"选项卡

图 5.29 自动对象捕捉快捷菜单

用 AutoCAD 绘图时，经常会出现这样的情况：当 AutoCAD 提示确定点时，用户可能希望通过鼠标来拾取屏幕上的某一点，但由于拾取点与某些图形对象距离很近，因而得到的点并不是所拾取的那一点，而是已有对象上的某一特殊点，如端点、中点、圆心等。造成这种结果的原因是启用了自动对象捕捉功能，使 AutoCAD 自动捕捉到默认捕捉点。如果单击状态栏上的 ▯（对象捕捉）按钮关闭自动对象捕捉功能，就可以避免上述情况的发生。因此在绘图时，一般会根据绘图需要不断地单击状态栏上的 ▯（对象捕捉）按钮，以便启用或关闭自动对象捕捉功能。

5.4 极轴追踪

极轴追踪是指在某些操作中，当指定了一点而确定另一点时（如指定直线的另一端点时），如果拖曳光标，使光标接近预先设定的方向（即极轴追踪方向），AutoCAD 会自动将橡皮筋线吸附到该方向，同时从前一点沿该方向显示出一条极轴追踪矢量，并浮出标签，说明当前光标位置相对于前一点的极坐标，如图 5.30 所示。

极轴追踪矢量的起始点称为追踪点。

从如图 5.30 所示可以看出，当前光标位置相对于前一点的极坐标为（64.3<330），即两点之间的距离为 64.3，极轴追踪矢量与 x 轴正方向的夹角为 330°。此时单击鼠标左键，AutoCAD 会将该点作为绘图所需点。如果直接输入一个数值（如输入 70）后按 Enter 键，AutoCAD 会沿极轴追踪矢量方向按此长度值确定出点的位置。如果沿极轴追踪矢量方向拖曳鼠标，AutoCAD 会通过浮出的标签动态显示出沿极轴追踪矢量方向的光标坐标值（即显示"距离<角度"）。

用户可以设置是否启用极轴追踪功能以及极轴追踪方向等性能参数，设置过程如下。

单击菜单"工具"|"绘图设置"，AutoCAD 弹出"草图设置"对话框，切换到对话框中的"极轴追踪"选项卡，如图 5.31 所示。

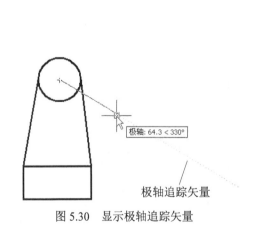

图 5.30 显示极轴追踪矢量

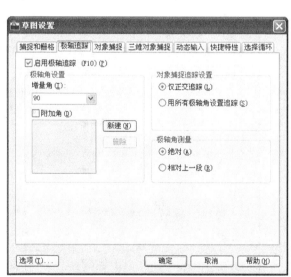

图 5.31 "极轴追踪"选项卡

> 提示：在状态栏上的 ⌀（极轴追踪）按钮上单击鼠标右键，从快捷菜单中选择"设置"命令，也可以打开如图 5.31 所示的对话框。

在对话框中,"启用极轴追踪"复选框用于确定是否启用极轴追踪。

> **提示** 在绘图过程中,可以通过单击状态栏上的 (极轴追踪)按钮或按 F10 键的方式,随时启用或关闭极轴追踪功能。

"极轴角设置"选项组用于确定极轴追踪的追踪方向。可以通过"增量角"下拉列表框确定追踪方向的角度增量,列表中有 90、45、30、22.5、18、15、10、5 几种选项。例如,如果选择了 30,表示 AutoCAD 将在 0°、30°、60° 等以 30° 为角度增量的方向进行极轴追踪。"附加角"复选框用于确定除由"增量角"下拉列表框设置追踪方向外,是否再附加追踪方向。如果选中此复选框,可以通过"新建"按钮确定附加追踪方向的角度,通过"删除"按钮删除已有的附加角度。

在绘图过程中,如果在 (极轴追踪)按钮上单击鼠标右键,在弹出的快捷菜单中会显示出允许的极轴角设置菜单项,如图 5.32 所示。用户可直接通过该菜单选择极轴追踪的追踪方向。

"对象捕捉追踪设置"选项组用于确定对象捕捉追踪的模式(5.5 节将介绍对象捕捉追踪)。"仅正交追踪"表示启用对象捕捉追踪后,仅显示正交形式的追踪矢量;"用所有极轴角设置追踪"表示如果启用了对象捕捉追踪,当指定追踪点后,AutoCAD 允许光标沿在"极轴角设置"选项组中设置的方向进行极轴追踪。

"极轴角测量"选项组表示极轴追踪时角度测量的参考系。"绝对"表示相对于当前 UCS(用户坐标系,参见 12.3 节。目前读者可理解为当前使用的坐标系)测量,"相对上一段"则表示将相对于前一图形对象来测量角度。

> **提示** 启用极轴追踪功能后,如果在"捕捉和栅格"选项卡(如图 5.1 所示)中选用"PolarSnap"(极轴捕捉),并通过"极轴距离"文本框设置了距离值,同时启用了"捕捉"功能(单击状态栏上的 按钮实现),那么当光标沿极轴追踪方向移动时,光标会以在"极轴距离"文本框中设置的值为步距移动。

例 5.3 利用极轴追踪功能绘制如图 5.33 所示的图形。

从图 5.33 可以看出,各尺寸均为 10 的倍数,而且有一条斜线沿 45° 方向,利用极轴追踪功能,可以方便地绘制出此图形。

图 5.32 极轴追踪快捷菜单

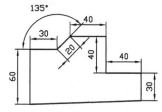

图 5.33 示例图

操作步骤

① 极轴追踪设置。

在"极轴追踪"选项卡(如图 5.31 所示)中,将"增量角"设为 45。在"捕捉和栅格"

选项卡中，选中"PolarSnap"单选按钮，并将"极轴距离"设为 10，如图 5.34 所示。

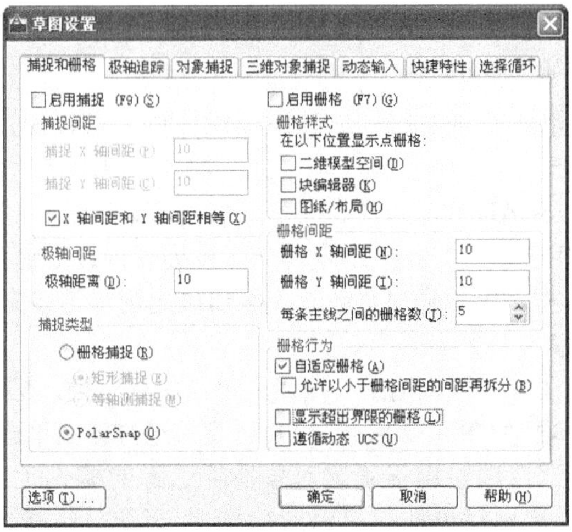

图 5.34 "捕捉和栅格"选项卡

关闭对话框，并启用捕捉和极轴追踪功能（在状态栏单击■按钮和■按钮，使它们变蓝即可）。
② 绘图形。
执行 LINE 命令，AutoCAD 提示：

  指定第一点:(指定一点作为图形的左下角点)
  指定下一点或 [放弃(U)]:

在该提示下，向上拖曳光标，AutoCAD 显示出极轴追踪矢量，如图 5.35 所示（请注意，此时沿该方向移动光标时，光标以 10 为步距移动）。

在"指定下一点或 [放弃(U)]:"提示下输入 60 后按 Enter 键（或当在标签中显示出 60 时单击鼠标左键），即可绘制出左垂直线，同时 AutoCAD 提示：

  指定下一点或 [放弃(U)]:

在该提示下，向右拖曳光标，AutoCAD 又会显示出对应的极轴追踪矢量，如图 5.36 所示。当在标签中显示出 30 的时候单击鼠标左键，可以绘制出水平线，而后 AutoCAD 提示：

  指定下一点或 [闭合(C)/放弃(U)]:

在该提示下，向右上方拖曳光标，AutoCAD 显示出沿 45°方向的极轴追踪矢量，如图 5.37 所示。

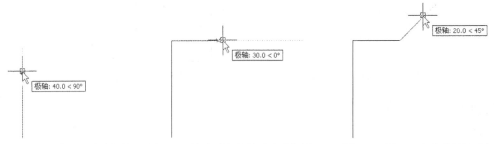

图 5.35 沿垂直方向显示追踪矢量   图 5.36 沿水平方向显示追踪矢量   图 5.37 沿 45°方向显示追踪矢量

当在标签中显示出 20 时单击鼠标左键，AutoCAD 又会提示：

　　指定下一点或 [闭合(C)/放弃(U)]:

用类似的方法依次确定其他直线的各端点，即可绘制出图形（最后一条直线通过"闭合(C)"选项封闭）。

5.5　对象捕捉追踪

对象捕捉追踪是对象捕捉与极轴追踪的综合，用于捕捉一些特殊点。例如，已知图 5.38（a）中有一个圆和一条直线，当执行 LINE 命令确定新绘直线的起点时，利用对象捕捉追踪则可以找到一些特殊点，如图 5.38（b）、（c）所示。

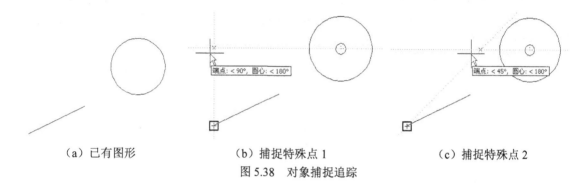

（a）已有图形　　　　　（b）捕捉特殊点 1　　　　　（c）捕捉特殊点 2

图 5.38　对象捕捉追踪

图 5.38（b）中，所捕捉到的点的 x、y 坐标分别与已有直线端点的 x 坐标和圆心的 y 坐标相同；而在图 5.38（c）中，所捕捉到点的 y 坐标与圆心的 y 坐标相同，且位于相对于已有直线端点的 45°方向。如果此时单击鼠标左键，就会以对应的点作为直线起点。

5.5.1　启用对象捕捉追踪

使用对象捕捉追踪功能时，应首先启用极轴追踪和自动对象捕捉功能（单击状态栏上的 ▨（极轴追踪）按钮和 ▨（对象捕捉）按钮，使其变蓝即可），并根据绘图需要设置极轴追踪的增量角以及自动对象捕捉的默认捕捉模式，同时还应启用对象捕捉追踪。

在"草图设置"对话框中的"对象捕捉"选项卡中（如图 5.28 所示），"启用对象捕捉追踪"复选框用于确定是否启用对象捕捉追踪。

> 提示　绘图过程中，利用 F11 键或单击状态栏上的 ▨（对象捕捉追踪）按钮，可以随时启用或关闭对象捕捉追踪功能。

用户可以利用如图 5.31 所示的对话框设置极轴追踪的增量角，利用如图 5.28 所示的对话框设置自动对象捕捉的默认捕捉模式。

5.5.2 使用对象捕捉追踪

下面仍以图 5.38 为例说明对象捕捉追踪的使用方法。设已启用了极轴追踪、自动对象捕捉和对象捕捉追踪功能,并通过"草图设置"的"极轴追踪"选项卡(如图 5.31 所示)将极轴追踪增量角设成 45°,并选中"用所有极轴角设置追踪"单选按钮;通过"对象捕捉"选项卡(如图 5.28 所示)将自动对象捕捉模式设为端点、圆心等。

执行 LINE 命令,AutoCAD 提示:

指定第一点:

将光标放到直线端点附近,AutoCAD 捕捉到作为追踪点的对应端点,并显示出捕捉标记与标签提示,如图 5.39 所示。

再将光标放到圆心位置附近,AutoCAD 捕捉到作为追踪点的对应圆心,并显示出捕捉标记与标签提示,如图 5.40 所示(注意,此时要将光标放在圆心附近捕捉圆心,而不是放在圆的边上捕捉圆心)。

图 5.39　捕捉到端点　　　　　　　图 5.40　捕捉到圆心

而后拖曳鼠标,当光标的 x、y 坐标分别与直线端点的 x 坐标和圆心的 y 坐标接近时,AutoCAD 从两个捕捉到的点(即追踪点)引出的追踪矢量(此时的追踪矢量沿两个方向延伸,称其为全屏追踪矢量)会捕捉到对应的特殊点(即交点),并显示出说明光标位置的标签,如图 5.38(b)所示。此时单击鼠标左键,就可以以该点作为直线的起始点,而后根据提示进行其他操作即可。

如果不单击鼠标左键,继续向右移动鼠标,则可以捕捉到如图 5.38(c)所示的特殊点。

> 提示　利用如图 5.8 所示"对象捕捉"工具栏上的"临时追踪点"按钮( )以及如图 5.9 所示对象捕捉快捷菜单上的"临时追踪点"选项,可以单独设置对象捕捉追踪时的临时追踪点。

例 5.4　利用对象捕捉追踪等功能,根据图 5.20 绘制图 5.21。

本例只说明如何利用对象捕捉追踪功能来确定小圆圆心以及矩形的角点位置。

绘制直径为 40 的圆。首先,启用极轴追踪、自动对象捕捉和对象捕捉追踪,并通过"对象捕捉"选项卡将自动对象捕捉模式设成捕捉圆心等。

下面通过对象捕捉追踪来确定直径为 40 的圆的圆心。执行 CIRCLE 命令,AutoCAD 提示:

指定圆的圆心或 [三点(3P)/两点(2P)/相切、相切、半径(T)]:

在该提示下,利用自动对象捕捉功能捕捉到已有圆的圆心,如图 5.41 所示(注意,捕捉到圆心后不要单击鼠标左键)。

然后，向左移动光标，AutoCAD 显示出追踪矢量，如图 5.42 所示。再单击"对象捕捉"工具栏上的按钮 ⊸（临时追踪点），AutoCAD 提示：

指定临时对象追踪点：

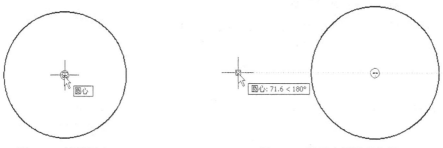

图 5.41　捕捉圆心　　　　　　图 5.42　显示水平追踪矢量

将光标再移到已有圆的左侧，并显示出如图 5.42 所示的追踪矢量，此时输入 95 后按 Enter 键，AutoCAD 继续提示：

指定圆的圆心或 [三点(3P)/两点(2P)/相切、相切、半径(T)]:

向上移动光标，AutoCAD 会在与已有圆相距 95 的地方沿垂直方向显示出追踪矢量，如图 5.43 所示。输入 65 后按 Enter 键，即可确定出对应的圆心，AutoCAD 提示：

指定圆的半径或 [直径(D)]:20✓

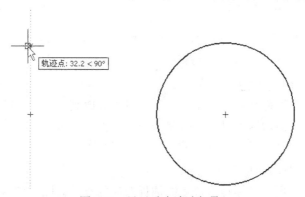

图 5.43　显示垂直追踪矢量

到此即完成圆的绘制。可以利用类似方法相对于大圆圆心确定矩形的角点位置来绘制矩形，而后再绘制其他图形（略）。

例 5.5　已知有如图 5.44（a）所示的图形，在此基础上利用对象捕捉、极轴追踪、对象捕捉追踪等功能绘图，结果如图 5.44（b）所示（图中的虚线用于说明新绘直线的端点与已有图形之间的关系）。

操作步骤

① 绘图设置。

首先，利用"草图设置"对话框的"极轴追踪"选项卡，将"增量角"设为 30，再在"对象捕捉"选项卡选中"端点"复选框，通过单击状态栏上的 ◯（极轴追踪）按钮、◯（对象捕捉）按钮和 ∠（对象捕捉追踪）按钮，使它们变蓝，即启用极轴追踪、自动对象捕捉和对象捕捉追踪功能，并打开"对象捕捉"工具栏。

② 绘图。

执行 LINE 命令，AutoCAD 提示：

> 指定第一点:(单击"对象捕捉"工具栏上的 按钮)
> _from 基点:(捕捉图 5.44(a)中的左下角点)
> <偏移>: @90,25↙
> 指定另一个角点或 [尺寸(D)]:

向左上方拖曳鼠标，显示出对应的极轴追踪矢量，如图 5.45 所示。

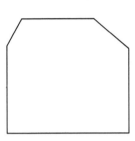 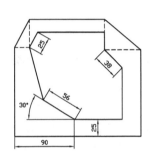 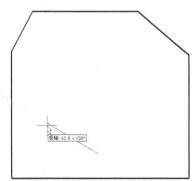

（a）已有图形　　　（b）绘图结果

图 5.44　练习图　　　　　　　　　图 5.45　显示极轴追踪矢量

在如图 5.45 所示状态下输入 56 后按 Enter 键或空格键，AutoCAD 提示：

> 指定下一点或 [放弃(U)]:

利用对象捕捉追踪功能捕捉对应的点，如图 5.46 所示。方法：将光标放到已有斜线的左端点附近，捕捉到作为追踪点的直线左端点，再将光标放到斜线的右端点附近，捕捉到作为追踪点的直线右端点，然后拖曳鼠标，捕捉到与这两个点有对应坐标关系的点。

在如图 5.46 所示状态下单击鼠标左键，AutoCAD 提示：

> 指定下一点或 [放弃(U)]:

向右拖曳鼠标，利用对象捕捉追踪功能捕捉对应的点，如图 5.47 所示。

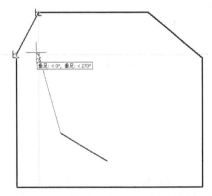 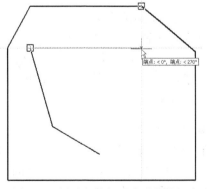

图 5.46　用对象捕捉追踪功能捕捉点　　　　图 5.47　用对象捕捉追踪功能捕捉点

在如图 5.47 所示状态下单击鼠标左键，AutoCAD 提示：

  指定下一点或 [放弃(U)]:

单击"对象捕捉"工具栏上的 ∥（捕捉到平行线）按钮，并确定平行捕捉矢量，如图 5.48 所示。在此状态下输入距离 38 后按 Enter 键或空格键，AutoCAD 提示：

  指定下一点或 [闭合(C)/放弃(U)]:

利用对象捕捉追踪确定另一点，如图 5.49 所示。

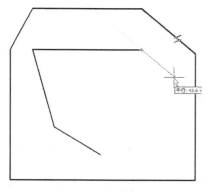
图 5.48　平行捕捉

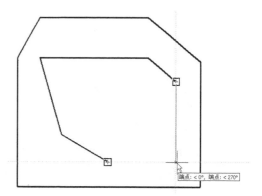
图 5.49　用对象捕捉追踪功能捕捉点

在此状态下单击左键，AutoCAD 提示：

  指定下一点或 [闭合(C)/放弃(U)]:C✓（封闭图形）

执行结果如图 5.44（b）所示。

5.6　图形显示控制

本节介绍 AutoCAD 的图形显示控制功能，即放大、缩小图形的显示，或移动整个图形来显示某一局部区域。

5.6.1　图形显示缩放

图形显示缩放与 3.15 节介绍的用 SCALE 命令实现的缩放操作不同。用 SCALE 命令实现的缩放操作改变图形的实际尺寸，使图形按比例放大或缩小；图形显示缩放只放大或缩小其显示效果，即通过放大来显示图形的局部细节，或缩小图形以观看全貌。执行显示缩放操作之后，对象的实际尺寸仍保持不变。

用于实现显示缩放操作的命令是 ZOOM。执行 ZOOM 命令，AutoCAD 提示：

  指定窗口的角点，输入比例因子 (nX 或 nXP)，或者
  [全部(A)/中心(C)/动态(D)/范围(E)/上一个(P)/比例(S)/窗口(W)/对象(O)]<实时>:

此时用户可以执行对应的选项来实现缩放操作。

实际上，利用 AutoCAD 提供的菜单或工具栏，可以更方便地执行缩放操作。图 5.50 所示为"缩放"菜单（位于"视图"下拉菜单）；图 5.51 所示为与缩放操作对应的工具栏按钮（位于"标准"工具栏）与弹出工具栏。

图 5.50 "缩放"菜单

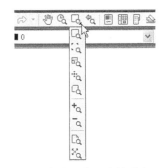

图 5.51 与缩放操作对应的弹出工具栏

> 提示　从弹出工具栏中选择单击某一按钮后，该按钮会显示在"标准"工具栏上，即在"标准"工具栏上显示出最后一次使用过的按钮。

在如图 5.50 所示的菜单中，"窗口"项与执行 ZOOM 命令后的"指定窗口的角点"选项的功能相同，其余菜单项与执行 ZOOM 命令后所给出提示中的同名选项功能相同（菜单中，"放大"、"缩小"项没有对应的提示项）。

下面以"缩放"菜单为例介绍如何进行显示缩放。

1．实时缩放

菜单"视图"|"缩放"|"实时"用于图形的实时缩放。单击该菜单项，AutoCAD 会在屏幕上显示出一个放大镜式的光标，并提示：

> 按 Esc 或 Enter 键退出，或单击右键显示快捷菜单。

同时在状态栏显示：

> 按住拾取键并垂直拖动进行缩放

此时按住鼠标左键，向上拖曳鼠标可以放大图形，向下拖曳鼠标则缩小图形。如果按 Esc 或 Enter 键，则结束缩放操作；如果单击鼠标右键，则会弹出快捷菜单供用户选择。

> 提示　"标准"工具栏上的按钮 （实时缩放）用于实时缩放。

2．上一步

菜单"视图"|"缩放"|"上一步"用于恢复上一次显示的视图。通过此菜单可以多次恢复前面显示过的视图。

> 提示　"标准"工具栏上的按钮 （缩放上一个）用于恢复上一次显示的视图。

3．窗口

菜单"视图"|"缩放"|"窗口"用于将所指定矩形窗口区域中的图形放大，使其充满显

示窗口。单击该菜单,AutoCAD 提示:

> 指定第一个角点:(指定矩形窗口的第一个角点)
> 指定对角点:(指定矩形窗口的对角点)

执行结果:AutoCAD 将指定矩形窗口区域中的图形充满显示窗口。

> 提示　"标准"工具栏上的按钮 ⛶(窗口缩放)用于窗口缩放操作。

4．动态

菜单"视图"|"缩放"|"动态"用于实现动态缩放。单击该菜单,AutoCAD 切换到动态缩放时的特殊屏幕模式,要求用户确定显示区域。确定后,在绘图窗口显示对应区域的图形,实现对应的缩放。

5．比例

菜单"视图"|"缩放"|"比例"用于按指定的比例实现缩放。单击该菜单,AutoCAD 提示:

> 输入比例因子(nX 或 nXP):

用户在该提示下输入比例值后按 Enter 键,即可实现缩放。

> 提示　如果在"输入比例因子(nX 或 nXP):"提示后输入的比例值是具体的数值,图形将按该比例值实现绝对缩放,即相对于实际尺寸缩放。如果在比例值后面加有后缀 X,图形实现相对缩放,即相对于当前所显示图形的大小进行缩放。如果在比例值后面加 XP,图形相对于图纸空间缩放。例如,如果当前图形按 4∶1 的比例显示,即显示的图形是实际大小的 4 倍,那么执行 ZOOM 命令后,如果用 2X 响应,图形会再放大 2 倍;但如果用 2 响应,显示的图形不但没有变大,反而会缩小,使显示图形的大小是实际大小的 2 倍。

6．中心

菜单"视图"|"缩放"|"中心"用于重设图形的显示中心位置和缩放倍数。单击该菜单,AutoCAD 提示:

> 指定中心点:(指定新的显示中心位置)
> 输入比例或高度:(输入缩放比例或高度值)

执行结果:AutoCAD 将图形中新指定的中心位置显示在绘图窗口的中心位置,并对图形进行对应的放大或缩小。如果在"输入比例或高度:"提示下给出的是缩放比例(在输入的数字后跟有 X),AutoCAD 按该比例缩放;如果在"输入比例或高度:"提示下输入的是高度值(输入的数字后没有后缀 X),AutoCAD 会缩放图形,使得在绘图窗口中所显示图形的高度为输入值(即绘图窗口的高度为输入值)。很显然,输入的高度值较小时会放大图形,反之缩小图形。

7．对象

菜单"视图"|"缩放"|"对象"用于缩放图形,以尽可能大地显示一个或多个选定的对象,并使其显示在绘图窗口内。单击该菜单,AutoCAD 提示:

> 选择对象:(选择对应的对象)
> 选择对象:✓(也可以继续选择对象)

执行结果:AutoCAD 实现对应的缩放操作。

8．放大、缩小

菜单"视图"|"缩放"|"放大"用于使图形相对于当前图形放大一倍;菜单"视图"|

"缩放"|"缩小"则用于使图形相对于当前图形缩小一倍。

9．全部

菜单"视图"|"缩放"|"全部"用于显示整个图形。单击该菜单后，如果各图形对象均没有超出由 LIMITS 命令设置的图形界限，AutoCAD 则按此图形界限显示，即在绘图窗口中显示位于图形界限中的内容（这也就是在 4.2 节介绍用 LIMITS 命令设置图形界限后，应执行 ZOOM 命令的"全部"选项的原因）；如果有图形对象绘制到图纸边界之外，显示的范围则会扩大，以便将超出边界的部分也显示在屏幕上。

10．范围

菜单"视图"|"缩放"|"范围"用于使已绘出的图形充满绘图窗口，此时与所绘图形的图形界限无关。

5.6.2 图形显示移动

图形显示移动是指移动整个图形，就像是移动整张图纸，以便将图形的特定部分显示在绘图窗口。执行显示移动后，图形相对于图纸的实际位置并不发生变化，与 3.3 节介绍的移动图形的概念不同。

PAN 命令用于实现图形的实时移动。执行该命令，AutoCAD 在屏幕上出现一个小手光标，并提示：

> 按 Esc 或 Enter 键退出，或单击右键显示快捷菜单。

同时在状态栏上提示：

> 按住拾取键并拖曳进行平移

此时按下鼠标左键并向某一方向拖曳鼠标，就会使图形向该方向移动；按 Esc 键或 Enter 键可以结束 PAN 命令的执行；如果单击鼠标右键，AutoCAD 会弹出快捷菜单供用户选择。

另外，AutoCAD 还提供了用于移动操作的菜单："视图"|"平移"，如图 5.52 所示。

图 5.52 "平移"菜单

菜单中，"实时"项用于实现实时平移，其操作与执行 PAN 命令后的操作相同；"定点"项用于根据指定的两点实现移动；"左"、"右"、"上"、"下"项可以分别使图形向左、右、上、下移动。

> 提示 "标准"工具栏上的按钮 ✋（实时平移）用于实时移动操作。

例 5.6 AutoCAD 提供了众多 AutoCAD 图形示例文件（通常位于 AutoCAD 安装目录下 Sample 文件夹的各子文件夹中）。打开 Database Connectivity 子文件夹中的示例图形文件 db_samp.dwg，对其执行缩放、移动操作来观看图形。

操作步骤

首先，打开图形 db_samp.dwg，如图 5.53 所示（注意：位于图中上方的粗线矩形框是笔者绘制的参考矩形，用于后面的操作说明）。

第 5 章 精确绘图、图形显示控制

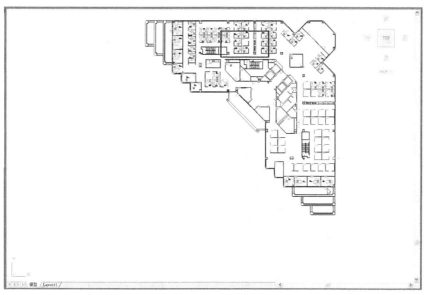

图 5.53 练习图

1．窗口缩放

单击菜单"视图"|"缩放"|"窗口"，AutoCAD 提示：

> 指定第一个角点:(指定图 5.53 中位于中上方位置的矩形框的某一角点)
> 指定对角点:(指定图 5.53 中位于中上方位置的矩形框的另一对角点)

执行结果如图 5.54 所示，即将位于所指定矩形框内的图形放大。

图 5.54 放大显示

2．实时缩放

单击菜单"视图"|"缩放"|"实时"，AutoCAD 提示：

按 Esc 或 Enter 键退出，或单击右键显示快捷菜单。

此时按住鼠标左键，向下拖曳鼠标缩小图形，结果如图 5.55 所示。

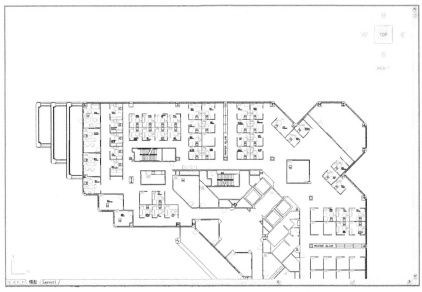

图 5.55　缩小显示

3．移动图形

单击菜单"视图"|"平移"，AutoCAD 提示：

按 Esc 或 Enter 键退出，或者单击鼠标右键显示快捷菜单。

此时按住鼠标左键，向上拖曳鼠标移动图形，结果如图 5.56 所示。

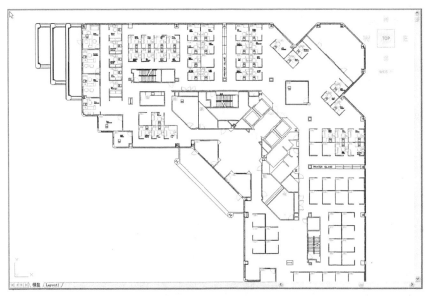

图 5.56　移动结果

4．显示前一个视图

在如图 5.56 所示状态下，依次单击菜单"视图"|"缩放"|"上一步"，可以依次返回到前面显示过的视图效果（过程略）。读者还可以继续练习其他显示缩放与平移操作。

5.7 动态输入

如果单击状态栏上的 （动态输入）按钮，使其变蓝，则启动动态输入功能。本节介绍动态输入操作及其设置。

5.7.1 使用动态输入

下面以绘制直线为例，说明动态输入的使用。首先，启用动态输入功能。

执行 LINE 命令，AutoCAD 一方面在命令窗口提示"指定第一点:"，同时在光标附近显示出一个提示框（称之为"工具提示"），工具提示中显示出对应的 AutoCAD 提示"指定第一点:"和光标的当前坐标值，如图 5.57 所示。

图 5.57 动态显示工具栏提示

> 提示　执行本节介绍的操作时，如果显示出的效果与本节不同，为如图 5.62 所示形式，其原因是动态输入的设置不一样。5.7.2 节将介绍动态输入的设置。

此时移动光标，工具提示也会随光标移动，且显示出的坐标值会动态变化，以反映光标的当前坐标值。

在如图 5.57 所示状态下，用户可以在工具提示中输入点的坐标值，不需要切换到命令行输入（切换到命令行的方式为：在命令窗口中，将光标放到"命令:"提示的后面单击鼠标左键）。

当在"指定第一点:"提示下指定直线的第一点后，AutoCAD 又会显示出对应的工具提示，如图 5.58 所示。

此时用户可以直接通过工具提示输入对应的极坐标来确定新端点。请注意，在工具提示中，在"指定下一点或"之后有一个向下的小箭头，如果在键盘上按一下指向下方的箭头键，会显示出与当前操作相关的选项，如图 5.59 所示。此时可以通过单击某一选项的方式执行该选项。

图 5.58 动态提示　　　　　　图 5.59 显示操作选项

显示出工具提示时，可以通过 Tab 键在显示的坐标值之间切换。

5.7.2 动态输入设置

用户可以对动态输入的行为进行设置，具体方法如下。

单击菜单"绘图"|"绘图设置",AutoCAD 弹出"草图设置"对话框。对话框中的"动态输入"选项卡用于动态输入方面的设置,如图 5.60 所示。

在对话框中,"启用指针输入"复选框用于确定是否启用指针输入。启用指针输入后,在工具提示中会动态地显示出光标坐标值(如图 5.57~图 5.59 所示)。当 AutoCAD 提示输入点时,用户可以在工具提示中输入坐标值,不必通过命令行输入。

单击"指针输入"选项组中的"设置"按钮,AutoCAD 弹出"指针输入设置"对话框,如图 5.61 所示。用户可以通过此对话框设置工具提示中点的显示格式以及何时显示工具提示(通过"可见性"选项组设置)。

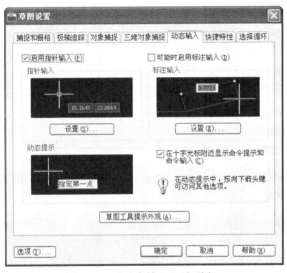

图 5.60 "动态输入"选项卡

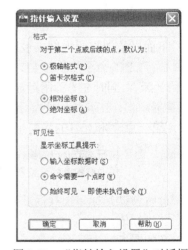

图 5.61 "指针输入设置"对话框

"动态输入"选项卡中,"可能时启用标注输入"复选框用于确定是否启用标注输入。启用标注输入后,当 AutoCAD 提示输入第二个点或距离时,会分别动态显示出标注提示、距离值以及角度值的工具提示,如图 5.62 所示。

同样,此时可以在工具提示中输入对应的值,而不必通过命令行输入值。

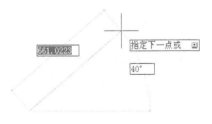

图 5.62 启用标注输入后的工具栏提示

> 提示　如果同时打开指针输入和标注输入,则标注输入有效时会取代指针输入。

单击"标注输入"选项组中的"设置"按钮,AutoCAD 弹出"标注输入的设置"对话框,如图 5.63 所示。用户可以通过此对话框进行相关的设置。

"动态输入"选项卡中,"设计工具提示外观"按钮用于设计工具提示的外观,如工具提示的颜色、大小等,图 5.64 是对应的对话框。

第 5 章 精确绘图、图形显示控制

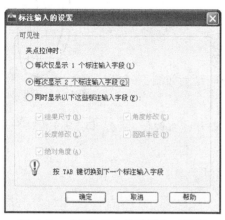

图 5.63　"标注输入的设置"对话框

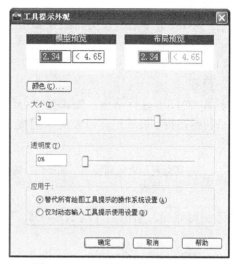

图 5.64　"工具提示外观"对话框

5.8　练　习

1．利用相关的绘图命令及精确绘图工具绘制图 5.65。

主要绘图步骤如下。

① 执行 NEW 命令，以文件 acadiso.dwt 为样板建立新图形，并按表 4.3 所示要求建立各图层。

② 绘制中心线。

在对应图层用 LINE 命令绘制中心线，结果如图 5.65-a 所示（各中心线的长度并不重要，如果不合适，以后可以利用夹点功能等调整）。

③ 绘制圆和切线。

绘制各圆及对应的切线，结果如图 5.65-b 所示。

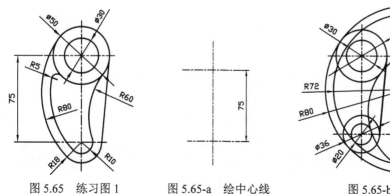

图 5.65　练习图 1　　　　图 5.65-a　绘中心线　　　　图 5.65-b　绘制圆和切线

123

④ 修剪。

执行 TRIM 命令进行修剪，结果如图 5.65-c 所示。

⑤ 创建圆角。

执行 FILLET 命令，在对应位置创建半径为 5 的圆角。

⑥ 整理。

最后，对图形进行整理，如调整中心线的长度等。

2．利用捕捉、极轴追踪以及对象捕捉追踪等功能绘制如图 5.66 所示的图形。

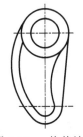

图 5.65-c　修剪结果

> 提示　可以利用对象捕捉的"捕捉自"等功能确定某一点（如圆心、端点、角点等）相对于已有点的位置。

3．利用捕捉、栅格功能绘制如图 5.67 所示的图形。

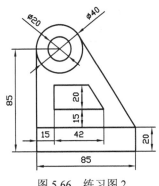

图 5.66　练习图 2

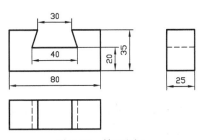

图 5.67　练习图 3

> 提示　由于各尺寸都是 5 的倍数，所以绘图时应将捕捉间距和栅格间距均设为 5，并启用捕捉和栅格功能。

4．打开 AutoCAD 2012 提供的示例图形（通常位于 AutoCAD 安装目录下的 Sample 文件夹中），对其执行显示缩放、移动等操作，以观看图形细节。

第 6 章 标注文字、创建表格

文字标注是绘制各种工程图形时必不可缺的内容。标题栏内需要填写文字，图形中一般还有技术要求等文字。此外，在绘制工程图时，有时还需要创建表格。本章重点介绍如何利用 AutoCAD 2012 标注文字、创建表格。

6.1 定义文字样式

命令：STYLE。**菜单**："格式"|"文字样式"。**工具栏**："文字"（文字样式）。

文字样式用于确定标注文字时所采用的字体、字大小以及其他文字特征。在一幅图形中可以定义多个文字样式，但用户只能用当前文字样式标注文字。

命令操作

执行 STYLE 命令，AutoCAD 弹出"文字样式"对话框，如图 6.1 所示。

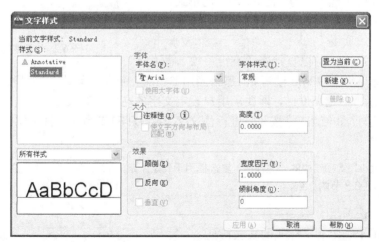

图 6.1 "文字样式"对话框

下面介绍对话框中主要项的功能。

1．"当前文字样式"标签

显示当前文字样式的名称。图 6.1 所示说明当前的文字样式为"Standard"，这是 AutoCAD 2012 提供的默认标注样式。

2. "样式"列表框

列表框中列有当前已定义的文字样式,用户可以从中选择对应的样式作为当前样式或进行样式修改。AutoCAD 默认提供了名称分别为"Standard"和"Annotative"的两个文字样式,其中文字样式"Annotative"是注释性文字样式(样式名前有图标 ▲)。6.3 节将介绍注释性文字样式的含义及使用。

> **提示** 用户可以通过"样式"列表框为已有样式更名,其方法为:选中某一样式名,再单击该样式名,切换到编辑模式,在对应的文本框中输入新名称即可。也可以在某一样式名上单击鼠标右键,从弹出的快捷菜单中选择"重命名"项,然后在对应的文本框中输入新名称。AutoCAD 不允许对当前文字样式更名。

3. 样式列表过滤器

位于"样式"列表框下方的下拉列表框是样式列表过滤器,用于确定将在"样式"列表框中显示哪些文字样式。列表中有"所有样式"和"正在使用的样式"两种选择。

4. 预览框

预览框会动态显示出与所设置或选择的文字样式对应的文字标注预览图像。

5. "字体"选项组

确定文字样式采用的字体。如果选中了"使用大字体"复选框,可以分别确定 SHX 字体和大字体。SHX 字体是通过形文件定义的字体(形文件是 AutoCAD 用于定义字体或符号库的文件,其源文件的扩展名是.SHP。扩展名为.SHX 的形文件是编译后的文件)。大字体用来指定亚洲语言(包括简、繁体汉语、日语、韩语等)使用的大字体文件。

如果选择了某一 SHX 字体,且没有选中"使用大字体"复选框,"字体"选项组为如图 6.2 所示的形式。

此时用户可以通过"字体名"下拉列表框选择字体。

图 6.2 "字体"选项组

6. "大小"选项组

指定文字的高度,可以直接在"高度"文本框中输入高度值。如果将文字高度设为 0,那么当用 DTEXT 命令(参见 6.2.1 节)标注文字时,AutoCAD 会提示"指定高度:",即要求用户设定文字的高度。如果在"高度"文本框中输入了具体的高度值,AutoCAD 将按此高度标注文字,用 DTEXT 命令标注文字时不再提示"指定高度:"。

> **提示** "大小"选项组中的"注释性"复选框用于确定所定义的文字样式是否为注释性文字样式。参见 6.3 节的介绍。

7. "效果"选项组

该选项组用于确定文字样式的某些特征。

(1) "颠倒"复选框。

确定是否将文字颠倒标注,其效果如图 6.3 所示。

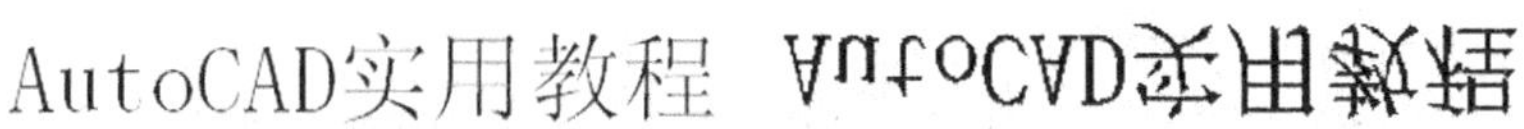

AutoCAD实用教程　　　AutoCAD实用教程

(a) 不颠倒　　　　　　　　(b) 颠倒

图 6.3 文字颠倒与否标注示例

(2)"反向"复选框。

确定是否将文字反向标注。如图 6.3（a）所示为非反向标注的文字，如图 6.4 所示则为反向标注的文字。

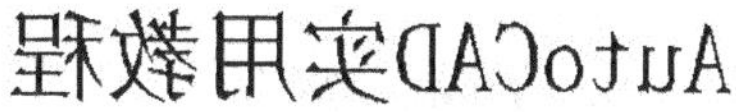

(3)"垂直"复选框。

确定是否将文字垂直标注。

图 6.4　文字反向标注示例

(4)"宽度因子"文本框。

确定文字字符的宽度比例因子，即宽高比。当宽度比例因子为 1 时表示按系统定义的宽高比标注文字；当宽度比例因子小于 1 时字会变窄，反之变宽。图 6.5 所示给出了在不同宽度比例因子设置下标注的文字。

（a）宽度比例因子＝1

（b）宽度比例因子＝2

（c）宽度比例因子＝0.7

图 6.5　在不同宽度比例因子设置下标注的文字

(5)"倾斜角度"文本框。

确定文字的倾斜角度。角度为 0 时字不倾斜；角度为正值时字向右倾斜；为负值时字向左倾斜，如图 6.6 所示。

（a）倾斜角度＝0° 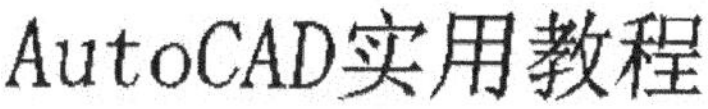　　　　　　（b）倾斜角度＝5°

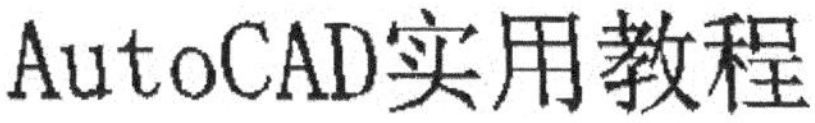

（c）倾斜角度＝–5°

图 6.6　用不同倾斜角度标注文字

8．"置为当前"按钮

将在"样式"列表框中选中的样式置为当前按钮。

> 提示　当需要以已有的某一文字样式标注文字时，应首先将该样式设为当前样式。利用"样式"工具栏中的"文字样式控制"下拉列表框，可以方便地将某一文字样式设为当前样式。

9．"新建"按钮

创建新文字样式。创建方法为：单击"新建"按钮，AutoCAD 弹出如图 6.7 所示的"新建文字样式"对话框。在对话框中的"样式名"文本框中输入新文字样式的名字，单击"确定"按钮，即可在原文字样式的基础上创建一个新文

图 6.7　"新建文字样式"对话框

字样式。当然，此新样式的设置（字体等）仍然与前一样式相同，还需要进行某些设置。

> 提示　AutoCAD 默认将新建样式设为当前样式。

10．"删除"按钮

删除某一文字样式。删除方法为：从"样式"下拉列表中选中要删除的文字样式，单击"删除"按钮。

> 提示　用户只能删除当前图形中没有使用的文字样式。

11．"应用"按钮

确认用户对文字样式的定义或修改。当新建某一文字样式或对已有样式更改了设置后，应单击该按钮予以确认。

例 6.1　定义新文字样式。要求：文字样式名为"宋体样式"，字体采用"宋体"，字高为 3.5，其余采用默认设置。

操作步骤

执行 STYLE 命令，AutoCAD 弹出如图 6.1 所示的"文字样式"对话框，单击对话框中的"新建"按钮，在弹出的"新建文字样式"对话框的"样式名"文本框中输入"宋体样式"，如图 6.8 所示。

单击"确定"按钮，AutoCAD 返回到"文字样式"对话框，并将"宋体样式"设为当前样式。根据要求设置该样式（即字体名、字高度等），如图 6.9 所示。

图 6.8　"新建文字样式"对话框　　　图 6.9　设置文字样式

> 提示　设置"宋体"字体时，应先取消对"使用大字体"的选择。

单击如图 6.9 所示的"应用"按钮确认设置。最后，单击"关闭"按钮关闭"文字样式"对话框，即可完成文字样式"宋体样式"的定义，且 AutoCAD 将该样式设为当前样式。

读者完成此例后，请将对应的图形命名保存，建议文件名为"宋体样式"。

工程制图时，标注的文字一般采用长仿宋体。AutoCAD 2012 提供了符合工程制图要求的字体形文件：gbenor.shx、gbeitc.shx 和 gbcbig.shx 文件。其中，形文件 gbenor.shx 和 gbeitc.shx 分别用于标注直体和斜体字母与数字；gbcbig.shx 用于标注汉字。用如图 6.1 所示的默认文字样式标注文字时，标注出的汉字为长仿宋体，但字母和数字则是由文件 txt.shx 定义的字体，不完全满足制图要求，而且字母和数字与汉字的高度比例也不协调。为了使标注的字母和数字也满足要求，还需要将字体文件设成 gbenor.shx 或 gbeitc.shx。下面通过例子说明对应文字样式的定义。

例 6.2 定义符合制图要求的文字样式。文字样式的样式名为"工程字 35"，字高为 3.5。

操作步骤

执行 STYLE 命令，AutoCAD 弹出"文字样式"对话框。单击对话框中的"新建"按钮，在弹出的"新建文字样式"对话框中的"样式名"文本框内输入"工程字 35"，单击对话框中的"确定"按钮，AutoCAD 返回到"文字样式"对话框，通过此对话框进行设置，如图 6.10 所示。

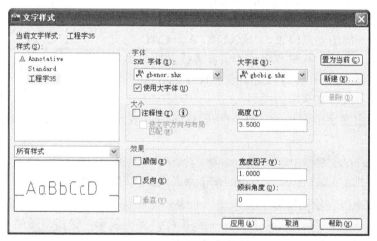

图 6.10 定义文字样式

同时在预览框内显示出所定义文字样式的标注效果预览。

> **提示** 由于在字体形文件中已经考虑了字的宽高比例，所以在"宽度比例"文本框中输入 1 即可。

单击对话框中的"应用"按钮，完成新文字样式的定义。单击"关闭"按钮，AutoCAD 关闭对话框，并将文字样式"工程字 35"设为当前样式。

请读者将包含文字样式"工程字 35"的图形保存起来，后面还将用到该样式。建议文件名为"工程字 35.dwg"。

6.2 标 注 文 字

本节介绍如何在 AutoCAD 2012 中标注文字。

6.2.1 用 DTEXT 命令标注文字

命令：DTEXT。**菜单**："绘图" | "文字" | "单行文字"。**工具栏**："文字" | A （单行文字）。

> **提示**：虽然在菜单、工具栏按钮提示中均为"单行文字"，但用 DTEXT 命令一次也可以标注多行文字。

命令操作

执行 DTEXT 命令，AutoCAD 提示：

    当前文字样式： Standard 当前文字高度： 2.500 0 注释性： 否
    指定文字的起点或 [对正(J)/样式(S)]:

第一行提示说明了当前文字样式，当前文字样式的字高度以及该文字样式不是注释性样式。下面介绍第二行提示中各选项的含义。

1．指定文字的起点

确定文字行基线的始点位置，为默认项。AutoCAD 为文字行定义了顶线、中线、基线和底线 4 条参考线，用来确定文字行的位置。图 6.11 所示为以文字串"Text Sample"为例，说明了这 4 条线与文字串的关系。

图 6.11 文字标注参考线定义

如果在"指定文字的起点或 [对正(J)/样式(S)]:"提示下指定了文字基线的起点位置，AutoCAD 提示：

    指定高度:(输入文字的高度值后按 Enter 键。如果在文字样式中已指定了文字高度，则没有此提示)
    指定文字的旋转角度 <0>:(输入文字行的旋转角度值后按 Enter 键)

而后，AutoCAD 在绘图屏幕上显示出一个表示文字位置的方框，用户可以直接输入要标注的文字。输入一行文字后，可以按 Enter 键换行，或用鼠标左键指定新的文字位置。如果连续按两次 Enter 键，结束命令，完成文字的标注。

2．对正（J）

指定文字的对正方式，类似于用 Microsoft Word 文字编辑器排版时使文字左对齐、居中、右对齐等，但 AutoCAD 提供了更灵活的对正方式。执行"对正(J)"选项，AutoCAD 提示：

    输入选项
    [对齐(A)/布满(F)/居中(C)/中间(M)/右对齐(R)/左上(TL)/中上(TC)/右上(TR)/左中(ML)/正中(MC)/右中(MR)/左下(BL)/中下(BC)/右下(BR)]:

下面介绍提示中各选项的含义。

（1）对齐（A）。

要求用户指定所标注文字行基线的始点与终点位置。执行该选项，AutoCAD 提示：

    指定文字基线的第一个端点:(指定文字行基线的始点位置)
    指定文字基线的第二个端点:(指定文字行基线的终点位置)

而后，AutoCAD 在绘图屏幕上显示出表示文字位置的方框，用户可以在其中输入要标注的文字，输入后连续按两次 Enter 键，即可标注出对应的文字，其标注结果是：输入的文字均匀分布于指定的两点之间，文字行的旋转角度由两点间连线的倾斜角度确定，字高、字宽根据两点间的距离、字符的多少、字的宽度比例关系自动确定。

（2）布满（F）。

此选项要求用户指定文字行基线的始点、终点位置以及文字的字高（如果文字样式没有设置字高的话）。执行该选项，AutoCAD 依次提示：

> 指定文字基线的第一个端点:
> 指定文字基线的第二个端点:
> 指定高度:(如果在文字样式中设置了字高，就没有此提示)

然后，AutoCAD 在绘图屏幕上显示出表示文字位置的方框，用户可以在其中输入要标注的文字，输入后连续按两次 Enter 键，即可标注出对应的文字，其标注结果是：输入的文字字符均匀分布于指定的两点之间，且文字行的旋转角度由两点间连线的倾斜角度确定，字的高度为用户指定的高度或在文字样式中设置的高度，字宽度由所确定两点间的距离与字的多少自动确定。

（3）居中（C）。

此选项要求用户指定一点，AutoCAD 把该点作为所标注文字行基线的中点，即所输入文字行的基线中点要与该点对正。执行该选项，AutoCAD 提示：

> 指定文字的中心点:(指定作为文字行基线中点的点)
> 指定高度:(输入文字的高度。如果文字样式中已经设置了字高，没有此提示)
> 指定文字的旋转角度:(输入文字行的旋转角度)

而后，AutoCAD 在绘图屏幕上显示出表示文字位置的方框，用户可以在其中输入要标注的文字，输入后连续按两次 Enter 键即可。

（4）中间（M）。

此选项要求用户指定一点，AutoCAD 把该点作为所标注文字行的中间点，即以该点作为文字行在水平、垂直方向上的中点。执行该选项，AutoCAD 提示：

> 指定文字的中间点:(指定中间点)
> 指定高度:(输入文字的高度。如果文字样式中已经设置了字高，没有此提示)
> 指定文字的旋转角度:(输入文字行的旋转角度)

而后，AutoCAD 在绘图屏幕上显示出表示文字位置的方框，用户可以输入要标注的文字，输入后连续按两次 Enter 键即可。

（5）右对齐（R）。

此选项要求用户指定一点，AutoCAD 把该点作为所标注文字行基线的右端点。执行该选项，AutoCAD 依次提示：

> 指定文字基线的右端点:(指定文字基线的右端点)
> 指定高度:(输入文字的高度。如果文字样式中已经设置了字高，没有此提示)
> 指定文字的旋转角度:(输入文字行的旋转角度)

而后，AutoCAD 在绘图屏幕上显示出表示文字位置的方框，用户可以在其中输入要标注的文字，输入后连续按两次 Enter 键即可。

（6）其他提示。

在与"对正（J）"选项对应的其他提示中，"左上（TL）"、"中上（TC）"、"右上（TR）"

选项分别表示以指定的点作为文字行顶线的起点、中点、终点；"左中（ML）"、"正中（MC）"、"右中（MR）"选项分别表示以指定的点作为所标注文字行中线的起点、中点、终点；"左下（BL）"、"中下（BC）"、"右下（BR）"选项分别表示以指定的点作为所标注文字行底线的起点、中点和终点。

3．样式（S）

确定所标注文字的样式。执行该选项，AutoCAD 提示：

输入样式名或 [?]<默认样式名>:

在此提示下，用户可以直接输入当前要使用的文字样式名，也可以用"?"响应来显示当前已有的文字样式。如果直接按 Enter 键，则采用默认样式。

标注文字时，有时需要标注一些特殊字符，如希望在一段文字的上方或下方加线、标注度（°）、标注正负公差符号（±）、标注直径符号（ϕ）等，但这些特殊字符不能从键盘上直接输入。为解决这样的问题，AutoCAD 提供了专门的控制符（又称为转意符），以实现特殊标注的要求。AutoCAD 的控制符由两个百分号（%%）和一个字符构成。表 6.1 列出了 AutoCAD 的常用控制符。

表 6.1　　　　　　　　　　　　AutoCAD 控制符

控 制 符	功　　能
%%O	打开或关闭文字上划线
%%U	打开或关闭文字下划线
%%D	标注度符号"°"
%%P	标注正负公差符号"±"
%%C	标注直径符号"ϕ"
%%%	标注百分比符号"%"

AutoCAD 的控制符不区分大小写。本书一般采用大写字母。控制符中，%%O 和%%U 分别是上划线、下划线的开关，即当第一次出现此符号时，表明打开上划线或下划线，即开始画上划线或下划线；而当第二次出现对应的符号时，则会关掉上划线或下划线，即停止画上划线或下划线。

例 6.3　利用在例 6.2 中定义的文字样式"工程字 35"，用 DTEXT 命令标注下面的文字。

技术要求
1. 未注圆角半径R3
2. 棱角倒钝, 去毛刺

操作步骤

首先，定义对应的文字样式（参见例 6.2，过程略。如果已有此样式，则不需要定义），并将该样式设为当前样式。

执行 DTEXT 命令，AutoCAD 提示：

当前文字样式: 工程字 35　当前文字高度: 3.500 0　注释性: 否
指定文字的起点或 [对正(J)/样式(S)]:(在绘图屏幕适当位置指定一点作为文字行的起始点)
指定文字的旋转角度 <0>:↙

第 6 章 标注文字、创建表格

然后，在屏幕中输入对应的文字，如图 6.12 所示（可以输入空格来调整文字沿水平方向的位置。输完一行文字后，按 Enter 键换行来输入另一行文字）。

最后，连续按两次 Enter 键，完成文字的标注。

例 6.4 利用在例 6.1 中定义的文字样式"宋体样式"，通过 DTEXT 命令标注下面的文字。

图 6.12 输入文字

欢迎使用AutoCAD

操作步骤

首先，定义对应的文字样式（参见例 6.1，过程略。如果已有此样式，则不需要再定义），并将该样式设为当前样式。

执行 DTEXT 命令，AutoCAD 提示：

```
当前文字样式：宋体样式    当前文字高度：3.500 0    注释性：否
指定文字的起点或 [对正(J)/样式(S)]:(在绘图屏幕适当位置指定一点作为文字行的起始点)
指定文字的旋转角度 <0>:↙
```

欢迎使用AutoCAD

图 6.13 输入文字后的显示结果

然后，从键盘输入"%%U 欢迎使用%%U%%OAutoCAD%%O"，在屏幕上的显示如图 6.13 所示。

然后按两次 Enter 键，完成对应文字的标注。

> **提示** 按如图 6.13 所示输入文字时，应在起始位置输入"%%U"，表示开始画下划线，在"欢迎使用"之后要输入"%%U%%O"，表示结束下划线，并开始画上划线，最后一个"%%O"用于结束上划线。

6.2.2 利用在位文字编辑器标注文字

命令：MTEXT。**菜单**："绘图"|"文字"|"多行文字"。**工具栏**："绘图"| A （多行文字），或"文字"| A （多行文字）。

命令操作

执行 MTEXT 命令，AutoCAD 提示：

```
指定第一角点：
```

在此提示下指定一点作为第一角点后，AutoCAD 继续提示：

```
指定对角点或 [高度(H)/对正(J)/行距(L)/旋转(R)/样式(S)/宽度(W)/栏(C)]:
```

如果响应默认项，即指定另一角点的位置，AutoCAD 弹出如图 6.14 所示的在位文字编辑器。

图 6.14 所示可以看出，在位文字编辑器由"文字格式"工具栏、水平标尺等组成，工具栏上有一些下拉列表框、按钮等，而位于水平标尺下面的方框则用于输入文字。用户可以调整此输入框的大小。下面介绍编辑器中主要项的功能。

1. 样式下拉列表框 工程字35

该列表框中列有当前文字样式，用户可以通过列表选用所使用的样式，或更改在编辑器

133

中所输入文字的样式。

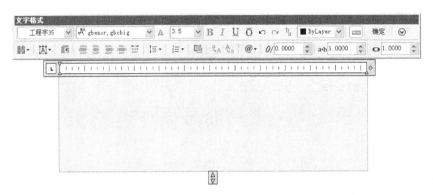

图 6.14 在位文字编辑器

2．字体下拉列表框

设置或改变字体。在文字编辑器中输入文字时，可以利用该下拉列表随时改变所输入文字的字体，也可以用来更改已有文字的字体。

3．注释性按钮

确定标注的文字是否为注释性文字（参见 6.3 节）。

4．文字高度组合框

设置或更改文字高度。用户可以直接从下拉列表中选择值，也可以在文本框中输入高度值。

5．粗体按钮 B

确定文字是否以粗体形式标注，单击该按钮可以实现是否以粗体形式标注文字的切换。

6．斜体按钮 I

确定文字是否以斜体形式标注，单击该按钮可以实现是否以斜体形式标注文字的切换。

7．下划线按钮 U

确定是否对文字加下划线，单击该按钮可以实现是否为文字加下划线的切换。

8．上划线按钮 Ō

确定是否对文字加上划线，单击该按钮可以实现是否为文字加上划线的切换。

> 提示　工具栏按钮 B、I、U 和 Ō 也可以用于更改文字编辑器中已有文字的标注形式。更改方法为：选中文字，然后单击对应的按钮。

9．放弃按钮

在在位文字编辑器中执行放弃操作，包括对文字内容或文字格式所做的修改，也可以使用组合键 Ctrl+Z 执行放弃操作。

10．重做按钮

在在位文字编辑器中执行重做操作，包括对文字内容或文字格式所做的修改，也可以使用组合键 Ctrl+Y 执行重做操作。

11．堆叠/非堆叠按钮

实现堆叠与非堆叠的切换。

利用 "/"、"^" 或 "#" 符号，可以用不同的方式实现堆叠。例如 $\frac{18}{89}$、$\frac{18}{89}$ 和 $^{18}/_{89}$ 均属于堆叠。可以看出，利用堆叠功能可以标注出分数、上下偏差等。堆叠标注的具体实现方法是：在文字编辑器中输入要堆叠的两部分文字，同时还应在这两部分文字中间输入符号"/"、"^" 或 "#"，然后选中它们，单击 按钮，使该按钮压下，即可实现对应的堆叠标注。例如，如果选中的文字为 "18/89"，堆叠后的效果（标注后的效果）为 "$\frac{18}{89}$"；如果选中的文字为 "18^89"，堆叠后的效果为 "$\frac{18}{89}$"（利用此功能可以标注上下偏差）；如果选中的文字为 "18#89"，堆叠后的效果则为 "$^{18}/_{89}$"。此外，如果选中堆叠的文字并单击 按钮使其弹起，则会取消堆叠。

12．颜色下拉列表框
设置或更改所标注文字的颜色。

13．标尺按钮
实现在编辑器中是否显示水平标尺的切换。

14．栏数按钮
分栏设置，即可以使文字按多列显示，从弹出的列表选择或设置即可。

15．多行文字对正按钮
设置文字的对齐方式，从弹出的列表选择即可，默认为 "左上"。

16．段落按钮
用于设置段落缩进、第一行缩进、制表位、段落对齐、段落间距及段落行距等。单击段落按钮，AutoCAD 弹出 "段落" 对话框，如图 6.15 所示，用户从中设置即可。

17．左对齐按钮 、居中对齐按钮 、右对齐按钮 、对正按钮 、分布按钮 。
设置段落文字沿水平方向的对齐方式。其中，左对齐、居中对齐和右对齐按钮用于使段落文字实现左对齐、居中对齐和右对齐；对正按钮使段落文字两端对齐；分布按钮使段落文字沿两端分散对齐。

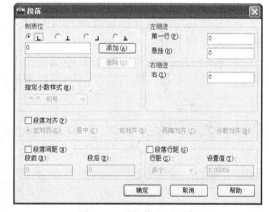

图 6.15 "段落"对话框

18．行距按钮
设置行间距，从对应的列表中选择和设置即可。

19．编号按钮
创建列表。可以通过弹出的下拉列表进行设置。

20．插入字段按钮
向文字中插入字段。单击该按钮，AutoCAD 显示出 "字段" 对话框，如图 6.16 所示，用户可以从中选择要插入到文字中的字段。

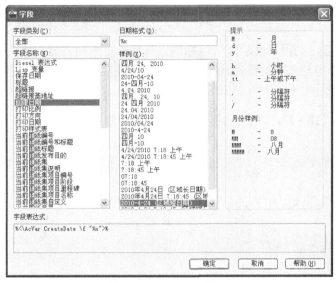

图 6.16 "字段"对话框

21. 全部大写按钮、小写按钮

全部大写按钮用于将选定的字符更改为大写；小写按钮则用于将选定的字符更改为小写。

22. 符号按钮

符号按钮用于在光标位置插入符号或不间断空格。单击该按钮，AutoCAD 弹出对应的列表，如图 6.17 所示。

列表中列出了常用符号及其控制符或 Unicode 字符串，用户可以根据需要从中选择。如果选择"其他"项，则会显示出"字符映射表"对话框，如图 6.18 所示。

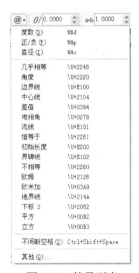

图 6.17 符号列表

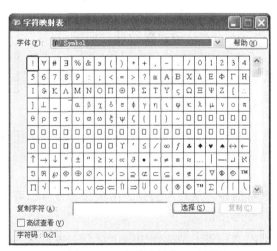

图 6.18 "字符映射表"对话框

对话框包含了系统中各种可用字体的字符集。利用该对话框标注特殊字符的方式是：

从"字符映射表"对话框中选中一个符号,单击"选择"按钮将其放到"复制字符"文本框中,单击"复制"按钮将其放到剪贴板,关闭"字符映射表"对话框。然后,在文字编辑器中,单击鼠标右键,从弹出的快捷菜单中选择"粘贴"项,即可在当前光标位置插入对应的符号。

23. 倾斜角度框

使输入或选定的字符倾斜一定的角度。用户可以输入-85 与 85 之间的数值来使文字倾斜对应的角度,其中倾斜角度值为正时字符向右倾斜,为负时字符向左倾斜。

24. 追踪框

用于增大或减小所输入或选定字符之间的距离。1.0 设置是常规间距。当设置值大于 1 时会增大间距;设置值小于 1 时则减小间距。

25. 宽度因子框

用于增大或减小输入或选定字符的宽度。设置值 1.0 表示字母为常规宽度。当设置值大于 1 时会增大宽度;设置值小于 1 时则减小宽度。

26. 水平标尺

编辑器中的水平标尺与一般文字编辑器的水平标尺类似,用于说明、设置文本行的宽度,设置制表位,设置首行缩进和段落缩进等。通过拖曳文字编辑器中水平标尺上的首行缩进标记和段落缩进标记滑块,可以设置对应的缩进尺寸。如果在水平标尺上某位置单击鼠标左键,会在该位置设置对应的制表位。

通过编辑器输入要标注的文字,并进行各种设置后,单击编辑器中的"确定"按钮,即可标注出对应的文字。

27. 在位文字编辑器快捷菜单

如果在如图 6.14 所示的在位文字编辑器中单击鼠标右键,AutoCAD 弹出如图 6.19 所示的快捷菜单。

> **提示** 在"文字格式"工具栏上单击位于最右侧的"选项"按钮 ,可以弹出如图 6.20 所示的列表。此列表中的内容与如图 6.19 所示的快捷菜单的内容基本相同,在此以快捷菜单为主进行介绍。

图 6.19 所示快捷菜单中的大部分功能与前面介绍的"文字格式"工具栏的功能类似,下面简要介绍此菜单。

"全部选择"项用于选中文字编辑器中的全部文字对象;"插入字段"项用于向文字插入字段;"符号"项用于在光标位置插入符号或不间断空格;"输入文字"项用于导入文本文件,将已有文本文件中的文本插入到编辑器中。选择该菜单项,AutoCAD 弹出"选择文件"对话框,从中选择对应的文件即可;"段落对齐"项用于设置段落沿水平方向的对齐方式,对应的子菜单如图 6.21 所示;"段落"项可以引出如图 6.15 所示的"段落"对话框,用于进行相关的设置;"项目符号和列表"项用于设置项目符号与列表,对应的子菜单如图 6.22 所示;"分栏"项用于进行分类设置,对应的子菜单如图 6.23 所示。

"查找和替换"项用于执行查找、替换操作。选择该命令,AutoCAD 弹出"查找和替换"对话框,如图 6.24 所示。

如果需要进行查找和替换操作,用户应在"查找"文本框中输入要查找的内容,在"替换为"文本框中输入新内容。"下一个"按钮用于执行查找操作;"替换"按钮则用于将找到的内容替换成指定的新内容;"全部替换"按钮用于对编辑器中的所有匹配项进行替换。此外,还可以通过"全字匹配"、"区分大小写"复选框确定当执行查找、替换时是否进行全字匹配、是否区分大小写。

图 6.19　快捷菜单　　　　　图 6.20　选项菜单　　　　　图 6.21　"段落对齐"子菜单

 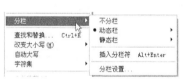 

图 6.22　"项目符号和列表"子菜单　　图 6.23　"分栏"子菜单　　图 6.24　"查找和替换"对话框

在如图 6.19 所示的快捷菜单中,"改变大小写"项用于改变文字的大小写,利用与该菜单对应的子菜单,可以将选中的字母从小写改为大写,或从大写改为小写;"自动大写"项可以使输入的文字均采用大写;"字符集"项用于确定所使用的字符集;"合并段落"项则用于组合段落,即将几个段落组合成一个段落;"删除格式"项用于从选定的文字中取消粗体、斜体以及下划线等的设置;"背景遮罩"项用于为文字添加背景,使文字在图形中更加突出;"编辑器设置"项用于设置文字编辑器,如设置是否显示工具栏、是否显示标尺等;"了解多行文字"项用于了解 AutoCAD 2012 的新增功能等。

如果在"在位文字编辑器"中选中堆叠标注的文字单击鼠标右键,在弹出的快捷菜单中还有"非堆叠"和"堆叠特性"两个项。"非堆叠"命令用于取消堆叠,与单击 按钮

第 6 章 标注文字、创建表格

的作用相同。如果选择"堆叠特性"项，AutoCAD 弹出"堆叠特性"对话框，如图 6.25 所示。

在该对话框中，"上"和"下"两个文本框用于显示和修改堆叠的两部分内容；"样式"下拉列表框用于显示、设置所选中堆叠文字的堆叠效果；"位置"下拉列表框用于显示、设置堆叠文字沿垂直方向的对齐方式，有"上"、"中"和"下"3 种选择；"大小"下拉列表框则用于显示、设置堆叠文字的显示比例。

图 6.25 "堆叠特性"对话框

例 6.5 利用在位文字编辑器标注以下文字。

技术要求

1．未注圆角半径 R3

2．棱角倒钝，去毛刺

其中，"技术要求"采用黑体，字高为 5；其余采用宋体，字高为 3.5。

操作步骤

执行 MTEXT 命令，AutoCAD 提示：

> 指定第一角点:(指定一角点位置)
> 指定对角点或 [高度(H)/对正(J)/行距(L)/旋转(R)/样式(S)/宽度(W)]:(指定另一角点位置)

在弹出的在位文字编辑器中输入文字，并进行对应的设置，如图 6.26 所示（与其他文字处理软件的使用方法一样，可以先输入文字，然后将其选中，设置字高及字体等）。

图 6.26 利用在位文字编辑器标注文字

单击"确定"按钮，完成文字的标注。

> **提示** 可以看出，通过在位文字编辑器标注文字时，所标注的文字可以不受当前文字样式的限制，用户能够根据需要随意进行设置。

6.3 注释性文字

当绘制各种工程图时，经常需要以不同的比例绘制，如采用比例 1:2、1:4、2:1 等。当在图纸上用手工绘制有不同比例要求的图形时，需先按照比例要求换算图形的尺寸，然后再按换算后得到的尺寸绘制图形。用计算机绘制有比例要求的图形时也可以采用这样的方法，但基于 CAD 软件的特点，用户可以直接按 1:1 比例绘制图形，当通过打印机或绘图仪将图形输出到图纸时，再设置输出比例。这样，绘制图形时不需要考虑尺寸的换算问题，而且同一幅图形可以按不同的比例多次输出。但采用这种方法存在一个问题：当以不同的比例输出图形时，图形按比例缩小或放大，这是我们所需要的，但其他一些内容，如文字、尺寸文字和尺寸箭头的大小等也会按比例缩小或放大，它们就不满足绘图标准的要求。利用 AutoCAD 2012 的注释性对象功能，则可以解决此问题。例如，当希望以 1:2 比例输出图形时，将图形按 1:1 比例绘制，通过设置，使文字等按 2:1 比例标注或绘制，这样，当按 1:2 比例通过打印机或绘图仪将图形输出到图纸时，图形按比例缩小，但其他相关注释性对象（如文字等）按比例缩小后，正好满足标准要求。

AutoCAD 2012 可以将文字、尺寸、形位公差等指定为注释性对象。本节只介绍注释性文字的设置与使用，其他将在后面的章节陆续介绍。

6.3.1　注释性文字样式

为方便操作，用户可以专门定义注释性文字样式。用于定义注释性文字样式的命令也是 STYLE，其定义过程与 6.1 节介绍的文字样式定义过程类似。执行 STYLE 命令后，在弹出的"文字样式"对话框中（如图 6.1 所示），除按 6.1 节介绍的过程设置样式外，还应选中"注释性"复选框。选中该复选框后，会在"样式"列表框中的对应样式名前显示出图标 △，表示该样式属于注释性文字样式（后面章节介绍的其他注释性对象的样式名也用图标 △ 标记）。

6.3.2　标注注释性文字

当用 DTEXT 命令标注注释性文字时，应首先将对应的注释性文字样式设为当前样式，然后利用状态栏上的"注释比例"列表（单击状态栏上"注释比例"右侧的小箭头可以引出此列表，如图 6.27 所示）设置比例，最后就可以用 DTEXT 命令标注文字了。

例如，如果通过列表将注释比例设为 1:2，那么按注释性文字样式用 DTEXT 命令标注出文字后，文字的实际高度是文字设置高度的 2 倍。

当用 MTEXT 命令标注注释性文字时，可以通过"文字格式"工具栏上的注释性按钮 △ 确定标注的文字是否为注释性文字。

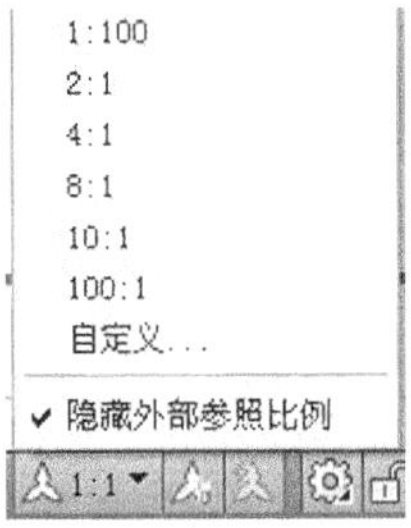

图 6.27　注释比例列表（部分）

对于已标注的非注释性文字（或对象），可以通过特性窗口将其设置为注释性文字（对象）。例如，在例 6.5 中标注的文字是非注释性文字，如果打开"特性"选项板（可以通过菜单"工具"|"选项板"|"特性"、"修改"|"特性"或"标准"工具栏上的 ▦（特性）按钮打开此窗口），选中该文字，则可以利用特性窗口将"注释性"设为"是"，通过"注释比例"设置比例，如图 6.28 所示。

第 6 章 标注文字、创建表格

图 6.28 利用"特性"窗口设置文字的注释性

6.4 编 辑 文 字

利用 AutoCAD 2012，用户可以方便地编辑已标注的文字对象。

6.4.1 用 DDEDIT 命令编辑文字

命令：DDEDIT。**菜单**："修改" | "对象" | "文字" | "编辑"。**工具栏**："文字" （编辑）。

命令操作

执行 DDEDIT 命令，AutoCAD 提示：

选择注释对象或 [放弃(U)]:

在此提示下选择要编辑的文字，即可进入文字编辑模式。标注文字时使用的标注方法不同，选择文字后 AutoCAD 给出的响应也不相同。如果所选择的文字是用 DTEXT 命令标注的，选择文字对象后，AutoCAD 会在该文字四周显示出一个方框，此时用户可以直接修改对应的文字。

如果在"选择注释对象或[放弃(U)]:"提示下选择的文字是用 MTEXT 命令标注的，AutoCAD 会弹出与如图 6.26 所示类似的在位文字编辑器，并在编辑器内显示出对应的文字，供用户编辑、修改。

> 提示：在绘图屏幕直接双击已有的文字对象，AutoCAD 会切换到对应的编辑模式，允许用户编辑、修改文字。

> 提示：当需要在图中多个地方标注文字时，一种方法是先标注出一行文字，然后将其复制到各个位置，再通过双击的方式来修改各文字内容。

用 DDEDIT 命令修改对应的文字后，AutoCAD 继续提示：

选择注释对象或 [放弃(U)]:

此时可以继续选择文字进行修改，或按 Enter 键结束命令。

6.4.2 同时修改多个文字串的比例

命令：SCALETEXT。**菜单**："修改"|"对象"|"文字"|"比例"。**工具栏**："文字"|（缩放）。

利用此功能，可以将同一图形中指定的文字对象按比例放大或缩小。

命令操作

执行 SCALETEXT 命令，AutoCAD 提示：

选择对象:

在该提示下选择要修改比例的多个文字串后按 Enter 键，AutoCAD 提示：

输入缩放的基点选项
[现有(E)/左对齐(L)/居中(C)/中间(M)/右对齐(R)/左上(TL)/中上(TC)/右上(TR)/左中(ML)/正中(MC)/右中(MR)/左下(BL)/中下(BC)/右下(BR)] <现有>:

此提示要求用户确定各字符串缩放时的基点。其中，"现有（E）"选项表示将以各字符串标注时的位置定义点为基点；其他各选项则表示各字符串均以由对应选项表示的点为基点。确定缩放基点位置后，AutoCAD 继续提示：

指定新模型高度或 [图纸高度(P)/匹配对象(M)/比例因子(S)] <3.5>:

此提示要求确定缩放时的缩放比例。各选项含义如下。

1．指定新模型高度

确定新高度，为默认项。输入新高度值后，各字符串执行对应的缩放，使它们的字高均为输入的新高度值。

2．图纸高度（P）

为注释性文字指定新高度。执行该选项，AutoCAD 提示：

指定新图纸高度:(输入高度值后按 Enter 键)

3．匹配对象（M）

与已有文字的高度相一致。执行该选项，AutoCAD 提示：

选择具有所需高度的文字对象:

在该提示下选择某一文字对象后，各字符串进行对应的缩放，使缩放后各字符串的字高与所选择文字的字高一样。

4．比例因子（S）

按给定的比例因子进行缩放。执行该选项，AutoCAD 提示：

指定缩放比例或 [参照(R)]:

在此提示下可以直接输入缩放比例系数，也可以通过"参照(R)"选项确定缩放系数。

6.5 定义表格样式

命令：TABLESTYLE。**菜单**："格式"|"表格样式"。**工具栏**："样式"| (表格样式)。
与文字样式一样，用户可以为表格定义样式。

命令操作

执行 TABLESTYLE 命令，AutoCAD 弹出"表格样式"对话框，如图 6.29 所示。

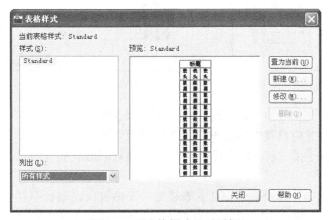

图 6.29 "表格样式"对话框

对话框中，"当前表格样式"标签说明了当前的表格样式；"样式"列表框中列出了满足条件的表格样式（图中只有一个样式，即 Standard。可以通过"列出"下拉列表框确定要列出哪些样式）；"预览"框中显示出表格的预览图像；"置为当前"和"删除"按钮分别用于将在"样式"列表框中选中的表格样式置为当前样式、删除对应的表格样式；"新建"和"修改"按钮分别用于新建表格样式和修改已有的表格样式。

下面介绍如何新建和修改表格样式。

1．新建表格样式

单击"表格样式"对话框中的"新建"按钮，AutoCAD 弹出"创建新的表格样式"对话框，如图 6.30 所示。

通过对话框中的"基础样式"下拉列表选择基础样式，并在"新样式名"文本框中输入新样式的名称（如输入"表格 1"），单击"继续"按钮，AutoCAD 弹出"新建表格样式"对话框，如图 6.31 所示。

下面介绍对话框中主要项的功能。

（1）"起始表格"选项组。

该选项组允许用户指定一个已有表格作为新建表格样式的起始表格。单击其中的按钮 ，AutoCAD 临时切换到绘图屏幕，并提示：

选择表格：

图 6.30 "创建新的表格样式"对话框

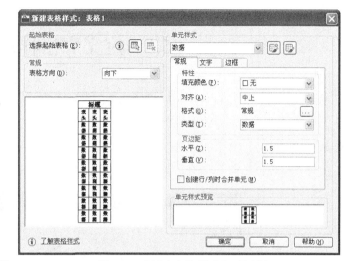

图 6.31 "新建表格样式"对话框

在此提示下选择某一表格后,AutoCAD 返回到"新建表格样式"对话框,并在预览框中显示出该表格,在各对应设置中显示出该表格的样式设置。

通过按钮 选择了某一表格后,还可以通过位于该按钮右侧的按钮删除选择的起始表格。

(2)"常规"选项。

可通过"表格方向"列表框确定插入表格时的表格方向。列表中有"向下"和"向上"两个选择。"向下"表示创建由上而下读取的表格,即标题行和表头行位于表的顶部;"向上"则表示创建由下而上读取的表格,即标题行和表头行位于表的底部。

(3)预览框。

预览框用于显示新创建表格样式的表格预览图像。

(4)"单元样式"选项组。

确定单元格的样式。用户可以通过对应的下拉列表确定要设置的对象,即在"数据"、"标题"和"表头"之间选择(它们在表格中的位置如图 6.31 所示的预览图像内的对应文字位置)。

"单元样式"选项组中,"常规"、"文字"和"边框"3 个选项卡分别用于设置表格中的基本内容、文字和边框,对应的选项卡如图 6.32(a)、(b)和(c)所示。

其中,"常规"选项卡用于设置基本特性,如文字在单元格中的对齐方式等;"文字"选项卡用于设置文字特性,如文字样式等;"边框"选项卡用于设置表格的边框特性,如边框线宽、线型、边框形式等。用户可以直接在"单元样式预览"框中预览对应单元的样式。

完成表格样式的设置后,单击"确定"按钮,AutoCAD 返回到如图 6.29 所示的"表格样式"对话框,并将新定义的样式显示在"样式"列表框中。单击对话框中的"确定"按钮关闭对话框,完成新表格样式的定义。

2.修改表格样式

在如图 6.29 所示对话框中的"样式"列表框中选中要修改的表格样式,单击"修改"按钮,AutoCAD 会弹出与如图 6.31 所示类似的"修改表格样式"对话框,利用此对话框可以修改已有表格的样式。

第 6 章　标注文字、创建表格

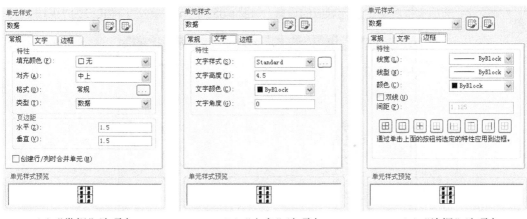

（a）"常规"选项卡　　　　　（b）"文字"选项卡　　　　　（c）"边框"选项卡

图 6.32　"单元样式"选项组中的选项卡

例 6.6　定义新表格样式。其中，表格样式名为"表格 1"，表格的标题、表头和数据单元格的设置均相同，即文字样式采用在例 6.2 中定义的样式"工程字 35"（如果读者没有此样式，应首先定义此文字样式，或用其他样式代替），单元格数据居中。

操作步骤

执行 TABLESTYLE 命令，AutoCAD 弹出"表格样式"对话框，单击对话框中的"新建"按钮，弹出"创建新的表格样式"对话框，在"新样式名"文本框中输入"表格 1"，如图 6.33 所示。

单击"继续"按钮，在弹出的"新建表格样式"对话框的"常规"选项卡中进行对应的设置，如图 6.34 所示。

从图 6.34 中可以看出，在"特性"选项组中，将"对齐"设为"正中"。在"页边距"选项组中，将"水平"设为 1、将"垂直"设为 0.5，其余采用默认设置。

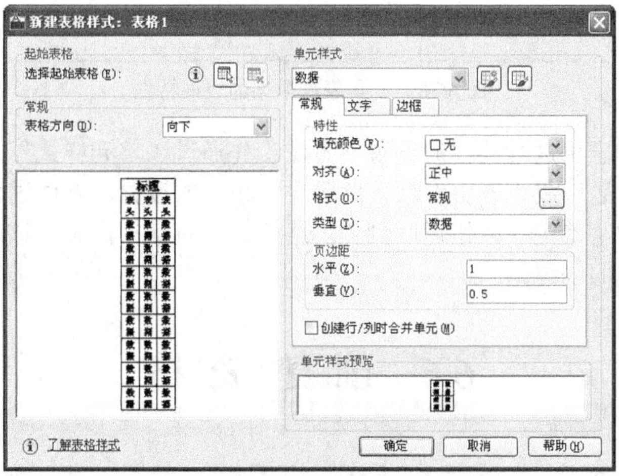

图 6.33　"创建新的表格样式"对话框

图 6.34　设置表格数据的基本特性

在"文字"选项卡中对文字进行对应的设置,如图 6.35 所示,即将文字样式设为"工程字 35"。

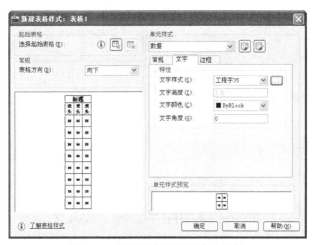

图 6.35　设置表格数据的文字特性

在"边框"选项卡中对表格边框进行对应的设置,如图 6.36 所示。

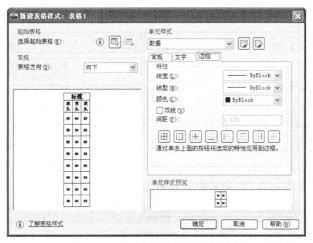

图 6.36　设置表格数据的边框特性

然后,对标题和表头进行同样的设置(方法:先通过"单元样式"选项组中位于第一行的下拉列表选择"标题"或"表头"项,然后进行相应的设置,具体过程略)。

单击对话框中的"确定"按钮返回到"表格样式"对话框,单击该对话框中的"关闭"按钮,完成表格样式的创建。

6.6　创 建 表 格

命令:TABLE。**菜单**:"绘图"|"表格"。**工具栏**:"绘图"|▦(表格)。

用户可以在图形中创建指定行数和列数的表格。

命令操作

执行 TABLE 命令，AutoCAD 弹出"插入表格"对话框，如图 6.37 所示。

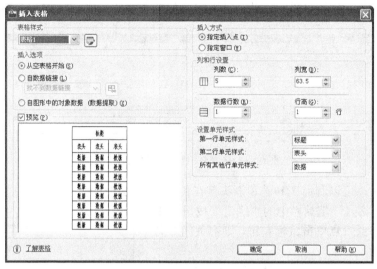

图 6.37 "插入表格"对话框

下面介绍对话框中主要项的功能。

1．"表格样式"选项

选择所使用的表格样式，通过下拉列表选择即可。

2．"插入选项"选项组

确定如何为表格填写数据。其中，"从空表格开始"单选按钮表示创建一个空表格，然后填写数据；"自数据链接"单选按钮表示根据已有的 Excel 数据表创建表格，选中此单选按钮后，可以通过 （启动"数据链接管理器"对话框）按钮建立与已有 Excel 数据表的链接；"自图形中的对象数据（数据提取）"单选按钮可以通过数据提取向导来提取图形中的数据。

3．预览框

预览表格的样式。

4．"插入方式"选项组

确定将表格插入到图形时的插入方式，其中，"指定插入点"单选按钮表示将通过在绘图窗口指定一点作为表格的一角点位置的方式插入表格。如果表格样式将表格的方向（如图 6.31 所示的"表格方向"列表框及其说明）设置为由上而下读取，插入点为表的左上角点；如果表格样式将表格的方向设置为由下而上读取，则插入点位于表的左下角点。"指定窗口"单选按钮表示将通过指定一窗口的方式确定表的大小与位置。

5．"列和行设置"选项组

该选项组用于设置表格中的列数、行数以及列宽与行高。

6．"设置单元样式"选项组

可以通过与"第一行单元样式"、"第二行单元样式"和"所有其他行单元样式"对应的下拉列表框，分别设置第一行、第二行和其他行的单元样式。每一个下拉列表中有“标题”、“表头”和“数据”3 个选择。

通过“插入表格”对话框完成表格的设置后，单击“确定”按钮，而后根据提示确定表格的位置，即可将表格插入到图形，且插入后 AutoCAD 弹出“文字格式”工具栏，同时将表格中的第一个单元格醒目显示，此时就可以直接向表格输入文字，如图 6.38 所示。

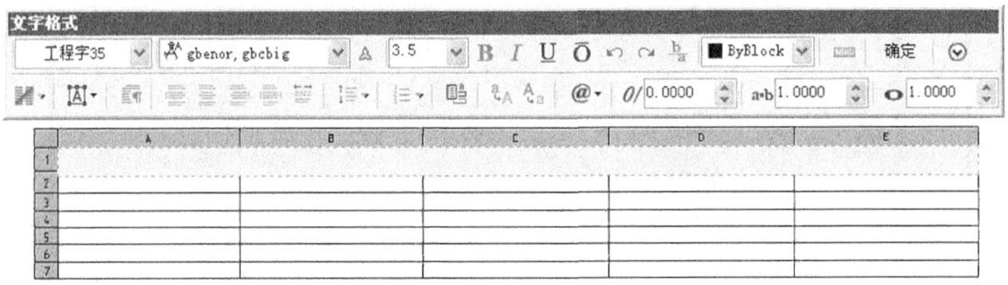

图 6.38　在表格中输入文字的界面

输入文字时，可以利用 Tab 键和箭头键在各单元格之间切换，以便在各单元格中输入文字。单击“文字格式”工具栏中的“确定”按钮，或在绘图屏幕上任意一点单击鼠标左键，则会关闭“文字格式”工具栏。

例 6.7　用例 6.6 中定义的表格样式“表格 1”创建如图 6.39 所示的表格。

明细表			
序号	名称	件数	备注
1	螺栓	4	GB27-88
2	螺母	4	GB41-76
3	压板	2	发蓝
4	压块	2	发蓝

图 6.39　表格

操作步骤

首先定义表格样式“表格 1”，过程略。

执行 TABLE 命令，AutoCAD 弹出“插入表格”对话框，从中进行对应的设置，如图 6.40 所示。

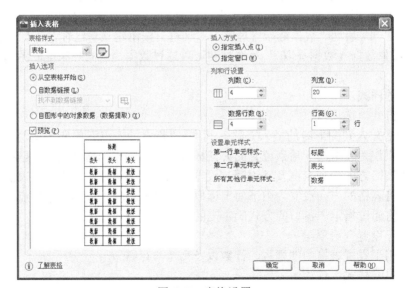

图 6.40　表格设置

单击"确定"按钮，根据提示确定表格的位置，并填写表格，如图 6.41 所示。

图 6.41　填写表格

单击工具栏中的"确定"按钮，完成表格的填写，结果如图 6.39 所示。

6.7　编 辑 表 格

用户既可以修改已创建表格中的数据，也可以修改已有表格，如更改行高、列宽、合并单元格等。

6.7.1　编辑表格数据

编辑表格数据的方法很简单，双击绘图屏幕中已有表格的某一单元格，AutoCAD 会弹出"文字格式"工具栏，并将表格显示成编辑模式，同时将所双击的单元格醒目显示，其效果与如图 6.41 所示类似。在编辑模式修改表格中的各数据后，单击"文字格式"工具栏中的"确定"按钮，即可完成表格数据的修改。

6.7.2　修改表格

利用夹点功能可以修改已有表格的列宽和行高。更改方法为：选择对应的单元格，AutoCAD 会在该单元格的 4 条边上各显示出一个夹点，并显示出一个"表格"工具栏，如图 6.42 所示。

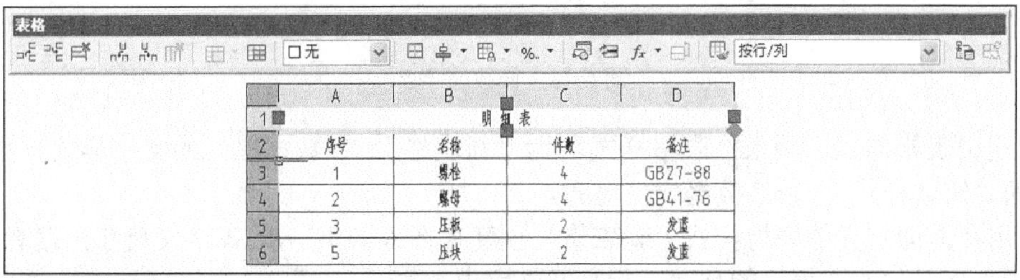

图 6.42　表格编辑模式

通过拖曳夹点，就能够改变对应行的高度或对应列的宽度。利用"表格"工具栏，还可以对表格进行各种编辑操作,如插入行、插入列、删除行、删除列以及合并单元格等,具体操作与在 Microsoft Word 中对表格的编辑类似,不再介绍。

> **提示** 利用快捷菜单也可以修改表格。具体方法为:选定对应的单元格(或几个单元格、某列单元格、某行单元格等),单击鼠标右键,AutoCAD 弹出快捷菜单,利用其可执行各种编辑操作。

6.8 练 习

1. 定义新文字样式,要求:文字样式名为"黑体样式",字体采用"黑体",字高为 3.5,并用 DTEXT 命令标注如图 6.43 所示的文字。

根据计算得以下结果:X=45°,Y=100±0.01

图 6.43　标注文字 1

2. 用 MTEXT 命令标注如图 6.44 所示的文字,字体为"宋体",字高为 3.5。

任何二维图形均是由诸如直线、圆、圆弧、椭圆、矩形这样的基本图形对象组成的。AutoCAD 提供了绘制基本二维图形对象的功能。只有熟练掌握这些基本图形的绘制,才能绘制出各种复杂图形。

图 6.44　标注文字 2

3. 编辑如图 6.43 所示的文字,结果如图 6.45 所示。

根据计算得以下结果:X=35.5°,Y=98±0.012

图 6.45　修改文字 1

4. 编辑如图 6.44 所示文字,结果如图 6.46 所示。

AutoCAD绘图功能简介
任何二维图形均是由诸如直线、圆、圆弧、椭圆、矩形这样的基本图形对象组成的。AutoCAD提供了绘制基本二维图形对象的功能。只有熟练掌握这些基本图形的绘制,才能绘制出各种复杂图形。

图 6.46　修改文字 2

5. 定义表格样式。要求:表格样式名为"新表格",各数据单元的文字样式采用例 6.1 中定义的"宋体样式",表格数据均左对齐。

6. 用在前面定义的表格样式"新表格"创建如图 6.47 所示的表格(尺寸由读者确定)。编辑表格,如改变表格的列宽、行高及文字内容等。

7. 建立如图 6.48 所示的 Microsoft Excel 数据表,并在 AutoCAD 2012 中创建与其对应的表格。

序 号	名 称	件 数
1	轴承	2
2	垫圈	2
3	弹簧	1
4	轴	1

图 6.47　表格

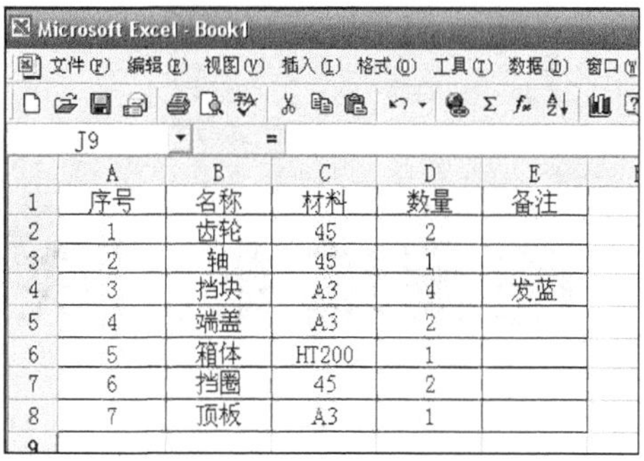

	A	B	C	D	E
1	序号	名称	材料	数量	备注
2	1	齿轮	45	2	
3	2	轴	45	1	
4	3	挡块	A3	4	发蓝
5	4	端盖	A3	2	
6	5	箱体	HT200	1	
7	6	挡圈	45	2	
8	7	顶板	A3	1	

图 6.48　Excel 表格

主要步骤如下。

（1）打开 Excel，创建如图 6.48 所示的数据表，然后将其命名并保存（建议文件名为 MyExcelTable。读者也可以直接使用已有的 Excel 数据表）。

（2）创建表格。在 AutoCAD 中，执行 TABLE 命令，在弹出的“插入表格”对话框中（如图 6.37 所示）的“插入选项”选项组中，选中“自数据链接”单选按钮，通过（启动“数据链接管理器”对话框）按钮建立与新定义的 Excel 数据表 MyExcelTable（或其他数据表）的链接，然后通过“插入表格”对话框设置表格的其他选项。最后，单击“确定”按钮进行对应的操作，即可实现表格的创建。

第 7 章

图案填充、块与属性

本章介绍 AutoCAD 2012 的图案填充、块以及属性功能。图案填充是指对指定区域填充指定的图案（如机械制图中的剖面线）。绘图时，还可以将需要重复绘制的图形定义成块，需要这些图形时直接插入对应的块即可。此外，可以为块定义属性，即定义从属于块的文字信息。

7.1 图 案 填 充

命令：BHATCH。**菜单**："绘图"|"图案填充"。**工具栏**："绘图"|▨（图案填充）。

命令操作

执行 BHATCH 命令，AutoCAD 弹出"图案填充和渐变色"对话框，如图 7.1 所示。

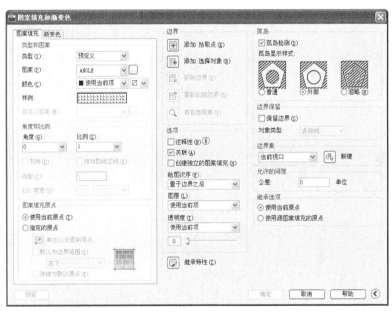

图 7.1 "图案填充和渐变色"对话框

如果用户得到的对话框与如图 7.1 所示不一致，单击对话框中位于右下角位置的按钮⊙（与按钮⊙位于相同的位置）展开对话框，即可得到如图 7.1 所示形式（展开后按钮变为⊙）。下面介绍对话框中主要项的功能。

1．"类型和图案"选项组

此选项组用于指定填充图案的类型和图案。

（1）"类型"下拉列表框。

设置图案的类型。列表中有"预定义"、"用户定义"和"自定义"3 种选择。其中，"预定义"图案是 AutoCAD 提供的图案，这些图案存储在图案文件 acadiso.pat 中（图案文件的扩展名为.pat）；用户定义的图案由一组平行线或相互垂直的两组平行线（即双向线，又称为交叉线）组成，其线型采用图形中的当前线型；自定义图案表示将使用在自定义图案文件（用户可以单独定义图案文件）中定义的图案。

（2）"图案"下拉列表框。

列表中列出了有效的预定义图案，供用户选择。只有在"类型"下拉列表框中选择了"预定义"项时，"图案"下拉列表框才有效。用户可以直接通过下拉列表选择图案，也可以单击列表框右侧的按钮，从弹出的"填充图案选项板"对话框（如图 7.2 所示）中选择图案。

（3）"样例"框。

显示所选定图案的预览图像。单击该按钮，也会弹出如图 7.2 所示的"填充图案选项板"对话框，用于选择图案。

（4）"自定义图案"下拉列表框。

列表中列出了可用的自定义图案，供用户选择。只有在"类型"下拉列表框中选择了"自定义"项，"自定义图案"下拉列表框才有效。

图 7.2 "填充图案选项板"对话框

2．"角度和比例"选项组

此选项组用于指定用图案填充时的填充角度和比例。

（1）"角度"下拉列表。

指定填充图案时的图案旋转角度，用户可以直接输入角度值，也可以从对应的下拉列表中选择。

（2）"比例"下拉列表。

指定填充图案时的图案比例值，即放大或缩小预定义或自定义的图案。用户可以直接输入比例值，也可以从对应的下拉列表中选择。

（3）"间距"文本框、"双向"复选框。

当图案填充类型采用"用户定义"时，可以通过"间距"文本框设置填充平行线之间的距离；通过"双向"复选框确定填充线是一组平行线，还是相互垂直的两组平行线（选中复选框为相互垂直的两组平行线，否则为一组平行线）。

3．"图案填充原点"选项组

此选项组用于确定生成填充图案时的起始位置。因为某些填充图案（例如砖块图案）需要与图案填充边界上的某一点对齐。

该选项组中，"使用当前原点"单选按钮表示将使用存储在系统变量 HPORIGINMODE 中的设置来确定原点，其默认设置为（0，0）。"指定的原点"单选按钮表示将指定新的图案填充原点，此时从对应的选择项中选择即可。

4．"边界"选项组

确定填充边界。

(1)"添加：拾取点"按钮。

根据围绕指定点所构成的封闭区域的现有对象来确定边界。单击该按钮，AutoCAD 临时切换到绘图屏幕，并提示：

> 拾取内部点或 [选择对象(S)/删除边界(B)]:

此时在希望填充的封闭区域内任意拾取一点，AutoCAD 会自动确定出包围该点的封闭填充边界，同时以虚线形式显示这些边界（如果设置了允许间隙，实际的填充边界则可以不封闭，见后面的介绍）。指定填充边界后按 Enter 键，AutoCAD 返回到"图案填充和渐变色"对话框。

当给出"拾取内部点或[选择对象(S)/删除边界(B)]:"提示时，还可以通过"选择对象（S）"选项来选择作为填充边界的对象；通过"删除边界（B）"选项取消已选择的填充边界。

(2)"添加：选择对象"按钮。

根据构成封闭区域的选定对象来确定边界。单击该按钮，AutoCAD 临时切换到绘图屏幕，并提示：

> 选择对象或 [拾取内部点(K)/删除边界(B)]:

此时可以直接选择作为填充边界的对象，还可以通过"拾取内部点（K）"选项以拾取点的方式确定对象，通过"删除边界（B）"选项取消已选择的填充边界。确定了填充边界后按 Enter 键，AutoCAD 返回"图案填充和渐变色"对话框。

(3)"删除边界"按钮。

从已确定的填充边界中取消某些边界对象。单击该按钮，AutoCAD 临时切换到绘图屏幕，并提示：

> 选择对象或 [添加边界(A)]:

此时可以选择要删除的对象，也可以通过"添加边界(A)"选项确定新边界。取消或添加填充边界后按 Enter 键，AutoCAD 返回"图案填充和渐变色"对话框。

(4)"重新创建边界"按钮。

围绕选定的填充图案或填充对象创建多段线或面域，并使其与填充的图案对象相关联（可选）。单击该按钮，AutoCAD 临时切换到绘图屏幕，并提示：

> 输入边界对象类型 [面域(R)/多段线(P)] <当前>:

从提示中执行某一选项后，AutoCAD 继续提示：

> 要重新关联图案填充与新边界吗? [是(Y)/否(N)]

此提示询问用户是否将新边界与填充的图案建立关联，从中选择即可。

(5)"查看选择集"按钮。

查看所选择的填充边界。单击该按钮，AutoCAD 临时切换到绘图屏幕，将已选择的填充边界以虚线形式显示，同时提示：

> <按 Enter 或单击鼠标右键返回到对话框>

响应此提示后，即按 Enter 键或单击鼠标右键后，AutoCAD 返回到"边界图案填充"对话框。

5．"选项"选项组

此选项组用于控制几个常用的图案填充设置。

(1)"注释性"复选框。

指定所填充的图案是否为注释性图案。

(2)"关联"复选框。

控制所填充的图案与填充边界是否建立关联关系。一旦建立了关联,当通过编辑命令修改填充边界后,对应的填充图案会给予更新,以与边界相适应。

(3)"创建独立的图案填充"复选框。

控制当同时指定了几个独立的闭合边界时,是通过它们创建单一的图案填充对象(即在各个填充区域的填充图案属于一个对象),还是创建多个图案填充对象。选中复选框表示创建多个图案填充,否则创建单一的图案填充对象。

(4)"绘图次序"下拉列表框。

为填充图案指定绘图次序。填充的图案可以放在所有其他对象之后、所有其他对象之前、图案填充边界之后或图案填充边界之前等。

(5)"图层"下拉列表框。

在指定的图层绘制新填充的图案对象,从下拉列表中选择即可,其中"使用当前项"表示采用默认图层。

(6)"透明度"下拉列表框。

设置新填充图案对象的透明程度,从下拉列表中选择即可,其中"使用当前项"表示采用默认的对象透明度设置。

6."继承特性"按钮

选择图形中已有的填充图案作为当前填充图案。单击此按钮,AutoCAD 临时切换到绘图屏幕,并提示:

选择图案填充对象:(选择某一填充图案)

拾取内部点或 [选择对象(S)/删除边界(B)]:(通过拾取内部点或其他方式确定填充边界。如果在此之前已确定了填充区域,则没有该提示)

拾取内部点或 [选择对象(S)/删除边界(B)]:

在此提示下可以继续确定填充边界。如果按 Enter 键,AutoCAD 返回到"图案填充和渐变色"对话框。

7."孤岛"选项组

当存在"孤岛"时确定图案的填充方式。填充图案时,AutoCAD 将位于填充区域内的封闭区域称为孤岛。当以拾取点的方式确定填充边界后,AutoCAD 会自动确定出包围该点的封闭填充边界,同时还会自动确定出对应的孤岛边界,如图 7.3 所示。

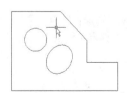 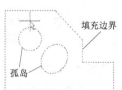

(a)拾取内部点(小十字表示光标的拾取点位置)　　(b)AutoCAD 自动确定填充边界与孤岛

图 7.3　封闭边界与孤岛

"孤岛"选项组中,"孤岛检测"复选框用于确定是否进行孤岛检测以及孤岛检测的方式,选中该复选框表示要进行孤岛检测。

AutoCAD 对孤岛的填充方式有"普通"、"外部"和"忽略"3 种选择。位于"孤岛检测"复选框下面的 3 个图像按钮形象地说明了它们的填充效果。

"普通"填充方式的填充过程为：AutoCAD 从最外部边界向内填充，遇到与之相交的内部边界时断开填充线，再遇到下一个内部边界时继续填充。

"外部"填充方式的填充过程为：AutoCAD 从最外部边界向内填充，遇到与之相交的内部边界时断开填充线，不再继续填充。

"忽略"填充方式的填充过程为：AutoCAD 忽略边界内的对象，所有内部结构均要被填充图案覆盖。

8．"边界保留"选项组

用于指定是否将填充边界保留为对象。如果保留，还可以确定对象的类型。其中，"保留边界"复选框表示将根据图案的填充边界再创建一个边界对象，并将它们添加到图形中。"对象类型"下拉列表框控制新边界对象的类型，可以通过下拉列表在"面域"或"多段线"之间选择。

9．"边界集"选项组

当以拾取点的方式确定填充边界时，该选项组用于定义使 AutoCAD 确定填充边界的对象集，即 AutoCAD 将根据哪些对象来确定填充边界。

10．"允许的间隙"选项

AutoCAD 2012 允许将实际上并没有完全封闭的边界用做填充边界。如果在"公差"文本框中指定了值，该值就是 AutoCAD 确定填充边界时可以忽略的最大间隙，即如果边界有间隙，且各间隙均小于或等于设置的允许值，那么这些间隙均会被忽略，AutoCAD 将对应的边界视为封闭边界。

如果在"公差"文本框中指定了值（允许值为 0～5 000），当通过"拾取点"按钮指定的填充边界为非封闭边界且边界间隙小于或等于设定的值时，AutoCAD 会弹出如图 7.4 所示的"开放边界警告"对话框。

此时用户可以根据需要选择"继续填充此区域"或"不填充此区域"，而后根据提示继续操作，也可以单击"取消"按钮，返回到"图案填充和渐变色"对话框。

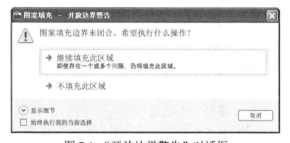

图 7.4 "开放边界警告"对话框

> 提示　如果没有设置允许的间隙，当通过"添加：拾取点"或"添加：选择对象"按钮选择没有完全封闭的边界作为填充边界时，AutoCAD 会显示"边界定义错误"信息。

11．"继承选项"选项组

当利用"继承特性"按钮创建图案填充时，控制图案填充原点的位置。

（1）"使用当前原点"单选按钮。

表示将使用当前的图案填充原点设置进行填充。

（2）"使用源图案填充的原点"单选按钮。

第 7 章 图案填充、块与属性

表示将使用源图案填充的图案填充原点进行填充。

12．"渐变色"选项卡

单击"图案填充和渐变色"对话框中的"渐变色"标签，AutoCAD 切换到"渐变色"选项卡，如图 7.5 所示。

该选项卡用于以渐变方式进行填充。其中，"单色"和"双色"两个单选按钮用于确定是以一种颜色填充，还是以两种颜色填充。单击位于"单色"单选按钮下方的按钮，AutoCAD 弹出"选择颜色"对话框，用来确定填充颜色。当以一种颜色填充时，可以利用位于"双色"单选按钮下方的滑块调整所填充颜色的浓淡度。当以两种颜色填充时，位于"双色"单选按钮下方的滑块变成与其左侧相同的颜色框和按钮，用于确定另一种颜色。位于选项卡左侧中间位置的 9 个图像按钮用于确定填充方式。此外，还可以通过"居中"复选框指定是否采用对称形式的渐变配置，通过"角度"下拉列表框确定以渐变方式填充时的旋转角度。

例 7.1　绘制如图 7.6 所示的零件图。

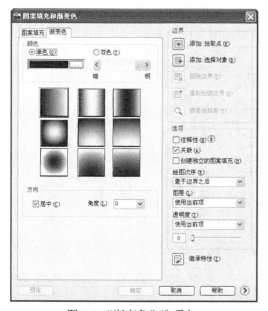

图 7.5　"渐变色"选项卡

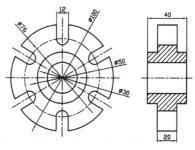

图 7.6　零件图

主要步骤

① 创建图层。

按表 4.3 所示要求建立新图层（过程略）。

② 绘制中心线对象。

在对应的图层绘制水平中心线、垂直中心线以及中心线圆，如图 7.7 所示。

③ 绘制粗实线圆。

在对应图层绘制各粗实线圆，如图 7.8 所示（图中只显示出了主视图部分）。

④ 绘制直线。

在图 7.8 中，从位于上方的小圆的左、右象限点处绘制垂直线，结果如图 7.9 所示。

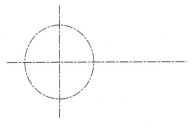 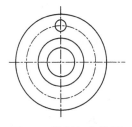 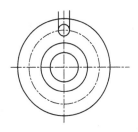

图 7.7　绘制中心线对象　　　　图 7.8　绘制粗实线圆　　　　图 7.9　绘制直线

⑤ 修剪。

在图 7.9 中，执行 TRIM 命令将位于两条直线之间的上半圆修剪掉，结果如图 7.10 所示。

⑥ 阵列。

执行 ARRAYPOLAR 命令，对如图 7.10 所示位于上方的两条垂直线和半圆弧进行阵列，结果如图 7.11 所示。

⑦ 修剪。

执行 TRIM 命令，对图 7.11 进行修剪，结果如图 7.12 所示。

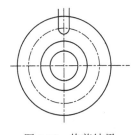 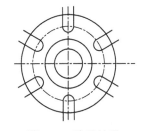 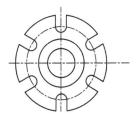

图 7.10　修剪结果　　　　　图 7.11　阵列结果　　　　　图 7.12　修剪结果

⑧ 绘制左视图主要对象。

在左视图位置绘制对应的对象，结果如图 7.13 所示。

⑨ 修剪。

对图 7.13 进行修剪，得到如图 7.14 所示结果。

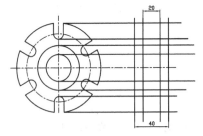 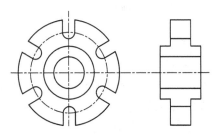

图 7.13　绘制左视图主要对象　　　　　　　　　图 7.14　修剪结果

⑩ 填充图案。

将"细实线"图层设为当前层，执行 BHATCH 命令，AutoCAD 弹出"图案填充和渐变

第 7 章 图案填充、块与属性

色"对话框,从中进行对应的设置,如图 7.15 所示(已通过"添加:拾取点"按钮指定了填充区域)。

单击"确定"按钮即可完成填充,结果如图 7.16 所示。

图 7.15 填充设置　　　　　　　　图 7.16 填充结果

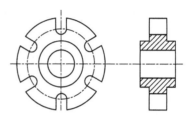

⑪ 整理。

对中心线进行打断操作,并绘制斜中心线,最后的结果如图 7.6 所示。

7.2 编辑图案

命令:HATCHEDIT。**菜单**:"修改"|"对象"|"图案填充"。**工具栏**:"修改 II"|  (编辑图案填充)。

命令操作

执行 HATCHEDIT 命令,AutoCAD 提示:

选择图案填充对象:

在该提示下选择已有的填充图案,AutoCAD 弹出"图案填充编辑"对话框,如图 7.17 所示。

对话框中,只有用正常颜色显示的项才可以被用户操作。该对话框中各选项的含义与如图 7.1 所示的"图案填充和渐变色"对话框中各对应项的含义相同。利用此对话框,可以对已填充的图案进行诸如更改填充图案、填充比例及旋转角度等操作。

159

图 7.17 "图案填充编辑"对话框

7.3 块

块是图形对象的集合，通常用于绘制重复的图形。一旦将一组对象组合成块，就可以根据绘图需要将其多次插入到图形中任意指定的位置，且插入时还可以采用不同的比例和旋转角度。用 AutoCAD 绘图时，常常需要绘制一些形状相同的图形，如果把这些经常需要绘制的图形分别定义成块（也可以说是定义成图形库），需要绘制它们时就可以用插入块的方法实现，即把绘图变成了拼图。这样做既避免了重复性工作，又可以提高绘图的效率。

7.3.1 创建块

命令：BLOCK。**菜单**："绘图" | "块" | "创建"。**工具栏**："绘图" |（创建块）。

命令操作

执行 BLOCK 命令，AutoCAD 弹出"块定义"对话框，如图 7.18 所示。
下面介绍对话框中主要项的功能。
1．"名称"文本框
用于指定块的名称，在文本框中输入即可。
2．"基点"选项组
确定块的插入基点位置。可以直接在"X"、"Y"和"Z"文本框中输入对应的坐标值；也可以单击"拾取点"按钮，切换到绘图屏幕指定基点；还可以选中"在屏幕上指定"复选框，等关闭对话框后再根据提示指定基点。

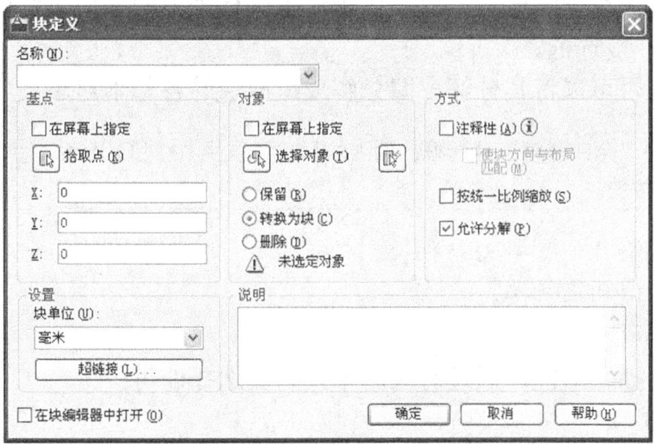

图 7.18 "块定义"对话框

> **提示** 从理论上讲，可以选择块上或块外的任意一点作为插入基点，但为了以后使块的插入更方便、更准确，一般应根据图形的结构来选择基点。通常将基点选在块的中心点、对称线上某一点或其他有特征的点。

3．"对象"选项组

确定组成块的对象。

（1）"在屏幕上指定"复选框。

如果选中此复选框，通过对话框完成其他设置后，单击"确定"按钮关闭对话框时，AutoCAD 会提示用户选择组成块的对象。

（2）"选择对象"按钮。

选择组成块的对象。单击此按钮，AutoCAD 临时切换到绘图屏幕，并提示：

选择对象：

在此提示下选择组成块的各对象后按 Enter 键，AutoCAD 返回如图 7.18 所示的"块定义"对话框，同时在"名称"文本框的右侧显示出由所选对象构成块的预览图标，并在"对象"选项组中的最后一行将"未选定对象"替换为"已选择 n 个对象"。

（3）快速选择按钮。

该按钮用于快速选择满足指定条件的对象。单击此按钮，AutoCAD 弹出"快速选择"对话框，用户可通过此对话框确定选择对象的过滤条件，快速选择满足指定条件的对象。

（4）"保留"、"转换为块"和"删除"单选按钮。

确定将指定的图形定义成块后，如何处理这些用于定义块的图形。"保留"指保留这些图形，"转换为块"指将对应的图形转换成块，"删除"则表示定义块后删除对应的图形。

4．"方式"选项组

指定块的设置。

（1）"注释性"复选框。

指定块是否为注释性对象。

(2)"按统一比例缩放"复选框。
指定插入块时是按统一的比例缩放,还是沿各坐标轴方向采用不同的缩放比例。
(3)"允许分解"复选框。
指定插入块后是否可以将其分解,即分解成组成块的各基本对象。

> 提示：如果选中"允许分解"复选框,插入块后,可以用 EXPLODE 命令(菜单:"修改"|"分解")分解块。

5."设置"选项组
指定块的插入单位和超链接。
(1)"块单位"下拉列表框。
指定插入块时的插入单位,通过对应的下拉列表选择即可。
(2)"超链接"按钮。
通过"插入超链接"对话框使超链接与块定义相关联。
6."说明"框
指定块的文字说明部分(如果有的话),在其中输入即可。
7."在块编辑器中打开"复选框
确定当单击对话框中的"确定"按钮创建出块后,是否立即在块编辑器中打开当前的块定义。如果打开了块定义,可以对块定义进行编辑(7.6节将介绍如何利用块编辑器修改块定义)。
通过"块定义"对话框完成各设置后,单击"确定"按钮,即可创建出对应的块。

> 提示：如果在"块定义"对话框中选中了"在屏幕上指定"复选框,单击"确定"按钮后,AutoCAD 会给出对应的提示,用户响应即可。

例 7.2 创建如图 7.19 所示的粗糙度符号块,块名为"粗糙度"。

操作步骤

① 绘制图形。
首先,绘制如图 7.19 所示的粗糙度符号,具体尺寸如图 7.20 所示(过程略)。

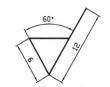

图 7.19 粗糙度符号　　图 7.20 粗糙度符号尺寸

② 创建块。
执行 BLOCK 命令,AutoCAD 弹出"块定义"对话框,从中进行对应的设置,如图 7.21 所示。
可以看出,已将块名称设为"粗糙度",捕捉图 7.19 中位于最下方的角点为块的基点,并通过"选择对象"按钮选择了组成粗糙度符号的 3 条直线(通过位于"名称"文本框右侧的图标可以看到这一点),在"说明"框中输入了"粗糙度符号块"。

第 7 章 图案填充、块与属性

图 7.21 "块定义"对话框

单击"确定"按钮,完成块的定义,并且 AutoCAD 将当前图形转换为块(因为在"对象"选项组中选择了"转换为块"单选按钮)。

7.3.2 创建外部块

命令:WBLOCK。

用 BLOCK 命令定义的块是内部块,它从属于定义块时所在的图形。AutoCAD 2012 还提供了定义外部块的功能,即将块以单独的文件保存。

命令操作

执行 WBLOCK 命令,AutoCAD 弹出"写块"对话框,如图 7.22 所示。

下面介绍对话框中主要项的功能。

1."源"选项组

确定组成块的对象来源。其中,"块"单选按钮表示将把已用 BLOCK 命令创建的块创建成外部块(即写入磁盘);"整个图形"单选按钮表示将把当前图形创建成外部块;"对象"单选按钮则表示要将指定的对象创建成外部块。

2."基点"选项组、"对象"选项组

"基点"选项组用于确定块的插入基点位置;"对象"选项组用于确定组成块的对象。只有在"源"选项组中选中了"对象"单选按钮,这两个选项组才有效。

3."目标"选项组

确定块的保存名称和保存位置。用户可以直接在

图 7.22 "写块"对话框

对应的文本框中输入文件名(包括路径),也可以单击对应的按钮,从弹出的"浏览图形文件"对话框中指定保存位置与文件名。

163

实际上，用 WBLOCK 命令将块写入磁盘后，该块以.dwg 格式保存，即以 AutoCAD 图形文件格式保存。

> **提示** 用户可以将任一 AutoCAD 图形文件（即.dwg 文件）中的图形插入到当前图形。

7.4 插 入 块

命令：INSERT。**菜单**："插入"｜"块"。**工具栏**："绘图"｜ （插入块）。
插入块是指将块或已有的图形插入到当前图形中。

命令操作

执行 INSERT 命令，AutoCAD 弹出"插入"对话框，如图 7.23 所示。
下面介绍对话框中主要项的功能。

1．"名称"下拉列表框

指定所插入块或图形的名称，可以直接输入名称，或通过下拉列表框选择块，也可以单击"浏览"按钮，从弹出的"选择图形文件"对话框中选择图形文件。

2．"插入点"选项组

确定块在图形中的插入位置，可以直接在"X"、"Y"和"Z"文本框中输入点的坐标，也可以选中"在屏幕上指定"复选框，当单击对话框中的"确定"按钮关闭对话框后，在绘图窗口中指定插入点。

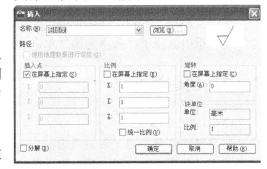

图 7.23 "插入"对话框

3．"比例"选项组

确定块的插入比例，可以直接在"X"、"Y"和"Z"文本框中输入块沿 3 个坐标轴方向的比例，也可以选中"在屏幕上指定"复选框，当单击对话框中的"确定"按钮关闭对话框后再指定插入比例。需要说明的是，如果在定义块时选择了按统一比例缩放（通过"按统一比例缩放"复选框设置），那么只需要指定沿 x 轴方向的缩放比例。

4．"旋转"选项组

确定块插入时的旋转角度，可以直接在"角度"文本框中输入角度值，也可以选中"在屏幕上指定"复选框，当单击对话框中的"确定"按钮关闭对话框后，再指定旋转角度。

5．"块单位"选项组

显示有关块单位的信息。

6．"分解"复选框

利用此复选框，可以将插入的块分解成组成块的各个基本对象。此外，插入块后，也可以用 EXPLODE 命令（菜单："修改"｜"分解"）将其分解。

通过"插入"对话框设置了要插入的块以及插入参数后，单击对话框中的"确定"按钮，即可将块插入到当前图形。

第 7 章　图案填充、块与属性

> 提示　根据在"插入"对话框中的不同设置,单击"插入"对话框中的"确定"按钮后,可能还需要指定块的插入点、插入比例和旋转角度等。

例 7.3　设有如图 7.24 所示的图形,且当前图形中定义了在例 7.2 中所定义的"粗糙度"块,试在图形中插入该块,结果如图 7.25 所示。

图 7.24　已有图形　　　　　图 7.25　插入块

操作步骤

执行 INSERT 命令,在 AutoCAD 弹出的"插入"对话框中进行对应的设置,如图 7.26 所示。

图 7.26　"插入"对话框

单击"确定"按钮,AutoCAD 提示:

> 指定插入点或 [基点(B)/比例(S)/旋转(R)]:(参照图 7.25 中的水平粗糙度符号,在对应位置指定插入点。可以通过捕捉最近点的方式确定该点)

执行结果如图 7.27 所示。

在另一位置再插入同样的块,即可得到如图 7.25 所示结果(插入此块时的块旋转角度应为 90)。

可以看出,虽然已经插入了粗糙度符号,但还没有粗糙度值,需要用标注文字的方式标注出值。但利用 AutoCAD 提供的属性功能,在插入块的同时就可以直接输入相关文字(即属性值),从而能够标注出粗糙度值(参见 7.7 节)。

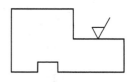

图 7.27　插入粗糙度块

7.5　设置插入基点

命令:BASE。**菜单**:"绘图"|"块"|"基点"。

实际上，利用"插入"对话框不仅可以插入用 BLOCK 命令创建的块和用 WBLOCK 命令创建的外部块，还可以将任一 AutoCAD 图形文件（.dwg 格式）中的图形插入到当前图形。但是，将某一图形文件中的图形以块的形式插入时，AutoCAD 默认将图形的坐标原点作为块插入基点，这样往往会给绘图带来不便。为解决这样的问题，AutoCAD 允许为图形重新指定插入基点。

设置插入基点的操作很简单。首先，打开要设置基点的图形（或者是当前所绘图形），执行 BASE 命令，AutoCAD 提示：

输入基点：

在此提示下为图形指定新基点即可。

7.6 编辑块定义

命令：BEDIT。**菜单**："工具" | "块编辑器"。**工具栏**："标准" | （块编辑器）。

用户可以在 AutoCAD 提供的块编辑器中打开块定义并对块定义进行修改。

命令操作

执行 BEDIT 命令，AutoCAD 弹出"编辑块定义"对话框，如图 7.28 所示。

在对话框左侧的大列表框内列出了当前已定义的块，从中选择要编辑的块（如选择"粗糙度"），会在右侧的图像框内显示出块的形状，单击"确定"按钮，AutoCAD 打开块编辑器，进入块编辑模式，如图 7.29 所示。

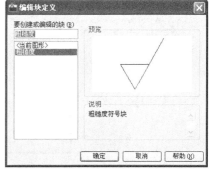

图 7.28 "编辑块定义"对话框

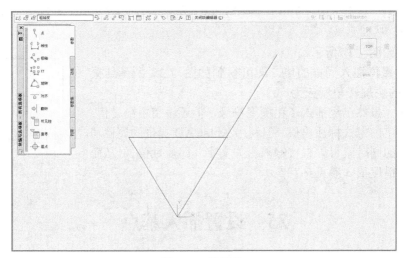

图 7.29 编辑块

此时在块编辑器中显示出要编辑的块,用户可以直接对其进行编辑(如修改形状、大小、绘制新图形等),编辑后单击对应工具栏上的按钮,AutoCAD 显示如图 7.30 所示的对话框,如果单击"将更改保存到 粗糙度",则会关闭块编辑器,并确认对块定义的修改。

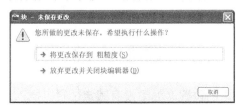

图 7.30　提示信息

> 提示　一旦利用块编辑器修改了块,当前图形中插入的对应块均会自动进行相应的修改。
> 如果在当前图形中双击某块,也会打开如图 7.28 所示的"编辑块定义"对话框,允许用户选择要编辑的块,选择后可以进入如图 7.29 所示的块编辑器来编辑块定义。

7.7　属　　性

属性是从属于块的文字信息,是块的组成部分。本节介绍如何为块定义属性,如何使用有属性的块以及如何编辑属性。

7.7.1　定义属性

命令:ATTDEF。菜单:"绘图"|"块"|"定义属性"。

命令操作

执行 ATTDEF 命令,AutoCAD 弹出"属性定义"对话框,如图 7.31 所示。
下面介绍对话框中主要项的功能。
1."模式"选项组
设置当在图形中插入块时,与块对应的属性值的模式。
(1)"不可见"复选框。
设置插入块后是否显示属性值。选中复选框表示属性不可见,即属性值不在块中显示,否则在块中显示出对应的属性值。
(2)"固定"复选框。
设置属性是否为固定值。选中复选框表示属性为固定值(此值应通过"属性"选项组中的"默认"文本框给定)。如果将属性设为非固定值,插入块的时候用户可以输入新值。

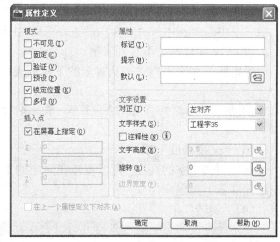

图 7.31　"属性定义"对话框

(3)"验证"复选框。

设置插入块时是否校验属性值。如果选中该复选框，插入块时，当用户根据提示输入属性值后，AutoCAD 会再给出一次提示，以便让用户校验所输入的属性值是否正确，否则不要求用户校验。

(4)"预设"复选框。

确定当插入有预置属性值的块时，是否将属性值设成默认值。

(5)"锁定位置"复选框。

确定是否锁定属性在块中的位置。如果没有锁定位置，插入块后，可以利用夹点功能改变属性的位置。

(6)"多行"复选框。

指定属性值是否可以包含多行文字。如果选中此复选框，可以通过"文字设置"选项组中的"边界宽度"文本框指定边界宽度。

2."属性"选项组

"属性"选项组中，"标记"文本框用于确定属性的标记（用户必须指定该标记）；"提示"文本框用于确定插入块时 AutoCAD 提示用户输入属性值的提示信息；"默认"文本框用于设置属性的默认值。在各文本框中输入对应信息即可。

3."插入点"选项组

确定属性值的插入点，即属性文字排列的参考点。指定插入点后，AutoCAD 以该点为参考点，按照在"文字设置"选项组中"对正"下拉列表框确定的文字对齐方式放置属性值。用户可以直接在"X"、"Y"、"Z"文本框中输入插入点的坐标，也可以选中"在屏幕上指定"复选框，以便通过绘图窗口指定插入点。

4."文字设置"选项组

该选项组用于确定属性文字的格式。

(1)"对正"下拉列表框。

确定属性文字相对于在"插入点"选项组中确定的插入点的排列方式。用户可以通过下拉列表在"左对齐"、"对齐"、"布满"、"居中"、"中间"、"右对齐"、"左上"、"中上"、"右上"、"左中"、"正中"、"右中"、"左下"、"中下"及"右下"等选项之间选择。

(2)"文字样式"下拉列表框。

确定属性文字的样式，从对应的下拉列表中选择即可。

> 提示　如果选中"注释性"复选框，表示属性为注释性对象。

(3)"文字高度"项。

指定属性文字的高度，可以直接在对应的文本框中输入高度值，也可以单击对应的按钮，在绘图屏幕上指定。

(4)"旋转"项。

指定属性文字行的旋转角度，可以直接在对应的文本框中输入角度值，也可以单击对应的按钮，在绘图屏幕上指定。

(5)"边界宽度"项。

当属性值采用多行文字时，指定多行文字属性的最大长度。可以直接在对应的文本框中输入宽度值，也可以单击对应的按钮，在绘图屏幕上指定。0 值表示没有限制。

5．"在上一个属性定义下对齐"复选框

当定义多个属性时，选中此复选框，表示当前属性将采用前一个属性的文字样式、字高以及旋转角度，并另起一行按上一个属性的对正方式排列。选中"在上一个属性定义下对齐"复选框后，"插入点"与"文字选项"选项组均以灰颜色显示，即不能再通过它们确定具体的值。

确定了"属性定义"对话框中的各项内容后，单击对话框中的"确定"按钮，AutoCAD 完成一次属性定义，并在图形中按指定的文字样式、对齐方式显示出属性标记。用户可以用上述方法为同一个块定义多个属性。

> **提示** 完成属性的定义后，需要执行 BLOCK 命令创建块，而且在创建块的过程中，选择作为块的对象时，不仅要选择各图形对象，还应选择全部属性标记。

例 7.4 定义含有属性的粗糙度符号块。

本例将定义包含粗糙度属性的粗糙度符号块。

操作步骤

① 绘制粗糙度符号。

绘制如图 7.19 所示的粗糙度符号（过程略）。

② 定义文字样式。

定义如例 6.2 所示的文字样式"工程字 35"（过程略）。

③ 定义属性。

执行 ATTDEF 命令，AutoCAD 弹出"属性定义"对话框，在对话框中进行对应的属性设置，如图 7.32 所示。

从图中可以看出，已将属性标记设为"ROU"，将属性提示设为"输入粗糙度值"，将粗糙度的默认值设为"3.2"，在绘图屏幕确定块属性插入点，通过"文字选项"中的"文字样式"下拉列表将文字样式选择为"工程字 35"，通过"对正"下拉列表框将文字的对齐方式选择为"中间"。

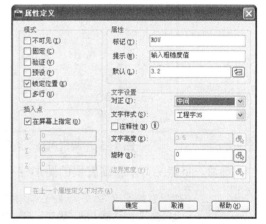

图 7.32　设置属性

单击对话框中的"确定"按钮，AutoCAD 提示：

指定起点：

在此提示下确定属性在块中的插入点位置，即可完成标记为 ROU 的属性定义，且 AutoCAD 将该标记按指定的文字样式和对齐方式显示在对应位置，如图 7.33 所示。

④ 定义块。

执行 BLOCK 命令，AutoCAD 弹出"块定义"对话框，在该对话框中进行对应的设置，如图 7.34 所示。

从图 7.34 中可以看出，块名仍为"粗糙度"，并通过"选择对象"按钮，选择图 7.33 中表示粗糙度符号的 3 条线以及块标记 ROU 作为块的对象，同时还进行了其他设置。

图 7.33　定义含有属性的粗糙度符号　　　　　　图 7.34　"块定义"对话框

单击对话框中的"确定"按钮，AutoCAD 弹出"编辑属性"对话框，如图 7.35 所示。
单击对话框中的"确定"按钮，完成块的定义，显示出一个对应的块，如图 7.36 所示。

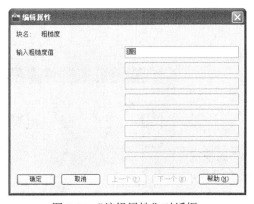

图 7.35　"编辑属性"对话框　　　　　　图 7.36　粗糙度块

最后，将定义有本粗糙度块的图形保存到磁盘，建议文件名：粗糙度块（含属性）.dwg。

> **提示**　如果在如图 7.34 所示对话框中的"对象"选项组中选中了"删除"单选按钮，单击"块定义"对话框中的"确定"按钮创建块后，不再显示如图 7.35 所示的"编辑属性"对话框。

建立了含有属性的粗糙度符号块后，如果再执行例 7.3，插入粗糙度块时 AutoCAD 会提示：

输入属性值
　输入粗糙度值<3.2>:

此时直接按 Enter 键可以标注出默认值 3.2，也可以在此提示下输入其他值进行标注，结果如图 7.37 所示。

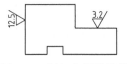

图 7.37　插入有属性的块

7.7.2 修改属性定义

命令：DDEDIT。**菜单**："修改"|"对象"|"文字"|"编辑"。
定义属性后，可以修改属性定义中的属性标记、提示及默认值。

命令操作

执行 DDEDIT 命令，AutoCAD 提示：

> 选择注释对象或 [放弃(U)]:

在该提示下，选择属性定义标记后，AutoCAD 弹出如图 7.38 所示的"编辑属性定义"对话框，可以通过此对话框修改属性定义的属性标记、提示和默认值等。

图 7.38 "编辑属性定义"对话框

7.7.3 编辑属性

命令：EATTEDIT。**菜单**："修改"|"对象"|"属性"|"单个"。**工具栏**："修改 II"| （编辑属性）。

命令操作

执行 EATTEDIT 命令，AutoCAD 提示：

> 选择块:

在此提示下选择包含属性的块后，AutoCAD 弹出"增强属性编辑器"对话框，如图 7.39 所示（在绘图窗口双击含有属性的块，也会弹出此对话框）。

对话框中有"属性"、"文字选项"和"特性"3个选项卡和其他一些项，下面分别介绍它们的功能。

1．"属性"选项卡

选项卡中，AutoCAD 在列表框中显示出块中每个属性的标记、提示和值，在列表框中选择某一属性，AutoCAD 会在"值"文本框中显示出对应的属性值，并允许用户通过该文本框修改属性值。

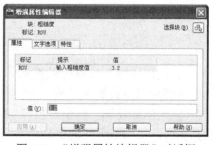

图 7.39 "增强属性编辑器"对话框

2．"文字选项"选项卡

"文字选项"选项卡用于修改属性文字的格式，相应的对话框如图 7.40 所示。

用户可以通过该对话框修改文字的样式、对齐方式、文字高度及文字行的旋转角度等。

3．"特性"选项卡

"特性"选项卡用于修改属性文字的图层等，对应的对话框如图 7.41 所示，通过对话框中的下拉列表框或文本框设置、修改即可。

图 7.40 "文字选项"选项卡

图 7.41 "特性"选项卡

"增强属性编辑器"对话框中除上述 3 个选项卡外，还有"选择块"和"应用"等按钮。"选择块"按钮用于重新选择要编辑的块对象，"应用"按钮则用于确认已做出的修改。

7.7.4 属性显示控制

命令：ATTDISP。**菜单**："视图"|"显示"|"属性显示"。

插入含有属性的块后，可以单独控制各属性值的可见性。

命令操作

执行 ATTDISP 命令，AutoCAD 提示：

> 输入属性的可见性设置 [普通(N)/开(ON)/关(OFF)]<普通>：

其中，"普通（N）"选项表示将按照定义属性时规定的可见性模式显示各属性值；"开（ON）"选项将显示出所有属性值，不再受定义属性时规定的属性可见性的限制；"关（OFF）"选项则不显示任何属性值，也不再受定义属性时规定的属性可见性的限制。

7.8 练　　习

1．绘制如图 7.42 所示的图形（尺寸由读者确定）。

主要绘图步骤如下。

① 绘制外轮廓，结果如图 7.42-a 所示（为使图形对称，可以先绘出一半的轮廓，然后对其镜像，得到整个外轮廓）。

② 绘制窗户，结果如图 7.42-b 所示，可以先绘制出一个窗户，然后通过复制或阵列的方式得到另外几个窗户。

③ 用对应的图案填充。填充时应注意采用合适的填充比例。

2．绘制如图 7.43 所示的图形。

图 7.42　练习图 1

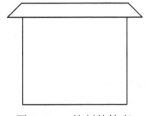
图 7.42-a　绘制外轮廓

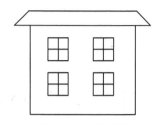
图 7.42-b　绘制窗户

3．绘制如图 7.44 所示的螺母（尺寸由读者确定），并将其定义成块，块名为"螺母块"，然后在当前图形中以不同比例、不同旋转角度插入该块，观察结果。

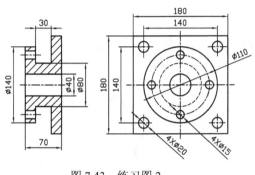
图 7.43　练习图 2

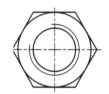
图 7.44　螺母

主要绘图步骤如下。

① 执行 NEW 命令建立新图形，并按如表 4.3 所示要求建立各图层。
② 在各对应图层绘制图形。
③ 执行 BLOCK 命令创建块，块名为"螺母块"，选择水平中心线和垂直中心线的交点作为块的基点。
④ 在当前图形中以不同比例、不同旋转角度插入新定义的块。

4．定义如图 7.45 所示的基准符号块，具体要求为：块名为"基准符号"，块的属性标记为 A，属性提示为"输入基准符号"，属性默认值为 A，属性文字样式仍采用例 6.2 中定义的样式"工程字 35"，以圆的圆心作为属性插入点，属性文字对齐方式采用"中间"模式，以两条直线的交点作为块的基点。然后，在当前图形中以不同比例、不同旋转角度插入该块，观察结果。

图 7.45　基准符号

5．试在当前图形用 INSERT 命令插入 AutoCAD 提供的任一示例图形，然后单独打开被插入的原图形，用 BASE 命令修改此图形的基点，再换名保存图形，关闭图形。然后，建立一新图形，用 INSERT 命令插入改变了基点的图形，观察两次插入间的区别。

第 8 章 绘制与编辑复杂二维图形

AutoCAD 提供多段线、样条曲线及多线等复杂二维图形对象。本章将介绍如何绘制、编辑这些图形对象。

8.1 绘制、编辑多段线

多段线是由直线段、圆弧段构成且可以有宽度的图形对象，如图 8.1 所示。

图 8.1 多段线

8.1.1 绘制多段线

命令：PLINE。**菜单**："绘图"｜"多段线"。**工具栏**："绘图"｜ (多段线)。

命令操作

执行 PLINE 命令，AutoCAD 提示：

指定起点:(确定多段线的起点)
当前线宽为 0.000 0(此提示说明当前所绘多段线的线宽为 0)
指定下一个点或 [圆弧(A)/半宽(H)/长度(L)/放弃(U)/宽度(W)]:

如果在此提示下再确定一点，即执行"指定下一个点"选项，AutoCAD 按当前线宽设置绘制出连接两点的直线段，同时给出提示：

指定下一点或 [圆弧(A)/闭合(C)/半宽(H)/长度(L)/放弃(U)/宽度(W)]:

此提示比前一个提示多了一个"闭合（C）"选项，下面介绍这两个提示中各选项的含义及其操作。

1. 指定下一点

确定多段线的另一端点位置，为默认项。用户响应后，AutoCAD 按当前线宽设置从前一点向该点绘出一条直线段，而后继续给出提示"指定下一点或 [圆弧(A)/闭合(C)/半宽(H)/长度(L)/放弃(U)/宽度(W)]:"。

2．圆弧（A）

使 PLINE 命令由绘直线方式改为绘圆弧方式。执行此选项，AutoCAD 提示：

指定圆弧的端点或
[角度(A)/圆心(CE)/闭合(CL)/方向(D)/半宽(H)/直线(L)/半径(R)/第二个点(S)/放弃(U)/宽度(W)]:

此提示相当于已知圆弧的起点来绘制圆弧段。例如，如果直接确定圆弧的端点，即响应默认项，AutoCAD 绘出以前一点和该点为两端点、以上一次所绘直线的方向或所绘弧在终点处的切线方向为起点方向的圆弧段，而后继续给出绘圆弧提示，且提示中的许多选项与 2.2.2 节介绍的绘制圆弧操作类似。下面简要介绍提示中其他选项的含义。

（1）角度（A）。

根据圆弧的包含角绘圆弧。执行该选项，AutoCAD 提示：

指定包含角:(输入圆弧的包含角度值后按 Enter 键。默认设置下，正角度值会使 AutoCAD 沿逆时针方向绘圆弧，否则沿顺时针方向绘圆弧)
指定圆弧的端点或 [圆心(CE)/半径(R)]:

此时可以通过确定圆弧的端点、圆心或半径来绘圆弧。

（2）圆心（CE）。

根据圆弧的圆心绘圆弧。执行此选项（要用 CE 响应），AutoCAD 提示：

指定圆弧的圆心:(确定圆弧的圆心位置)
指定圆弧的端点或 [角度(A)/长度(L)]:

此时可以通过确定圆弧的端点、包含角或弦长来绘圆弧。

（3）闭合（CL）。

用圆弧封闭多段线。闭合后，AutoCAD 结束 PLINE 命令的执行。

（4）方向（D）。

确定所绘圆弧在起点处的切线方向。执行此选项，AutoCAD 提示：

指定圆弧的起点切向:(指定圆弧在起点处的切线方向与水平方向之间的夹角来确定圆弧的起点切向)
指定圆弧的端点:

在该提示下确定圆弧的端点，即可绘出圆弧。

（5）半宽（H）。

确定圆弧的起点半宽与终点半宽。执行此选项，AutoCAD 依次提示：

指定起点半宽:(输入起始半宽值后按 Enter 键)
指定端点半宽:(输入终止半宽值后按 Enter 键)

确定起始半宽和终止半宽后，紧接着绘制的圆弧就按此半宽设置来绘制，但再往后绘制的圆弧宽度要根据"端点半宽"设置的宽度绘制。

（6）直线（L）。

将绘圆弧方式改为绘直线方式。执行此选项，AutoCAD 返回到"指定下一个点或 [圆弧(A)/半宽(H)/长度(L)/放弃(U)/宽度(W)]:"提示。

(7) 半径（R）。

根据半径绘圆弧。执行此选项，AutoCAD 提示：

> 指定圆弧的半径:(输入圆弧的半径值后按 Enter 键)
> 指定圆弧的端点或 [角度(A)]:

此时可以通过确定圆弧的端点或包含角来绘圆弧。

(8) 第二个点（S）。

根据圆弧上的其他两点绘圆弧。执行此选项，AutoCAD 依次提示：

> 指定圆弧上的第二个点:
> 指定圆弧的端点:

根据提示依次响应即可。

(9) 放弃（U）。

取消上一次绘出的圆弧。用此选项可以修改绘图过程中的错误操作。

(10) 宽度（W）。

确定所绘圆弧的起始与终止宽度。执行此选项，AutoCAD 依次提示：

> 指定起点宽度:(输入起始宽度值后按 Enter 键)
> 指定端点宽度:(输入终止宽度值后按 Enter 键)

用户根据提示依次响应即可。设置宽度后，紧接着所绘圆弧段就会按此宽度值绘制，但再往后绘制的圆弧宽度要根据由"指定端点宽度"设置的宽度绘制。

3．闭合（C）

执行此选项，AutoCAD 从当前点向多段线的起点用当前宽度绘一条直线段，即封闭所绘多段线，然后结束命令的执行。

4．半宽（H）

确定所绘多段线的半宽度，即所设值是多段线宽度的一半。执行此选项，AutoCAD 依次提示：

> 指定起点半宽:
> 指定端点半宽:

根据提示依次响应即可。

5．长度（L）

从当前点绘制指定长度的直线段。执行此选项，AutoCAD 提示：

> 指定直线的长度:

在此提示下输入长度值，AutoCAD 沿前一段直线方向绘出长度为输入值的直线段。如果前一段对象是圆弧，所绘直线方向为该圆弧在终点处的切线方向。

6．放弃（U）

删除最后绘制的直线段或圆弧段，用此选项可以及时修改绘制多段线过程中出现的错误。

7．宽度（W）

确定多段线的宽度。执行此选项，AutoCAD 依次提示：

> 指定起点宽度:
> 指定端点宽度:

根据提示依次响应即可。

 提示 用 PLINE 命令绘出的多段线属于一个图形对象,但可以用 EXPLODE 命令(菜单:"修改"|"分解")将多段线对象中构成多段线的直线段和圆弧段分解成单独的对象,即将原来属于一个对象的多段线分解成多个直线和圆弧对象,而且分解后的多段线不再有线宽信息。
用 RECTANG 命令绘出的矩形和用 POLYGON 命令绘出的正多边形均属于多段线对象。

例 8.1 用多段线绘制如图 8.2 所示的箭头(线宽为 1)。

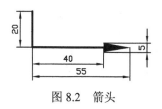

图 8.2 箭头

绘图步骤

执行 PLINE 命令,AutoCAD 提示:

```
指定起点:(在绘图屏幕适当位置拾取一点,作为所绘多段线的左上角点)
当前线宽为 0.000 0
指定下一个点或 [圆弧(A)/半宽(H)/长度(L)/放弃(U)/宽度(W)]: W↙
指定起点宽度 <0.000 0>:1↙
指定端点宽度 <1.000 0>:↙
指定下一个点或 [圆弧(A)/半宽(H)/长度(L)/放弃(U)/宽度(W)]:@0,-20↙
指定下一点或 [圆弧(A)/闭合(C)/半宽(H)/长度(L)/放弃(U)/宽度(W)]:@40,0↙
指定下一点或 [圆弧(A)/闭合(C)/半宽(H)/长度(L)/放弃(U)/宽度(W)]: W↙(设置线宽)
指定起点宽度 <0.0>: 5↙
指定端点宽度 <5.0>: 0↙
指定下一点或 [圆弧(A)/闭合(C)/半宽(H)/长度(L)/放弃(U)/宽度(W)]: L↙
指定直线的长度: 15↙
指定下一点或 [圆弧(A)/闭合(C)/半宽(H)/长度(L)/放弃(U)/宽度(W)]:↙
```

8.1.2 编辑多段线

命令: PEDIT。**菜单:** "修改"|"对象"|"多段线"。**工具栏:** "修改 II"|（编辑多段线）。

命令操作

执行 PEDIT 命令,AutoCAD 提示:

```
选择多段线或 [多条(M)]:
```

在此提示下选择要编辑的多段线,即执行"选择多段线"默认项,AutoCAD 提示:

```
输入选项 [闭合(C)/合并(J)/宽度(W)/编辑顶点(E)/拟合(F)/样条曲线(S)/非曲线化(D)/线型生成(L)/反转(R)/放弃(U)]:
```

如果执行 PEDIT 命令后选择的对象是用 LINE 命令绘制的直线或用 ARC 命令绘制的圆

弧等，AutoCAD 会提示：

> 选定的对象不是多段线
> 是否将其转换为多段线？<Y>

此时如果直接按 Enter 键，即可将所选择的对象转换成多段线，并给出下面的提示：

> 输入选项 [闭合(C)/合并(J)/宽度(W)/编辑顶点(E)/拟合(F)/样条曲线(S)/非曲线化(D)/线型生成(L)/反转(R)/放弃(U)]:

下面介绍执行 PEDIT 命令并选择要编辑的多段线对象后，所给出提示中的各选项的含义。

1. 闭合（C）

执行此选项，AutoCAD 会封闭所编辑的多段线，然后给出提示：

> 输入选项 [打开(O)/合并(J)/宽度(W)/编辑顶点(E)/拟合(F)/样条曲线(S)/非曲线化(D)/线型生成(L)/反转(R)/放弃(U)]:

即把"闭合（C）"选项换成了"打开（O）"选项。若此时执行"打开（O）"选项，AutoCAD 会把多段线从封闭处打开，而提示中的"打开（O）"项又换成了"闭合（C）"。

2. 合并（J）

将非封闭多段线与已有直线、圆弧或多段线合并成一条多段线对象。执行此选项，AutoCAD 提示：

> 选择对象:

在此提示下选择各对象后，AutoCAD 会将它们连成一条多段线。

需要说明的是，对于合并到多段线的对象，除非执行 PEDIT 命令后执行"多条（M）"选项进行了相关设置，否则这些对象的端点必须彼此重合。如果没有重合，在"选择对象:"提示下选择各对象后 AutoCAD 会提示：

> 0 条线段已添加到多段线

3. 宽度（W）

为整条多段线指定统一的新宽度。执行此选项，AutoCAD 提示：

> 指定所有线段的新宽度:

在此提示下输入新线宽值，所编辑多段线上的各线段均会变为该宽度。

4. 编辑顶点（E）

编辑多段线的顶点。执行此选项，AutoCAD 提示：

> 输入顶点编辑选项
> [下一个(N)/上一个(P)/打断(B)/插入(I)/移动(M)/重生成(R)/拉直(S)/切向(T)/宽度(W)/退出(X)]:

同时 AutoCAD 用一个小叉标记出多段线的当前编辑顶点，即第一顶点。提示中各选项的含义及其操作如下。

（1）下一个（N）、上一个（P）。

"下一个（N）"选项可以将用于标记当前编辑顶点的小叉标记移到多段线的下一个顶点；"上一个（P）"选项则把小叉标记移到多段线的前一个顶点，以改变当前编辑顶点。

（2）打断（B）。

删除多段线上指定两顶点之间的线段。执行此选项，AutoCAD 把当前编辑顶点作为第一

断点,并提示:

输入选项 [下一个(N)/上一个(P)/执行(G)/退出(X)] <N>:

其中,"下一个(N)"和"上一个(P)"选项分别使编辑顶点后移或前移,以确定第二断点;"执行(G)"选项执行对位于第一断点到第二断点之间的多段线的删除操作,而后返回到上一级提示;"退出(X)"选项退出"打断(B)"操作,返回到上一级提示。

(3) 插入 (I)。

在当前编辑的顶点之后插入一个新顶点,如图 8.3 所示。

图 8.3 插入顶点示例

执行"插入(I)"选项,AutoCAD 提示:

指定新顶点的位置:

在此提示下指定新的顶点位置即可。

(4) 移动 (M)。

将当前编辑顶点移到新位置,如图 8.4 所示。

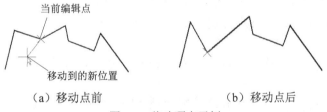

图 8.4 移动顶点示例

执行"移动(M)"选项,AutoCAD 提示:

指定标记顶点的新位置:

在该提示下指定顶点的新位置即可。

(5) 重生成 (R)。

该选项用于重新生成多段线。

(6) 拉直 (S)。

拉直多段线中位于指定两顶点之间的线段,即用连接这两点的直线代替原来的折线,如图 8.5 所示。

执行"拉直(S)"选项,AutoCAD 把当前编辑顶点作为第一拉直操作点,并给出提示:

输入选项 [下一个(N)/上一个(P)/执行(G)/退出(X)] <N>:

其中,"下一个(N)"和"上一个(P)"选项用于确定第二拉直操作点;"执行(G)"选项执行对位于两顶点间的线段的拉直,即用一条直线代替它们,而后返回到上一级提示;

"退出（X）"选项表示退出"拉直（S）"操作，返回到上一级提示。

图 8.5 拉直示例

（7）切向（T）。

改变当前所编辑顶点的切线方向，此功能主要用于确定对多段线进行曲线拟合时的拟合方向。执行此选项，AutoCAD 提示：

指定顶点切向:

此时可以直接输入表示切向的角度值，也可以通过指定点来确定方向。如果指定了一点，AutoCAD 以多段线的当前编辑点与该点的连线方向作为切线方向。指定了顶点的切线方向后，AutoCAD 用一个箭头表示该切线方向。

（8）宽度（W）。

修改多段线中位于当前编辑顶点之后的直线段或圆弧段的起始宽度和终止宽度。执行此选项，AutoCAD 依次提示：

指定下一条线段的起点宽度: (输入起点宽度值后按 Enter 键)
指定下一条线段的终点宽度: (输入终点宽度值后按 Enter 键)

用户响应后，对应图形的宽度会发生相应的变化。

（9）退出（X）。

退出"编辑顶点（E）"操作，返回到执行 PEDIT 命令后的提示。

5．拟合（F）

创建圆弧拟合多段线（即由圆弧连接每一顶点的平滑曲线），其中拟合曲线要经过多段线的所有顶点，并采用指定的切线方向（如果有的话）。图 8.6 所示为拟合效果。

图 8.6 用曲线拟合多段线

6．样条曲线（S）

创建样条曲线拟合多段线，拟合效果如图 8.7 所示。

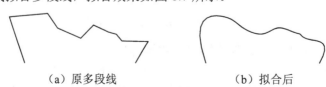

图 8.7 用样条曲线拟合多段线

可以看出，由"样条曲线（S）"选项和"拟合（F）"选项得到的曲线有很大的差别。

> 提示：系统变量 SPLFRAME 控制是否显示所生成样条曲线的边框，当系统变量的值为 0（默认值）时，只显示拟合曲线；当值为 1 时，图形重新生成后，会同时显示出拟合曲线和曲线的线框，如图 8.8 所示。

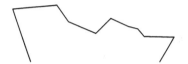
（a）原多段线

（b）拟合后（系统变量 SPLFRAME=1）

图 8.8　用样条曲线拟合多段线后显示线框

7．非曲线化（D）

反拟合，一般可以对多段线恢复到执行"拟合（F）"或"样条曲线（S）"选项前的状态。

8．线型生成（L）

规定非连续型多段线在各顶点处的绘线方式。执行此选项，AutoCAD 提示：

　　输入多段线线型生成选项 [开(ON)/关(OFF)]:

如果执行"开（ON）"选项，多段线在各顶点处自动按折线处理，即不考虑非连续线在转折处是否有断点；如果执行"关（OFF）"选项，AutoCAD 在每一段多段线的两个顶点之间按起点、终点的关系绘出多段线。具体效果如图 8.9 所示（请注意两条曲线在各顶点处的差别）。

（a）线型生成(L) = ON

（b）线型生成(L) = OFF

图 8.9　"线型生成（L）"选项的控制效果

9．反转（R）

该选项用于改变多段线上的顶点顺序，当编辑多段线顶点时会看到此顺序。

10．放弃（U）

取消 PEDIT 命令的上一次操作，用户可以重复使用此选项。

执行 PEDIT 命令后，AutoCAD 给出的提示为"选择多段线 [多条(M)]:"。前面介绍了对"选择多段线"选项的操作，"多条（M）"选项则允许同时编辑多条多段线。在"选择多段线 [多条(M)]:"提示下执行"多条（M）"选项，AutoCAD 提示：

　　选择对象:

在此提示下选择多个对象后，AutoCAD 提示：

　　[闭合(C)/打开(O)/合并(J)/宽度(W)/拟合(F)/样条曲线(S)/非曲线化(D)/线型生成(L)/反转(R)/放弃(U)]:

提示中的各选项与前面介绍的同名选项的功能相同。利用这些选项，可以同时对多条多段线进行编辑操作，但"合并（J）"选项可以将用户选择的并没有首尾相连的多条多段线合并成一条多段线。执行"合并（J）"选项，AutoCAD 提示：

> 输入模糊距离或 [合并类型(J)]:

下面介绍提示中各选项含义。
1．输入模糊距离
确定模糊距离，即确定使相距多远的两条多段线的两端点连接在一起。
2．合并类型（J）
确定合并的类型。执行此选项，AutoCAD 提示：

> 输入合并类型 [延伸(E)/添加(A)/两者都(B)]<延伸>:

其中，"延伸（E）"选项表示将通过延伸或修剪靠近端点的线段的方法实现连接；"添加（A）"选项表示通过在相近的两个端点处添加直线段来实现连接；"两者都（B）"选项表示如果可能，通过延伸或修剪靠近端点的线段实现连接，否则在相近的两端点处添加直线段。

8.2 绘制、编辑样条曲线

利用 AutoCAD 2012，可以绘制、编辑非一致有理（B）样条曲线。

8.2.1 绘制样条曲线

命令：SPLINE。**菜单**："绘图" | "样条曲线" | "拟合点"，或"绘图" | "样条曲线" | "控制点"。**工具栏**："绘图" | ∿（样条曲线）。

命令操作

执行 SPLINE 命令，AutoCAD 提示：

> 指定第一个点或 [方式(M)/节点(K)/对象(O)]:

如果执行"方式（M）"选项，AutoCAD 提示：

> 输入样条曲线创建方式 [拟合(F)/控制点(CV)] <CV>:

即此时有两种绘制样条曲线的方式：拟合方式和控制点方式。拟合方式是指通过指定拟合点来绘制样条曲线；控制点方式则表示通过指定控制点绘制样条曲线。下面分别进行介绍。
1．通过拟合点绘制样条曲线
如果在"输入样条曲线创建方式 [拟合(F)/控制点(CV)]:"提示下执行"拟合(F)"选项，AutoCAD 提示：

> **提示**　选择菜单项"绘图" | "样条曲线" | "拟合点"，即可启动以拟合点方式绘制样条曲线。

> 指定第一个点或 [方式(M)/节点(K)/对象(O)]:

下面介绍各选项的含义。
（1）指定第一个点。
确定样条曲线上的第一点（即第一拟合点），为默认项。执行此选项，即确定一点后，

AutoCAD 提示：

> 输入下一个点或 [起始相切(T)/公差(L)]:

① 输入下一个点。

在此提示下确定样条曲线上的第二拟合点后，AutoCAD 提示：

> 输入下一个点或 [端点相切(T)/公差(L)/放弃(U)/闭合(C)]:

此时可以继续确定下一个拟合点，也可以执行"端点相切（T）"选项确定样条曲线另一端点的切线方向，确定后绘制出样条曲线，并结束命令。"公差（L）"选项用于确定样条曲线的拟合公差（见后面的介绍），"放弃（U）"选项用于放弃前一次的操作，"闭合（C）"选项用于绘制封闭的样条曲线，执行该选项，AutoCAD 使样条曲线封闭，并提示：

> 指定切向:

此时要求确定样条曲线在封闭点（即曲线的起点和终点）处的切线方向。确定切线方向后，即可绘出对应的封闭样条曲线。

② 起始相切（T）。

确定样条曲线在起点处的切线方向。执行该选项，AutoCAD 提示：

> 指定起点切向:

同时在起点与当前光标点之间出现一条橡皮筋线，表示样条曲线在起点处的切线方向。此时可以直接输入表示切线方向的角度值，也可以通过拖曳鼠标的方式响应。如果在"指定起点切向:"提示下拖曳鼠标，那么表示样条曲线起点切线方向的橡皮筋线会随着光标点的移动发生变化，同时样条曲线的形状也发生相应的变化。用此方法动态地确定出样条曲线起点的切线方向后，单击鼠标左键即可。

确定了样条曲线在起点处的切线方向后，AutoCAD 提示：

> 输入下一个点或 [起始相切(T)/公差(L)]:

根据提示响应即可。

③ 公差（L）。

根据给定的拟合公差绘制样条曲线。

拟合公差指样条曲线与拟合点之间所允许偏移距离的最大值。很显然，如果拟合公差为 0，则绘出的样条曲线均通过各拟合点；如果给出了拟合公差，绘出的样条曲线除通过起点和终点外，并不通过其他各拟合点。后一种方法特别适用于拟合点是大量的点的情况。假如有如图 8.10（a）所示的多个点需要进行曲线拟合；如果拟合公差为 0，会得到图 8.10（b）所示的样条曲线；如果给定拟合公差为 0.5，则会得到图 8.10（c）所示的样条曲线。

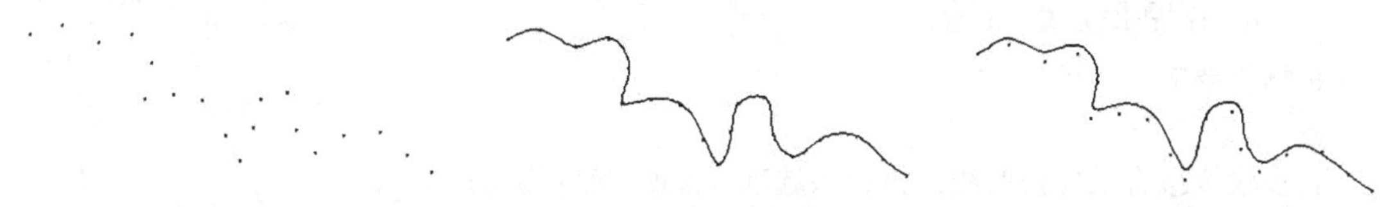

（a）数据点　　　　（b）拟合公差为 0 时的样条曲线　　（c）拟合公差为 0.5 时的样条曲线

图 8.10　不同拟合公差值的样条曲线

根据拟合公差绘制样条曲线的过程如下。
在"指定下一点或 [闭合(C)/拟合公差(F)]<起点切向>:"提示下执行"拟合公差(F)"选项，AutoCAD 提示：

　　指定拟合公差：

在此提示下输入拟合公差值后按 Enter 键，AutoCAD 继续提示：

　　输入下一个点或 [起始相切(T)/公差(L)]:

在此提示下进行对应的操作即可。
（2）节点（K）。
控制样条曲线通过拟合点时的形状。执行该选项，AutoCAD 提示：

　　输入节点参数化 [弦(C)/平方根(S)/统一(U)]:

用户根据需要选择即可。
（3）对象（O）。
将样条拟合多段线（由 PEDIT 命令的"样条曲线（S）"选项实现，参见 8.1.2 节）转换成等价的样条曲线并删除多段线。执行此选项，AutoCAD 提示：

　　选择样条曲线拟合多段线：

在该提示下选择对应的图形对象，即可实现转换。
2．通过控制点绘制样条曲线
如果在"输入样条曲线创建方式 [拟合(F)/控制点(CV)]:"提示下执行"控制点（CV）"选项，AutoCAD 提示：

> 提示　　选择菜单项"绘图"|"样条曲线"|"控制点"，即可启动以控制点方式绘制样条曲线。

　　指定第一个点或 [方式(M)/阶数(D)/对象(O)]:

① 指定第一个点。
确定样条曲线的下一个控制点。执行该选项，AutoCAD 提示：

　　输入下一个点:（继续指定下一个控制点）
　　输入下一个点或 [闭合(C)/放弃(U)]:（继续指定下一个控制点，或执行"闭合（C）"选项闭合样条曲线，或执行"放弃（U）"选项放弃上一次的操作。在这样的提示下确定一系列的控制点后，按 Enter 键，结束命令的执行，绘制出样条曲线）

② 阶数（D）。
设置样条曲线的控制阶数。执行该选项，AutoCAD 提示：

　　输入样条曲线阶数 <3>:

根据需要响应即可。
③ 对象（O）。
将多段线拟合成样条曲线。执行该选项，AutoCAD 提示：

　　选择多段线：

在该提示下选择多段线即可。

8.2.2 编辑样条曲线

命令：SPLINEDIT。**菜单**："修改"|"对象"|"样条曲线"。**工具栏**："修改 II"| （编辑样条曲线）。

命令操作

执行 SPLINEDIT 命令，AutoCAD 提示：

> 选择样条曲线：

在该提示下选择样条曲线，AutoCAD 会在样条曲线的各控制点处显示出夹点，并提示：

> 输入选项 [拟合数据(F)/闭合(C)/移动顶点(M)/优化(R)/反转(E)/转换为多段线(P)/放弃(U)]:

> **提示** 如果选择的样条曲线是封闭曲线，AutoCAD 会用"打开（O）"选项代替"闭合（C）"选项。

下面介绍提示中各选项的含义。

1．拟合数据（F）

编辑样条曲线的拟合点。执行此选项，AutoCAD 在样条曲线的各拟合点位置显示出夹点，并提示：

> 输入拟合数据选项[添加(A)/闭合(C)/删除(D)/移动(M)/清理(P)/相切(T)/公差(L)/退出(X)] <退出>:

（1）添加（A）。

为样条曲线的拟合点集添加新拟合点。执行此选项，AutoCAD 提示：

> 指定控制点<退出>:

在此提示下应选择图中以夹点形式出现的拟合点集中的某个点，以确定新加入的点在点集中的位置。用户做出选择后，所选择的夹点会以另一种颜色显示。如果选择的是样条曲线起点，AutoCAD 提示：

> 指定新点或 [后面(A)/前面(B)]<退出>:

在此提示下若直接确定新点的位置，AutoCAD 把新确定的点作为样条曲线的起点；如果执行"后面（A）"选项后确定新点，AutoCAD 在第一点与第二点之间添加新点；如果执行"前面（B）"选项后确定新点，AutoCAD 也会在第一个点之前添加新点。

如果用户在"指定控制点<退出>:"提示下选择除第一个点以外的任何一点，那么新添加的点将位于该点之后。

（2）闭合（C）。

封闭样条曲线。封闭后，AutoCAD 用"打开（O）"选项替代"闭合（C）"选项，即可以再打开封闭的样条曲线。

（3）删除（D）。

删除样条曲线拟合点集中的点。执行此选项，AutoCAD 提示：

> 指定控制点<退出>:

在此提示下选择某一拟合点，AutoCAD 将该点删除，并根据其余拟合点重新生成样条曲线，同时继续提示：

  指定控制点<退出>:↙

也可以继续选择拟合点进行操作。

（4）移动（M）。

移动指定的拟合点的位置。执行此选项，AutoCAD 提示：

  指定新位置或 [下一个(N)/上一个(P)/选择点(S)/退出(X)]<下一个>:

此时 AutoCAD 把样条曲线的起点作为当前点，并用另一种颜色显示。在给出的提示中，"下一个（N）"和"上一个（P）"选项分别用于选择当前拟合点的下一个或上一个拟合点作为要移动的点。"选择点（S）"选项允许用户选择任意一个拟合点作为移动点。指定了要移动位置的拟合点后，如果确定它的新位置（即执行"指定新位置"默认项），AutoCAD 会把对应的拟合点移到新位置，并仍保持该点为当前点，同时 AutoCAD 会根据此新点及其他拟合点重新生成样条曲线。

（5）清理（P）。

从图形数据库中删除拟合曲线的拟合数据。删除拟合曲线的拟合数据后，AutoCAD 显示出不包括"拟合数据"选项的主提示，即：

  输入选项 [打开(O)/移动顶点(M)/优化(R)/反转(E)/转换为多段线(P)/放弃(U)/退出(X)]<退出>:

提示中各选项的含义将在后面介绍。

（6）相切（T）。

改变样条曲线在起点和终止点的切线方向。执行此选项，AutoCAD 提示：

  指定起点切向或 [系统默认值(S)]:

此时若执行"系统默认值（S）"选项，表示样条曲线起点处的切线方向将采用系统提供的默认方向；否则可以通过输入角度值或拖曳鼠标的方式修改样条曲线在起点处的切线方向。确定起点切线方向后，AutoCAD 提示：

  指定终点切向或 [系统默认值(S)]:

此提示要求用户修改样条曲线在终点的切线方向，其操作与改变样条曲线在起点的切线方向相同。

（7）公差（L）。

修改样条曲线的拟合公差。执行此选项，AutoCAD 提示：

  输入拟合公差:

如果将拟合公差设为 0，样条曲线会通过各拟合点；如果输入大于 0 的公差值，则 AutoCAD 会根据指定的拟合公差和各拟合点重新生成样条曲线。

（8）退出（X）。

退出当前的"拟合数据（F）"操作，返回到上一级提示。

2．闭合（C）

封闭当前所编辑的样条曲线。执行此选项后，当前提示变为：

  输入选项 [打开(O)/移动顶点(M)/优化(R)/反转(E)/转换为多段线(P)/放弃(U)/退出(X)] <退出>:

此时还可以再用"打开（O）"选项打开样条曲线。

3．移动顶点（M）

移动样条曲线上的当前点。执行此选项，AutoCAD 提示：

　　指定新位置或 [下一个(N)/上一个(P)/选择点(S)/退出(X)]<下一个>:

上面各选项的含义与"拟合数据（F）"选项中的"移动（M）"子选项的含义相同，不再介绍。

4．优化（R）

对样条曲线的控制点进行细化操作。执行此选项，AutoCAD 提示：

　　输入优化选项 [添加控制点(A)/提高阶数(E)/权值(W)/退出(X)]<退出>:

（1）添加控制点（A）。

增加样条曲线的控制点。执行此选项，AutoCAD 提示：

　　在样条曲线上指定点<退出>:

此时在样条曲线上指定点，AutoCAD 会在靠近影响此部分样条曲线的两控制点之间添加新控制点。

（2）提高阶数（E）。

控制样条曲线的阶数，阶数越高，控制点越多。AutoCAD 允许的阶数值范围为 4～26。执行此选项，AutoCAD 提示：

　　输入新阶数:

在此提示下输入新的阶数值即可。

（3）权值（W）。

改变控制点的权值。较大的权值会把样条曲线拉近其控制点。执行此选项，AutoCAD 提示：

　　输入新权值或 [下一个(N)/上一个(P)/选择点(S)/退出(X)]:

"下一个（N）"、"上一个（P）"、"选择点（S）"选项用于确定要改变权值的控制点。如果直接输入某一数值，即执行默认项，则该值为当前点的新权值。

（4）退出（X）。

退出当前的"优化(R)"操作，返回到上一级提示。

5．反转（E）

该选项用于反转样条曲线的方向，主要用于第三方应用程序。

6．转换为多段线（P）

将样条曲线转化为多段线。执行该选项，AutoCAD 提示：

　　指定精度 <10>:

此提示要求用户指定将样条曲线转换为多段线时，多段线对样条曲线的拟合精度，有效值为 0～99。

7．放弃（U）

取消上一次的修改操作。

8.3　绘制、编辑多线

多线是由两条或两条以上直线构成的相互平行的直线（参见图 8.16～图 8.18），且这些直线可以具有不同的线型和颜色。

8.3.1 绘制多线

命令：MLINE。**菜单**："绘图"|"多线"。

命令操作

执行 MLINE 命令，AutoCAD 提示：

> 当前设置：对正=上，比例=20.00，样式=STANDARD
> 指定起点或 [对正(J)/比例(S)/样式(ST)]:

提示中的第一行说明当前的绘图格式。本提示示例说明当前的对正方式为"上"方式，比例为"20.00"，多线样式为"STANDARD"。第二行为绘多线时的选择项，下面介绍提示中各选项的含义。

1．指定起点

确定多线的起点，为默认项。执行该默认项，即确定多线的起点后，AutoCAD 将按当前的多线样式、比例以及对正方式绘制多线，同时给出提示：

> 指定下一点:

在此提示下的后续操作与绘制直线时执行 LINE 命令后的操作过程类似，不再介绍。

2．对正（J）

控制如何在指定的点之间绘制多线，即控制多线上的哪条线要随光标移动。执行该选项，AutoCAD 提示：

> 输入对正类型 [上(T)/无(Z)/下(B)] <上>:

各选项的含义如下。

（1）上（T）。

表示当从左向右绘多线时，多线上位于最顶端的线将随光标移动。

（2）无（Z）。

表示绘多线时，多线的假设中心线将随光标移动。

（3）下（B）。

表示当从左向右绘多线时，多线上位于最底端的线将随光标移动。

3．比例（S）

确定所绘多线的宽度相对于多线定义宽度的比例，此比例并不影响线型比例。执行该选项，AutoCAD 提示：

> 输入多线比例:

在此提示下输入新比例值即可。

4．样式（ST）

确定绘多线时采用的多线样式，默认样式为 STANDARD。执行此选项，AutoCAD 提示：

> 输入多线样式名或 [?]:

此时可以直接输入已有的多线样式名，也可以通过输入"?"后按 Enter 键来显示已有的多线样式。用户可以根据需要定义多线样式（参见8.3.2节）。

8.3.2 定义多线样式

命令：MLSTYLE。**菜单**："格式"|"多线样式"。

命令操作

执行MLSTYLE命令，AutoCAD弹出"多线样式"对话框，如图8.11所示。

在该对话框中，位于下部的图像框内显示出当前多线的实际形状。下面介绍其他各主要选项的功能。

1．"样式"列表框

列表框中列出了当前已有多线样式的名称。图8.11中只有一种样式，即AutoCAD提供的样式STANDARD。

2．"新建"按钮

新建多线样式。单击该按钮，AutoCAD弹出"创建新的多线样式"对话框，如图8.12所示。

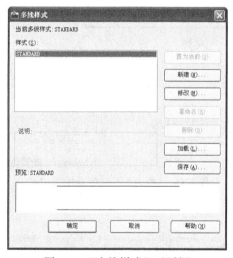

图8.11 "多线样式"对话框

图8.12 "创建新的多线样式"对话框

在对话框的"新样式名"文本框中输入新样式的名称（如"新样式1"），并通过"基础样式"下拉列表框选择基础样式后，单击"继续"按钮，AutoCAD弹出"新建多线样式"对话框，如图8.13所示。

该对话框用于定义新多线的具体样式，下面介绍对话框中主要项的功能。

（1）"说明"文本框。

输入对所定义多线的说明（如果有的话）。

（2）"封口"选项组。

"封口"选项组用于控制多线在起点和终点处的样式。其中，与"直线"行对应的两个复选框用于确定是否在多线的起点和终点处绘横线，其效果如图8.14所示；与"外弧"行对应的两个复选框用于确定是否在多线的起点和终点处，在位于最外侧的两条线之间绘制圆弧,其效果如图 8.15 所示;与"内弧"行对应的两个复选框用于确定是否在多线的起点和终点处,在位于内侧各对应直线之间绘制圆弧(如果多线由奇数条线组成,则在位于中心线两侧的线之间绘圆弧),其效果如图 8.16 所示;与"角度"行对应的两个文本框用于确定多线在两端的角度,其效果如图 8.17 所示。

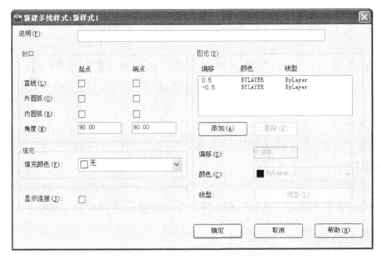

图 8.13 "新建多线样式"对话框

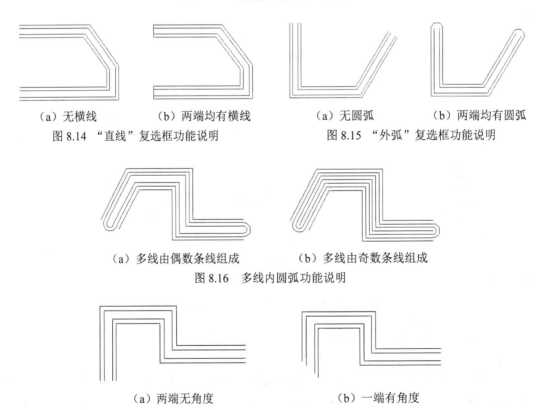

(a)无横线　　　(b)两端均有横线　　　　(a)无圆弧　　　(b)两端均有圆弧
图 8.14 "直线"复选框功能说明　　　　图 8.15 "外弧"复选框功能说明

(a)多线由偶数条线组成　　(b)多线由奇数条线组成
图 8.16 多线内圆弧功能说明

(a)两端无角度　　　　　　(b)一端有角度
图 8.17 "角度"文本框功能说明

(3)"填充"下拉列表框。
确定多线的背景填充颜色,从下拉列表中选择即可。
(4)"显示连接"复选框。
确定在多线的转折处是否显示转折横线。选中复选框显示,否则不显示,其效果如图 8.18 所示。

(a)不显示交叉线　　　　　　　(b)显示交叉线

图 8.18 "显示连接"复选框功能说明

(5)"图元"选项组。
显示、设置当前多线样式的线元素。在其中的大列表框中,AutoCAD 要显示出每条线相对于多线中心线的偏移量以及各线的颜色和线型。其他选项的功能如下。
- "添加"按钮

为多线添加新线,添加方法为:单击"添加"按钮,AutoCAD 自动在"元素"列表框中加入一条偏移为 0 的新线,而后用户可以通过对话框中的"偏移"文本框、"颜色"下拉列表框以及"线型"按钮设置该线的偏移量、颜色以及线型。
- "删除"按钮

删除在元素列表框中所选中的线元素。
- "偏移"文本框

更改在"元素"列表框中所选中线元素的偏移量。
- "颜色"下拉列表框

更改在"元素"列表框中所选中线元素的颜色。
- "线型"按钮

更改在"元素"列表框中所选中线元素的线型。单击此按钮,AutoCAD 会弹出"选择线型"对话框,从中可以确定所需要的线型。
通过如图 8.13 所示的"新建多线样式"对话框完成新线的定义后,单击对话框中的"确定"按钮,AutoCAD 返回到如图 8.11 所示的"多线样式"对话框。

3."修改"按钮
修改线型。从"样式"列表框选择要修改的样式,单击"修改"按钮,AutoCAD 弹出与图 8.13 类似的对话框,用户可以通过其修改对应的样式。

4."置为当前"、"重命名"、"删除"按钮
"置为当前"按钮用于将在"样式"列表框选中的样式置为当前样式。当需要以某一多线样式绘图时,应首先将该样式置为当前样式。"重命名"按钮用于对在"样式"列表框选中的样式更改名称。"删除"按钮则用于删除在"样式"列表框选中的样式。

5. "加载"按钮

从多线文件(扩展名为.mln 的文件)中加载已定义的多线。单击该按钮，AutoCAD 弹出如图 8.19 所示的"加载多线样式"对话框，供用户加载多线。AutoCAD 默认提供了多线文件 ACAD.MLN，用户也可以创建自己的多线文件。

6. "保存"按钮

将当前多线样式保存到多线文件中(文件的扩展名为.mln)。单击"保存"按钮，AutoCAD 弹出"保存多线样式"对话框，用户可以通过此对话框确定文件的保存位置与名称，并进行保存。

图 8.19 "加载多线样式"对话框

7. "说明"框

显示在"样式"列表框选中的多线样式的说明部分(如果有的话)。

8. "预览"按钮

预览在"样式"列表框选中的多线样式的具体样式。

例 8.2 定义多线样式，样式名为"新多线"，其中多线线元素特性如表 8.1 所示。

表 8.1 多线线元素特性表

序 号	偏 移 量	颜 色	线 型
1	2	随层	随层
2	1	绿色	DASHED
3	0	红色	CENTER
4	−1	绿色	DASHED
5	−2	随层	随层

操作步骤

执行 MLSTYLE 命令，在弹出的"多线样式"对话框中，单击"新建"按钮，在弹出的"创建新的多线样式"对话框中，在"新样式名"文本框中输入"新多线"，如图 8.20 所示。

单击"继续"按钮，在弹出的"新建多线样式"对话框中进行对应的设置，如图 8.21 所示。

图 8.20 "创建新的多线样式"对话框

单击"确定"按钮，AutoCAD 返回到"多线样式"对话框，并在"预览"框中显示出对应的绘图效果，如图 8.22 所示。

单击"置为当前"按钮，将"新多线"样式置为当前样式。单击对话框中的"确定"按钮关闭对话框，完成新多线样式的定义，并把对应的样式设置为当前样式。

读者可以用新定义的多线样式绘制多线。

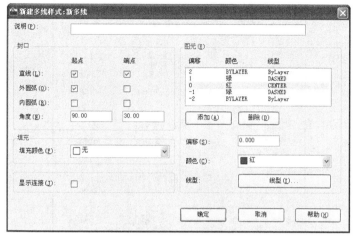

图 8.21 "新建多线样式"对话框

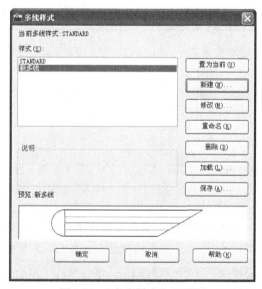

图 8.22 "多线样式"对话框

8.3.3 编辑多线

命令：MLEDIT。菜单："修改"|"对象"|"多线"。

🖐命令操作

执行 MLEDIT 命令，AutoCAD 弹出"多线编辑工具"对话框，如图 8.23 所示。对话框中的各图像按钮形象地说明了对应的编辑功能，根据需要选择即可。下面通过例子说明如何利用"多线编辑工具"对话框来编辑多线。

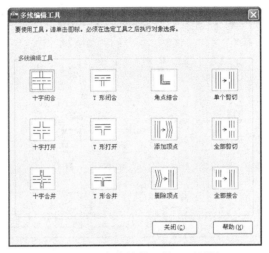

图 8.23 "多线编辑工具"对话框

例 8.3 假设有用多线绘制的如图 8.24 所示的图形,对其进行编辑,结果如图 8.25 所示。

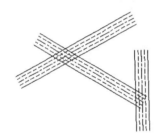
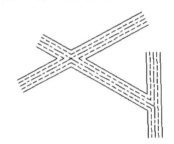

图 8.24 已有图形　　　　　　　　图 8.25 编辑结果

操作步骤

执行 MLEDIT 命令,AutoCAD 弹出"多线编辑工具"对话框(如图 8.23 所示),双击对话框中位于第 3 行第 1 列的"十字合并"图像按钮,AutoCAD 提示:

选择第一条多线:(选择要合并的第一条多线)
选择第二条多线:(选择要合并的第二条多线)
选择第一条多线或[放弃(U)]:✓

执行结果如图 8.26 所示。

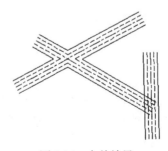

图 8.26 合并结果

再执行 MLEDIT 命令，从"多线编辑工具"对话框中双击位于第 3 行第 2 列的"T 形合并"图像按钮，AutoCAD 提示：

选择第一条多线:(选择与两条多线相交的多线。注意，要在两条已有多线之间选择该多线)
选择第二条多线:(选择要合并的第二条多线，即接近垂直的多线)
选择第一条多线或[放弃(U)]:↙

8.4 练 习

1. 用 PLINE 命令绘制如图 8.27 所示的两个图形（图 8.27（b）所示的尺寸由读者确定）。

绘制如图 8.27（b）所示的主要步骤如下。

① 执行 PLINE 命令绘制一条封闭多段线（注意，应利用"闭合（C）"选项封闭多段线）。

② 用偏移（OFFSET）命令绘平行线。

此外，对于如图 8.27（b）所示，也可以先用 LINE 命令绘制出轮廓，而后用 PEDIT 命令将其合并成一条多段线，再执行 OFFSET 命令进行偏移。

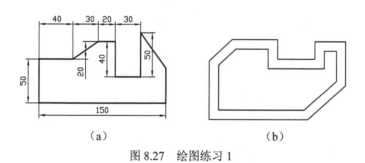

图 8.27 绘图练习 1

2. 绘制如图 8.28 所示的各种示意符号。

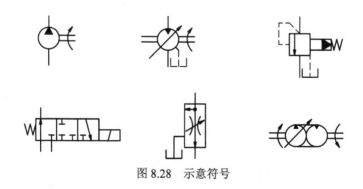

图 8.28 示意符号

3. 定义多线样式，样式名为"新多线样式 1"，其线元素特性如表 8.2 所示。

表 8.2　　　　　　　　　　　　　线元素特性表

序　号	偏　移　量	颜　色	线　型
1	6	白色	随层
2	3	红色	DASHED
3	−3	红色	DASHED
4	−6	白色	随层

4．利用新定义的多线样式"新多线样式 1"绘制、编辑多线，结果如图 8.29 所示（尺寸由读者确定）。

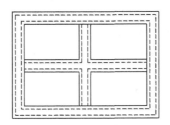

图 8.29　绘图练习 2

第 9 章 尺寸标注

尺寸标注是工程制图中的一项重要内容。利用 AutoCAD 可以设置不同的尺寸标注样式，也可以为图形标注出各种尺寸。

9.1 尺寸标注基本概念

AutoCAD 中，一个完整的尺寸一般由尺寸线（角度标注又称为尺寸弧线）、延伸线（即尺寸界限）、尺寸文字（即尺寸值）和尺寸箭头 4 部分组成，如图 9.1 所示。需要说明的是：这里的"箭头"是一个广义的概念，可以用短划线、点或其他标记代替尺寸箭头。

图 9.1 尺寸的组成

> 提示　与标注文字一样，标注尺寸时，可以定义不同的尺寸标注样式（简称标注样式），以设置尺寸文字、尺寸线、延伸线以及尺寸箭头的样式等，满足不同行业或不同国家的尺寸标注标准。

下面将首先介绍如何定义标注样式，然后介绍如何标注各种形式的尺寸。

9.2 标 注 样 式

命令：DIMSTYLE。**菜单**："标注" | "标注样式"。**工具栏**："样式" | 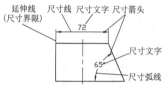（标注样式）；"标注" | （标注样式）。

命令操作

执行 DIMSTYLE 命令，AutoCAD 弹出如图 9.2 所示的"标注样式管理器"对话框。
下面介绍对话框中主要项的功能。

1．"当前标注样式"标签

显示当前标注样式的名称。图 9.2 所示说明当前的标注样式为"ISO-25"，这是 AutoCAD 提供的默认标注样式。

2．"样式"列表框

列出已有标注样式的名称。图 9.2 所示说明当前有"ISO-25"、"Annotative"和"Standard"

等样式。很显然,"Annotative"为注释性尺寸样式(因为样式名前有图标)。

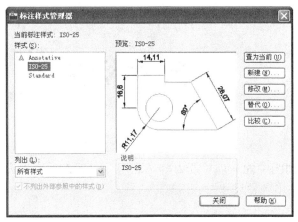

图 9.2 "标注样式管理器"对话框

3. "列出"下拉列表框

确定要在"样式"列表框中列出哪些标注样式,可以通过下拉列表在"所有样式"和"正在使用的样式"之间选择。

4. "预览"图像框

预览在"样式"列表框中所选中的标注样式的标注效果。

5. "说明"标签框

显示在"样式"列表框中所选定标注样式的说明(如果有的话)。

6. "置为当前"按钮

将指定的标注样式设为当前样式。设置方法为:在"样式"列表框中选择对应的标注样式,单击"置为当前"按钮即可。

> **提示** 当需要用已有的某一标注样式标注尺寸时,应首先将此样式设为当前样式。利用"样式"工具栏中的"标注样式控制"下拉列表框,可以方便、快捷地将某一标注样式设为当前样式。

7. "新建"按钮

创建新标注样式。单击"新建"按钮,AutoCAD 弹出如图 9.3 所示的"创建新标注样式"对话框。

用户可以通过对话框中的"新样式名"文本框指定新样式的名称;通过"基础样式"下拉列表框确定用于创建新样式的基础样式;通过"用于"下拉列表框确定新建标注样式的适用范围。"用于"下拉列表中有"所有标注"、"线性标注"、"角度标注"、"半径标注"、"直径标注"、"坐标标注"和"引线和公差"等

图 9.3 "创建新标注样式"对话框

选项,分别使新定义的样式适用于对应的标注。如果新定义的样式是注释性样式,选中"注释性"复选框即可。确定了新样式的名称和有关设置后,单击"继续"按钮,AutoCAD 弹出"新

建标注样式"对话框,如图9.4所示。

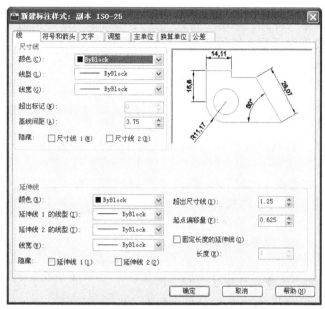

图 9.4 "新建标注样式"对话框

对话框中有"线"、"符号和箭头"、"文字"、"调整"、"主单位"、"换算单位"和"公差"7 个选项卡,后面将专门介绍这些选项卡的功能。

8."修改"按钮

修改已有的标注样式。从"样式"列表框中选择要修改的标注样式,单击"修改"按钮,AutoCAD 弹出如图 9.5 所示的"修改标注样式"对话框。

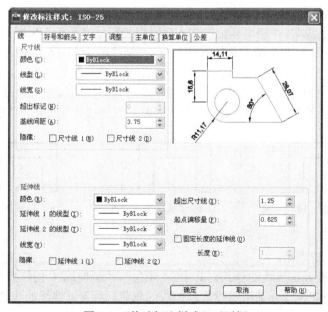

图 9.5 "修改标注样式"对话框

此对话框与如图 9.4 所示的"新建标注样式"对话框相似,也由 7 个选项卡组成。

9."替代"按钮

设置当前样式的替代样式。单击"替代"按钮,AutoCAD 弹出与"修改标注样式"类似的"替代当前样式"对话框,通过该对话框设置即可。

10."比较"按钮

用于对两个标注样式进行比较,或了解某一样式的全部特性。利用该功能,用户可以比较不同标注样式在标注设置上的区别。单击"比较"按钮,AutoCAD 弹出"比较标注样式"对话框,如图 9.6 所示。

在此对话框中,如果在"比较"和"与"两个下拉列表框中指定了不同的样式,AutoCAD 会在大列表框中显示出它们之间的区别;如果选择的是相同的样式,则在大列表框中显示出该样式的全部特性。

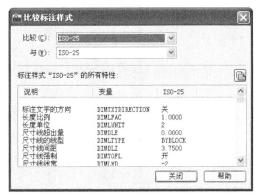

图 9.6 "比较标注样式"对话框

在如图 9.4 所示的"新建标注样式"对话框和如图 9.5 所示的"修改标注样式"对话框中均有"线"、"符号和箭头"、"文字"、"调整"、"主单位"、"换算单位"和"公差"7 个选项卡,下面分别介绍这些选项卡的作用。

1."线"选项卡

"线"选项卡用于设置尺寸线和延伸线的格式与属性,图 9.4 所示为与"线"选项卡对应的对话框。

下面介绍选项卡中主要项的功能。

(1)"尺寸线"选项组。

设置尺寸线的样式。其中,"颜色"、"线型"和"线宽"下拉列表框分别用于设置尺寸线的颜色、线型以及线宽。"超出标记"文本框设置当尺寸"箭头"采用斜线、建筑标记、小点、积分或无标记时,尺寸线超出延伸线的长度。"基线间距"文本框设置当采用基线标注方式标注尺寸时(基线标注的含义参见 9.3.6 节),各尺寸线之间的距离。与"隐藏"项对应的"尺寸线 1"和"尺寸线 2"复选框分别用于确定是否在标注的尺寸上隐藏第一段尺寸线、第二段尺寸线以及对应的箭头,选中复选框表示隐藏,其标注效果如图 9.7 所示。

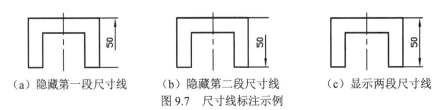

(a)隐藏第一段尺寸线　　(b)隐藏第二段尺寸线　　(c)显示两段尺寸线

图 9.7 尺寸线标注示例

(2)"延伸线"选项组。

该选项组用于设置延伸线的样式。其中,"颜色"、"延伸线 1 的线型"、"延伸线 2 的线型"和"线宽"下拉列表框分别用于设置延伸线的颜色、两条延伸线的线型以及线宽。与"隐藏"项对应的"延伸线1"和"延伸线2"复选框分别确定是否隐藏第一条延伸线和第二条延伸线。选中复选框表示隐藏对应的延伸线,其标注效果如图9.8所示。"超出尺寸线"组合框确定延伸线超出尺寸线的距离。"起点偏移量"组合框确定延伸线的起点相对于其定义点的偏移距离。"固定长度的延伸线"复选框可以使所标注的尺寸采用相同长度的延伸线。如果采用这种标注方式,应通过"长度"文本框指定延伸线的长度。

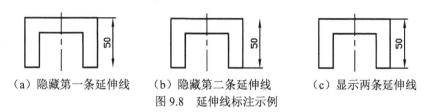

(a)隐藏第一条延伸线　　(b)隐藏第二条延伸线　　(c)显示两条延伸线

图9.8　延伸线标注示例

(3)预览窗口。

AutoCAD 在位于对话框右上角的预览窗口内根据当前的样式设置显示出对应的标注效果示例。

2."符号和箭头"选项卡

"符号和箭头"选项卡用于设置尺寸箭头、圆心标记、折断标注、弧长符号、半径折弯标注和线性折弯标注等的格式。图9.9所示为对应的对话框。

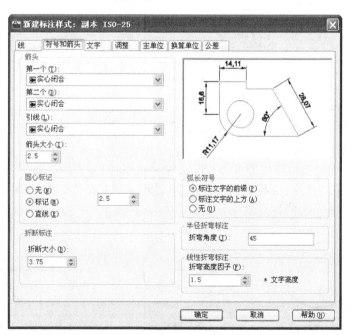

图9.9　"符号和箭头"选项卡

下面介绍选项卡中主要项的功能。

(1)"箭头"选项组。

该选项组用于确定尺寸线两端的箭头样式。其中,"第一个"下拉列表框用于确定尺寸线在第一端点处的样式。单击"第一个"下拉列表框右侧的小箭头,AutoCAD 弹出下拉列表(如图 9.10 所示),列表中列出了 AutoCAD 允许使用的尺寸线起始端的样式,供用户选择。当用户设置了尺寸线第一端的样式后,尺寸线的另一端也采用同样的样式。如果希望尺寸线两端的样式不一样,可以通过"第二个"下拉列表框设置尺寸线另一端的样式。

图 9.10 显示箭头样式的选择列表

"引线"下拉列表框用于确定引线标注时(引线标注参见 9.4 节),引线在起始点处的样式,从对应的下拉列表中选择即可。"箭头大小"文本框用于确定尺寸箭头的长度。

(2)"圆心标记"选项组。

此选项组用于确定当对圆或圆弧执行圆心标记操作时(参见 9.3.11 节),圆心标记的类型与大小。用户可以在"无"(无标记)、"标记"(显示标记)和"直线"(即显示为直线)之间选择,图 9.11 所示为对应的标注效果。

(a)无标记　　　　　(b)有标记　　　　(c)标记采用直线
图 9.11 圆心标记示例

"圆心标记"选项组中的组合框用于确定圆心标记的大小,在组合框中输入的值是圆心标记在圆心处的短十字线长度的一半。例如,如果将值设为 2.5,那么圆心标记在圆心处的短十字线的长度是 5。

(3)"折断标注"选项。

AutoCAD 允许在尺寸线或尺寸延伸线与其他线的重叠处打断尺寸线或延伸线,如图 9.12 所示(注意延伸线)。

用户可以通过"折断大小"组合框设置折断尺寸的间隔距离,即图 9.12(b)所示的 h 尺寸。

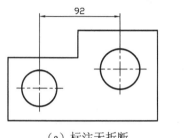 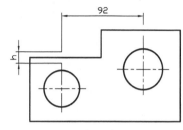

(a)标注无折断　　　　　　　　　　　(b)标注有折断

图 9.12　折断标注示例

(4)"弧长符号"选项组。

为圆弧标注长度尺寸时,控制圆弧符号的显示。其中,"标注文字的前缀"表示要将弧长符号放在标注文字的前面;"标注文字的上方"表示要将弧长符号放在标注文字的上方;"无"表示不显示弧长符号,如图 9.13 所示。

(a)弧长符号放在标注文字的前面　(b)弧长符号放在标注文字的上方　(c)无弧长符号

图 9.13　弧长标注示例

(5)"半径折弯标注"选项。

"半径折弯标注"通常用在所标注圆弧的中心点位于较远位置的情形。"折弯角度"文本框确定连接半径标注的延伸线与尺寸线之间的横向直线的角度,如图 9.14 所示。

(6)"线性折弯标注"选项。

AutoCAD 2012 允许采用线性折弯标注,如图 9.15 所示。线性折弯标注的折弯高度 h 为折弯高度因子与尺寸文字高度的乘积。用户可以在"折弯高度因子"组合框中输入折弯高度因子值。

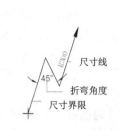 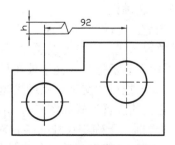

图 9.14　折弯半径标注示例　　　图 9.15　线性折弯标注示例

3．"文字"选项卡

"文字"选项卡用于设置尺寸文字的外观、位置以及对齐方式，图 9.16 所示为对应的对话框。

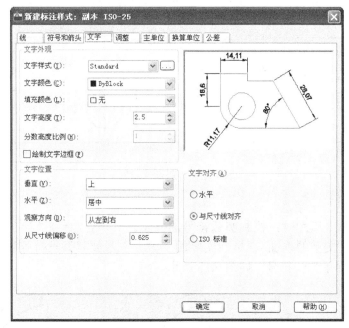

图 9.16 "文字"选项卡

下面介绍选项卡中主要项的功能。

（1）"文字外观"选项组。

该选项组用于设置尺寸文字的样式等。其中，"文字样式"、"文字颜色"下拉列表框分别用于设置尺寸文字的样式与颜色。"填充颜色"下拉列表框用于设置文字的背景颜色。"文字高度"组合框用于确定尺寸文字的高度。"分数高度比例"文本框用于设置尺寸文字中的分数相对于其他尺寸文字的缩放比例，AutoCAD 将该比例值与尺寸文字高度的乘积作为所标记分数的高度（只有在"主单位"选项卡中选择了"分数"作为单位格式时，此选项才有效）。"绘制文字边框"复选框确定是否对尺寸文字加边框，选中复选框加边框，否则不加边框。

（2）"文字位置"选项组。

该选项组用于设置尺寸文字的位置。其中，"垂直"下拉列表框控制尺寸文字相对于尺寸线在垂直方向的放置形式。用户可以通过下拉列表在"居中"、"上"、"外部"和"JIS"之间选择。其中，"居中"表示把尺寸文字放在尺寸线的中间；"上"表示把尺寸文字放在尺寸线的上方；"外部"表示把尺寸文字放在远离延伸线起点的尺寸线一侧；"JIS"则按照 JIS 规则放置尺寸文字。它们的放置形式如图 9.17 所示。

"水平"下拉列表框用于确定尺寸文字相对于尺寸线方向的位置。用户可以通过下拉列表在"居中"、"第一条延伸线"、"第二条延伸线"、"第一条延伸线上方"和"第二条延伸线上方"之间选择。图 9.18 所示说明了这 5 种位置形式的标注效果。

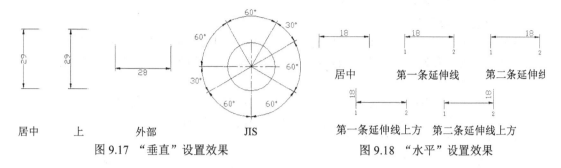

图 9.17 "垂直"设置效果　　　　　图 9.18 "水平"设置效果

"观察方向"下拉列表用于设置尺寸文字观察方向,即控制从左向右写尺寸文字还是从右向左写尺寸文字。

"从尺寸线偏移"组合框用于确定尺寸文字与尺寸线之间的距离,在文本框中输入具体值即可。

(3) "文字对齐"选项组。

此选项组用于确定尺寸文字的对齐方式。其中,"水平"单选按钮确定尺寸文字是否总是水平放置;"与尺寸线对齐"单选按钮确定尺寸文字方向是否要与尺寸线方向相一致;"ISO 标准"单选按钮确定尺寸文字是否按 ISO 标准放置,即当尺寸文字位于延伸线之间时,文字方向与尺寸线方向一致,当尺寸文字在延伸线之外时,尺寸文字水平放置。

4. "调整"选项卡

该选项卡用于控制尺寸文字、尺寸线、尺寸箭头等的位置以及其他一些特征,图 9.19 所示为对应的对话框。

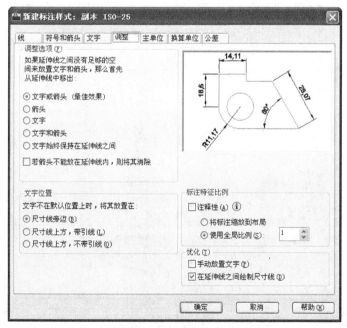

图 9.19 "调整"选项卡

下面介绍选项卡中各主要项的功能。

(1)"调整选项"选项组。

当在延伸线之间没有足够的空间同时放置尺寸文字和箭头时,确定首先要从延伸线之间移出尺寸文字还是箭头等的设置,用户可以通过该选项组中的各单选按钮进行选择。

(2)"文字位置"选项组。

确定当尺寸文字不在默认位置时,应将尺寸文字放在何处。用户可以在"尺寸线旁边"、"尺寸线上方,带引线"以及"尺寸线上方,不带引线"之间选择。

(3)"标注特征比例"选项组。

设置所标注尺寸的缩放关系。"注释性"复选框用于确定标注样式是否为注释性样式;"将标注缩放到布局"单选按钮表示将根据当前模型空间视口和图纸空间之间的比例确定比例因子;"使用全局比例"单选按钮用于为所有标注样式设置一个缩放比例,即标注尺寸时将设置的尺寸箭头的尺寸等按指定的比例均放大或缩小(但此比例并不会改变尺寸的测量值)。选中"使用全局比例"单选按钮后,可以在其右侧的组合框中设置具体的值。

(4)"优化"选项组。

该选项组用于设置标注尺寸时是否进行附加调整。其中,"手动放置文字"复选框确定是否使 AutoCAD 忽略对尺寸文字的水平设置,以便将尺寸文字放在用户指定的位置;"在延伸线之间绘制尺寸线"复选框确定当尺寸箭头放在尺寸线外时,是否在延伸线内绘制尺寸线。

5."主单位"选项卡

该选项卡用于设置主单位的格式、精度以及尺寸文字的前缀和后缀,图 9.20 所示为对应的对话框。

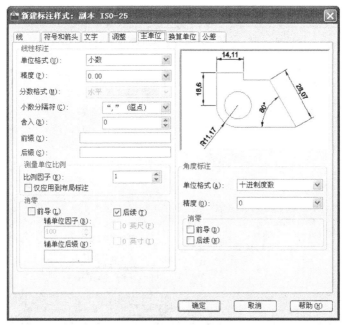

图 9.20 "主单位"选项卡

下面介绍选项卡中主要选项的功能。

(1)"线性标注"选项组。

设置线性标注(线性标注的含义参见 9.3.1 节)的格式与精度。其中,"单位格式"下拉列表框设置除角度标注外其余各标注类型的尺寸单位,用户可以通过下拉列表在"科学"、"小数"、"工程"、"建筑"和"分数"等之间选择;"精度"下拉列表框确定标注除角度尺寸之外的其他尺寸时的精度;"分数格式"下拉列表框确定当单位格式为分数形式时的标注格式;"小数分隔符"下拉列表框确定当单位格式为小数形式时小数的分隔符形式;"舍入"文本框确定尺寸测量值(角度标注除外)的测量精度;"前缀"和"后缀"文本框分别用于确定尺寸文字的前缀和后缀,在文本框中输入具体内容即可。

"测量单位比例"子选项组用于确定测量单位的比例。其中,"比例因子"组合框用于确定测量尺寸的缩放比例。用户设置比例值后,AutoCAD 实际标注出的尺寸值是测量值与该值之积。"仅应用到布局标注"复选框用于设置所确定的比例关系是否仅适用于布局。

"消零"子选项组用于确定是否显示尺寸标注中的前导或后续零。

(2)"角度标注"选项组。

确定标注角度尺寸时的单位、精度以及消零与否。其中,"单位格式"下拉列表框确定标注角度时的单位,用户可以通过下拉列表在"十进制度数"、"度/分/秒"、"百分度"和"弧度"之间选择;"精度"下拉列表框确定标注角度时的尺寸精度;"消零"子选项组确定是否消除角度尺寸的前导零或后续零。

6."换算单位"选项卡

该选项卡用于确定是否使用换算单位以及换算单位的格式,图 9.21 所示是对应的选项卡。

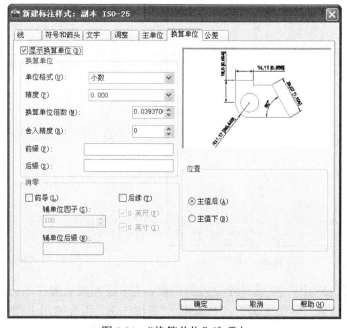

图 9.21 "换算单位"选项卡

下面介绍选项卡中主要选项的功能。

(1)"显示换算单位"复选框。

此复选框用于确定是否在标注的尺寸中显示换算单位。选中复选框显示,否则不显示。

(2)"换算单位"选项组。

当显示换算单位时,设置除角度标注之外的所有标注类型的当前换算单位格式。其中,"单位格式"下拉列表框用于设置换算单位的单位格式;"精度"下拉列表框用于设置换算单位的精度(如换算单位为"小数"时的小数位数);"换算单位倍数"下拉列表框用于指定一个乘数,以作为主单位和换算单位之间的换算因子;"舍入精度"组合框设置除角度标注之外的所有标注类型的换算单位的舍入规则;"前缀"、"后缀"文本框分别用于确定在换算标注文字中包含的前缀与后缀。

(3)"消零"选项组。

确定是否消除换算单位的前导零或后续零。

(4)"位置"选项组。

确定换算单位的位置。用户可以在"主值后"与"主值下"之间进行选择。

7."公差"选项卡

该选项卡用于确定是否标注公差,以及以何种方式标注,图 9.22 所示为对应的选项卡。

下面介绍选项卡中主要选项的功能。

(1)"公差格式"选项组。

确定公差的标注格式。其中,"方式"下拉列表框用于确定以何种方式标注公差。用户可以通过下拉列表在"无"、"对称"、"极限偏差"、"极限尺寸"和"基本尺寸"之间选择。图 9.23 所示给出了对这 5 种标注方式的说明。

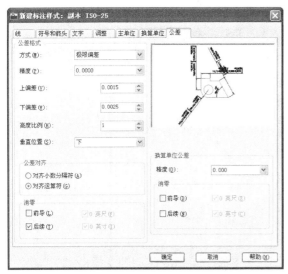

图 9.22 "公差"选项卡

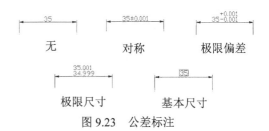

图 9.23 公差标注

"精度"下拉列表框用于设置尺寸公差的精度,从下拉列表中选择即可;"上偏差"、"下偏差"组合框用于设置尺寸的上偏差、下偏差;"高度比例"组合框用于确定公差文字的高度比例因子;"垂直位置"下拉列表框用于控制对称公差和极限公差文字相对于尺寸文字的位置，可以通过下拉列表在"上"（公差文字与尺寸文字的顶部对齐）、"中"（公差文字与尺寸文字的中间对齐）和"下"（公差文字与尺寸文字的底部对齐）之间选择。

"公差对齐"子选项组用于控制公差值堆叠时的对齐方式。其中，"对齐小数分隔符"单选按钮表示使小数分隔符对齐；"对齐运算符"单选按钮则表示使运算符对齐。

"消零"子选项组用于确定是否消除公差值的前导或后续零。

（2）"换算单位公差"选项组。

当标注换算单位时，确定换算单位公差的精度和消零与否。

例 9.1 定义新标注样式，主要要求如下：标注样式名为"尺寸 35"；尺寸文字样式为在例 6.2 中定义的"工程字 35"（如果读者的当前图形中没有此文字样式，应先定义此样式）；尺寸箭头长度为 3.5。

操作步骤

执行 DIMSTYLE 命令，AutoCAD 弹出"标注样式管理器"对话框，单击对话框中的"新建"按钮，在弹出的"创建新标注样式"对话框中的"新样式名"文本框中输入"尺寸 35"，其余采用默认设置，如图 9.24 所示。

单击"继续"按钮，AutoCAD 弹出"新建标注样式"对话框。在该对话框中的"线"选项卡中进行对应的设置，如图 9.25 所示。

图 9.24 "创建新标注样式"对话框

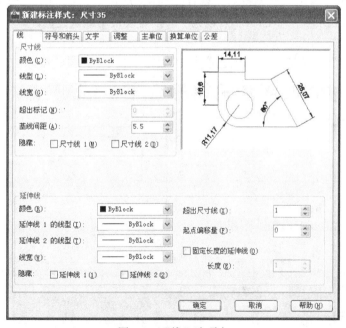

图 9.25 "线"选项卡

从图 9.25 中可以看出，已设置的内容有："基线间距"设为"5.5"；"超出尺寸线"设为"1"；"起点偏移量"设为"0"；其余采用默认设置，即基础样式"ISO-25"的设置。

切换到"符号和箭头"选项卡,并在该选项卡中设置尺寸箭头方面的特性,如图 9.26 所示。

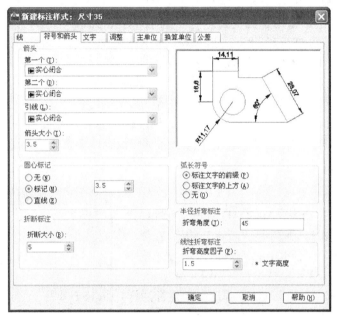

图 9.26 "符号和箭头"选项卡

从图 9.26 中可以看出,已设置的内容有:"箭头大小"设为"3.5";"圆心标记"选项组中的"大小"设为"3.5";"折断大小"设为"5",其余采用默认设置,即基础样式"ISO-25"的设置。

切换到"文字"选项卡,并在该选项卡中设置尺寸文字方面的特性,如图 9.27 所示。

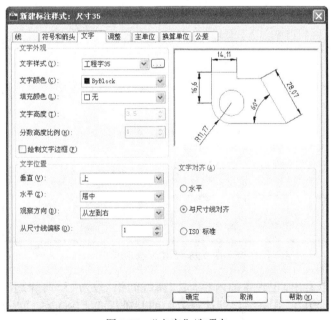

图 9.27 "文字"选项卡

从图 9.27 中可以看出，已将"文字样式"设为"工程字 35"，"从尺寸线偏移"设为"1"，其余采用基础样式"ISO-25"的设置。

切换到"主单位"选项卡，在该选项卡中进行对应的设置，如图 9.28 所示。

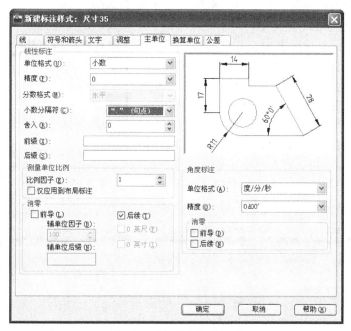

图 9.28 "主单位"选项卡

从图 9.28 中可以看出，已将"线性标注"中的单位格式设为"小数"，"精度"设为"0"等，将小数分隔符设为"句点"；将"角度标注"中的单位格式设为"度/分/秒"，"精度"设为"0d00'"等。

其余选项卡采用系统的默认设置，单击对话框中的"确定"按钮，AutoCAD 返回到"标注样式管理器"对话框，如图 9.29 所示。

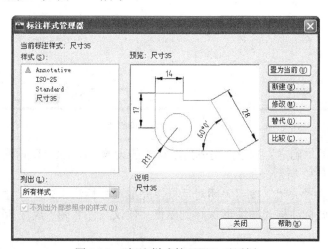

图 9.29 "标注样式管理器"对话框

从图 9.29 中可以看出，新创建的标注样式"尺寸 35"已经显示在"样式"列表框中。当用此标注样式标注尺寸时，虽然可以标注出符合国标要求的大多数尺寸，但标注的角度尺寸为在预览框中所示的形式，不符合要求。国家标准《机械制图》规定：标注角度尺寸时，角度数字一律写成水平方向，且一般应标注在尺寸线的中断处。因此，还应在尺寸标注样式"尺寸 35"的基础上定义专门用于角度标注的子样式，定义过程如下。

在如图 9.29 所示对话框中，单击"新建"按钮，AutoCAD 弹出"创建新标注样式"对话框，在对话框的"基础样式"下拉列表中选中"尺寸 35"，在"用于"下拉列表中选中"角度标注"，如图 9.30 所示。

单击对话框中的"继续"按钮，AutoCAD 打开"新建标注样式"对话框，在对话框中的"文字"选项卡中，选中"文字对齐"选项组中的"水平"单选按钮，其余设置保持不变，如图 9.31 所示。

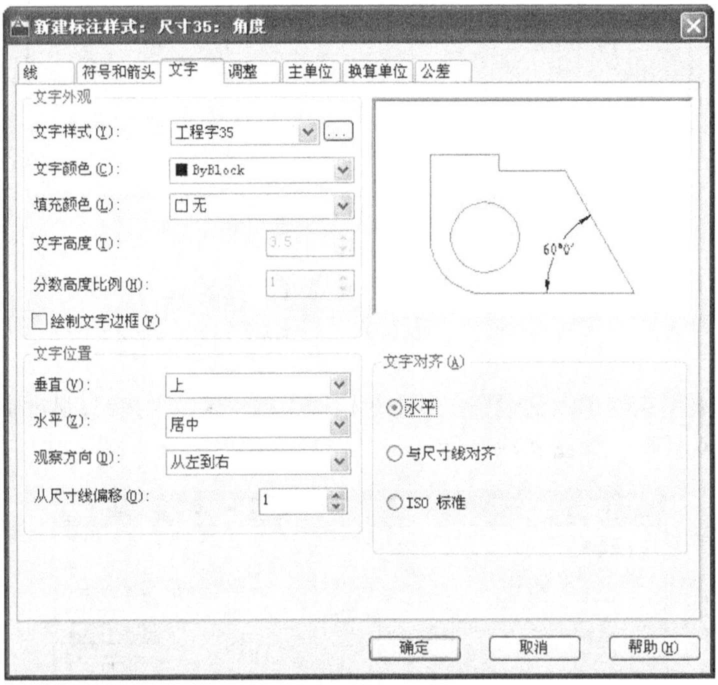

图 9.30 "创建新标注样式"对话框

图 9.31 "文字"选项卡

单击对话框中的"确定"按钮，完成角度样式的设置，AutoCAD 返回到"标注样式管理器"对话框，如图 9.32 所示。

单击对话框中的"关闭"按钮关闭对话框，完成尺寸标注样式"尺寸 35"的设置。

请读者将含有此标注样式的图形保存到磁盘（建议文件名为"尺寸 35.dwg"），后面还将用到此标注样式。

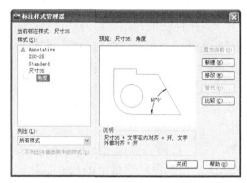

图 9.32 "标注样式管理器"对话框

9.3 标 注 尺 寸

AutoCAD 将尺寸标注分为线性标注、对齐标注、半径标注、直径标注、弧长标注、角度标注、折弯标注、基线标注、连续标注及引线标注等多种类型,而线性标注又分水平标注、垂直标注和旋转标注。本节介绍如何利用 AutoCAD 标注各种尺寸。

> 提示 标注尺寸时,为方便操作,可以打开"标注"工具栏。

9.3.1 线性标注

命令:DIMLINEAR。**菜单**:"标注"|"线性"。**工具栏**:"标注"|┠┫(线性)。

线性标注是指标注沿水平方向、垂直方向以及指定方向的尺寸,如图 9.33 所示。

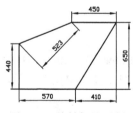

图 9.33 线性标注示例

> 提示 利用线性标注可以标注沿水平方向或垂直方向的尺寸,但不一定是水平边、垂直边的尺寸,图 9.33 所示的水平尺寸 410 和垂直尺寸 650。

命令操作

执行 DIMLINEAR 命令,AutoCAD 提示:

指定第一条延伸线原点或 <选择对象>:

1．指定第一条延伸线原点

此提示要求确定尺寸中第一条延伸线的起始点，为默认项。如果在"指定第一条延伸线原点或 <选择对象>:"提示下直接确定第一条延伸线的起始点，即执行默认项，AutoCAD 提示：

指定第二条延伸线原点:(指定第二条延伸线的起始点)
指定尺寸线位置或
[多行文字(M)/文字(T)/角度(A)/水平(H)/垂直(V)/旋转(R)]:

（1）指定尺寸线位置。

确定尺寸线的位置，为默认项，此时可以通过拖曳鼠标的方式来确定。确定了尺寸线的位置后单击鼠标左键，AutoCAD 会根据自动测量出的尺寸值标注出尺寸。

> **提示** 当两条延伸线的起始点没有位于同一水平线或同一垂直线上时，拖曳鼠标可以确定将进行水平标注还是垂直标注。具体方法为：指定两延伸线的起始点后，使光标位于两起始点之间，上下拖曳鼠标可以引出水平尺寸线，左右拖曳鼠标则会引出垂直尺寸线。

（2）多行文字（M）。

利用文字编辑器输入并设置尺寸文字。执行该选项，AutoCAD 弹出如图 9.34 所示的在位文字编辑器。

图 9.34　在位文字编辑器

利用在位文字编辑器输入尺寸文字并进行相关设置后单击"确定"按钮，AutoCAD 返回到"指定尺寸线位置或 [多行文字(M)/文字(T)/角度(A)/水平(H)/垂直(V)/旋转(R)]:"提示，此时用户可以确定尺寸线的位置或进行其他设置。

（3）文字（T）。

重新输入尺寸文字。执行该选项，AutoCAD 提示：

输入标注文字:

在此提示下输入尺寸文字后按 Enter 键，AutoCAD 返回到"指定尺寸线位置或 [多行文字(M)/文字(T)/角度(A)/水平(H)/垂直(V)/旋转(R)]:"提示，此时用户可以确定尺寸线的位置或进行其他设置。

（4）角度（A）。

确定尺寸文字的旋转角度。执行该选项，AutoCAD 提示：

指定标注文字的角度:

在此提示下输入尺寸文字的旋转角度值，所标注尺寸的尺寸文字会旋转该角度。输入角度值后按 Enter 键，AutoCAD 返回到"指定尺寸线位置或 [多行文字(M)/文字(T)/角度(A)/水平(H)/垂直(V)/旋转(R)]:"提示，此时用户可以确定尺寸线的位置或进行其他设置。

（5）水平（H）。

标注水平尺寸。执行该选项，AutoCAD 提示：

指定尺寸线位置或 [多行文字(M)/文字(T)/角度(A)]:

用户可以在此提示下直接确定尺寸线的位置，也可以通过"多行文字(M)"、"文字(T)"以及"角度(A)"选项确定尺寸文字或尺寸文字的旋转角度。

（6）垂直（V）。

标注垂直尺寸。执行该选项，AutoCAD 提示：

指定尺寸线位置或 [多行文字(M)/文字(T)/角度(A)]:

用户可以在此提示下直接确定尺寸线的位置，也可以通过"多行文字(M)"、"文字(T)"和"角度(A)"选项确定尺寸文字或尺寸文字的旋转角度。

（7）旋转（R）。

旋转标注（如图 9.33 所示的尺寸 523，即标注沿指定方向的尺寸）。执行该选项，AutoCAD 提示：

指定尺寸线的角度 <0>:

在该提示下输入角度值后按 Enter 键，AutoCAD 继续提示：

指定尺寸线位置或
[多行文字(M)/文字(T)/角度(A)/水平(H)/垂直(V)/旋转(R)]:

此时可以直接确定尺寸线的位置，也可以进行其他设置。

2．选择对象

通过选择图形对象为其标注尺寸。执行 DIMLINEAR 命令后，如果在"指定第一条延伸线原点或 <选择对象>:"提示下直接按 Enter 键，即执行"选择对象"选项，AutoCAD 提示：

选择标注对象:

此提示要求用户选择要标注尺寸的对象。选择对应的对象后，AutoCAD 以该对象的两端点作为两延伸线的起始点，并提示：

指定尺寸线位置或
[多行文字(M)/文字(T)/角度(A)/水平(H)/垂直(V)/旋转(R)]:

用户可以在此提示下直接确定尺寸线的位置或利用其他选项进行标注设置。

9.3.2 对齐标注

命令：DIMALIGNED。**菜单**："标注"|"对齐"。**工具栏**："标注"| ![] （对齐）。

实现对齐标注后，所标注尺寸的尺寸线与两条延伸线起始点间的连线平行，如图 9.35 所示。

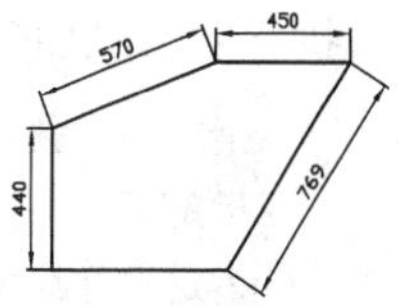

命令操作

执行 DIMALIGNED 命令，AutoCAD 提示：

指定第一条延伸线原点或 <选择对象>:

下面介绍各选项的含义。

图 9.35 对齐标注示例

1．指定第一条延伸线原点

确定第一条延伸线的起始点，为默认项。确定对应的起始点后，AutoCAD 提示：

指定第二条延伸线原点:(确定另一条延伸线的起始点)
指定尺寸线位置或
[多行文字(M)/文字(T)/角度(A)]:

用户可以在此提示下确定尺寸线的位置，或通过"多行文字(M)"和"文字(T)"选项重新输入尺寸文字；通过"角度(A)"选项确定尺寸文字的旋转角度。这些选项的操作与执行线性标注命令 DIMLINEAR 后引出的同名选项的操作相同，不再介绍。

2．选择对象

通过选择图形对象为其标注尺寸。执行 DIMALIGNED 命令后，如果在"指定第一条延伸线原点或 <选择对象>:"提示下直接按 Enter 键，AutoCAD 提示：

选择标注对象:

该提示要求选择要标注尺寸的图形对象。选择对象后，AutoCAD 将该对象的两端点作为两条延伸线的起始点，并提示：

指定尺寸线位置或
[多行文字(M)/文字(T)/角度(A)]:

在该提示下可以直接确定尺寸线的位置，也可以进行其他设置。

例 9.2　绘制如图 9.36（a）所示的图形（尺寸由读者确定），并标注尺寸，结果如图 9.36（b）所示。

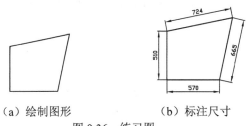

（a）绘制图形　　　　（b）标注尺寸

图 9.36　练习图

操作步骤

① 绘制图形。

用 LINE 命令绘制如图 9.36（a）所示的图形（过程略）。

② 标注水平边的尺寸。

执行 DIMALIGNED 命令（线性标注），AutoCAD 提示：

指定第一条延伸线原点或 <选择对象>:(捕捉水平边的左端点)
指定第二条延伸线原点:(捕捉水平边的右端点)
指定尺寸线位置或
[多行文字(M)/文字(T)/角度(A)/水平(H)/垂直(V)/旋转(R)]:

向下拖曳尺寸线，确定其位置后单击鼠标左键，标注结果如图 9.37 所示。

③ 标注垂直边的尺寸。

执行 DIMALIGNED 命令（线性标注），AutoCAD 提示：

    指定第一条延伸线原点或 <选择对象>:✓
    选择标注对象:(选择垂直边)
    指定尺寸线位置或
    [多行文字(M)/文字(T)/角度(A)/水平(H)/垂直(V)/旋转(R)]:

向左拖曳尺寸线，确定其位置后单击鼠标左键，标注结果如图 9.38 所示。

④ 标注右斜边的尺寸。

执行 DIMALIGNED 命令（对齐标注），AutoCAD 提示：

    指定第一条延伸线原点或 <选择对象>:(捕捉斜边的上端点)
    指定第二条延伸线原点:(捕捉斜边的下端点)
    指定尺寸线位置或
    [多行文字(M)/文字(T)/角度(A)]:

向右拖曳尺寸线，确定其位置后单击鼠标左键，标注结果如图 9.39 所示。

图 9.37　标注水平边尺寸　　图 9.38　标注垂直边尺寸　　图 9.39　标注斜边尺寸

⑤ 标注上斜边的尺寸。

执行 DIMALIGNED 命令，AutoCAD 提示：

    指定第一条延伸线原点或 <选择对象>:✓
    选择标注对象:(选择上斜边)
    指定尺寸线位置或
    [多行文字(M)/文字(T)/角度(A)]:

向上拖曳尺寸线，确定其位置后单击鼠标左键。

9.3.3　角度标注

命令：DIMANGULAR。**菜单**："标注" | "角度"。**工具栏**："标注" |△（角度）。

角度标注用于标注角度尺寸。

命令操作

执行 DIMANGULAR 命令，AutoCAD 提示：

    选择圆弧、圆、直线或 <指定顶点>:

此时可以标注圆弧的包含角、圆上某一段圆弧的包含角、两条不平行直线之间的夹角或根据给定的 3 点标注角度。下面分别介绍各种标注操作。

1．标注圆弧的包含角

在"选择圆弧、圆、直线或 <指定顶点>:"提示下选择圆弧，AutoCAD 提示：

指定标注弧线位置或 [多行文字(M)/文字(T)/角度(A)/象限点(Q)]:

如果在该提示下直接确定标注弧线（即尺寸弧线）的位置，AutoCAD 会按实际测量值标注出圆弧的包含角。用户可以通过"多行文字(M)"、"文字(T)"和"角度(A)"选项确定尺寸文字及其旋转角度。"象限点(Q)"选项用于使角度尺寸文字位于延伸线之外。例如，设需要为如图 9.40（a）所示的圆弧标注角度尺寸，其标注结果如图 9.40（b）所示。下面通过此例说明"象限点(Q)"选项的使用方法。

（a）已有圆弧　　（b）标注结果

图 9.40　为圆弧标注尺寸

执行 DIMANGULAR 命令，AutoCAD 提示：

选择圆弧、圆、直线或 <指定顶点>:(选择圆弧)
指定标注弧线位置或 [多行文字(M)/文字(T)/角度(A)/象限点(Q)]:

在此提示下拖曳鼠标确定尺寸弧线的位置。当光标位于两条延伸线之内时，结果如图 9.41（a）所示，而当光标位于两条延伸线之外时，结果如图 9.41（b）所示，即标注不出如图 9.40（b）所示的效果。如果在"指定标注弧线位置或 [多行文字(M)/文字(T)/角度(A)/象限点(Q)]:"提示下执行"象限点(Q)"选项，AutoCAD 提示：

指定象限点:

此时在两条延伸线之内拾取一点，表示要将标注的尺寸限制在两条延伸线之内，AutoCAD 继续提示：

指定标注弧线位置或 [多行文字(M)/文字(T)/角度(A)/象限点(Q)]:

这时拖曳鼠标，当光标位于两条延伸线之外时，结果如图 9.41（c）所示，而不是如图 9.41（b）所示。此时如果单击鼠标左键，即可得到如图 9.40（b）所示的标注结果。

（a）　　　　　　　　（b）　　　　　　　　（c）

图 9.41　利用"象限点（Q）"选项确定尺寸线的位置

> 提示：角度标注中，当通过"多行文字(M)"或"文字(T)"选项重新确定尺寸文字时，只有给新输入的尺寸文字加上后缀"%%D"（不区分大小写），才会使标注出的角度尺寸有度符号(°)。

2．标注圆上某段圆弧的包含角

执行 DIMANGULAR 命令后，如果在"选择圆弧、圆、直线或 <指定顶点>:"提示下选择圆，AutoCAD 提示：

指定角的第二个端点:(确定另一点作为角的第二个端点)
指定标注弧线位置或 [多行文字(M)/文字(T)/角度(A)/象限点(Q)]:

如果在此提示下直接确定标注弧线的位置，AutoCAD 标注出角度值，其中圆的圆心为该角的顶点，延伸线通过选择圆时的拾取点以及指定的第二点确定，也可以通过"多行文字(M)"、"文字(T)"以及"角度(A)"选项确定尺寸文字及其旋转角度；通过"象限点(Q)"选项，使尺寸文字位于延伸线之外。

3．标注两条不平行直线之间的夹角

执行 DIMANGULAR 命令后，在"选择圆弧、圆、直线或 <指定顶点>:"提示下选择某一条直线，AutoCAD 提示：

> 选择第二条直线:(选择第二条直线)
> 指定标注弧线位置或 [多行文字(M)/文字(T)/角度(A)/象限点(Q)]:

如果在此提示下直接确定标注弧线的位置，AutoCAD 标注出这两条直线的夹角，也可以通过"多行文字(M)"、"文字(T)"和"角度(A)"选项确定尺寸文字及其旋转角度；通过"象限点(Q)"选项，使尺寸文字位于延伸线之外。

4．根据 3 个点标注角度

执行 DIMANGULAR 命令后，在"选择圆弧、圆、直线或 <指定顶点>:"提示下直接按 Enter 键，AutoCAD 提示：

> 指定角的顶点:(确定角的顶点)
> 指定角的第一个端点:(确定角的第一个端点)
> 指定角的第二个端点:(确定角的第二个端点)
> 指定标注弧线位置或 [多行文字(M)/文字(T)/角度(A)/象限点(Q)]:

如果在此提示下直接确定标注弧线的位置，AutoCAD 根据给定的 3 点标注出角度，也可以通过"多行文字(M)"、"文字(T)"以及"角度(A)"选项确定尺寸文字及其旋转角度；通过"象限点(Q)"选项，使尺寸文字位于延伸线之外。

9.3.4 半径标注

命令：DIMRADIUS。**菜单**："标注" | "半径"。**工具栏**："标注" | （半径）。
半径标注用于为圆或圆弧标注半径尺寸。

命令操作

执行 DIMRADIUS 命令，AutoCAD 提示：

> 选择圆弧或圆:(选择要标注半径尺寸的圆或圆弧)
> 指定尺寸线位置或 [多行文字(M)/文字(T)/角度(A)]:

如果在该提示下直接确定尺寸线的位置，AutoCAD 按实际测量值标注出圆或圆弧的半径，也可以通过"多行文字(M)"和"文字(T)"选项重新确定尺寸文字；通过"角度(A)"选项确定尺寸文字的旋转角度。

> **提示** 通过"多行文字(M)"或"文字(T)"选项重新确定半径尺寸时，只有给输入的尺寸文字加上前缀 R，才能使标出的半径尺寸有符号 R，否则没有此符号。

9.3.5 直径标注

命令：DIMDIAMETER。**菜单**："标注" | "直径"。**工具栏**："标注" |⊘（直径）。
直径标注用于为圆或圆弧标注直径尺寸。

命令操作

执行 DIMDIAMETER 命令，AutoCAD 提示：

> 选择圆弧或圆:(选择要标注直径的圆或圆弧)
> 指定尺寸线位置或 [多行文字(M)/文字(T)/角度(A)]:

如果在该提示下直接确定尺寸线的位置，AutoCAD 按实际测量值标注出圆或圆弧的直径，也可以通过"多行文字(M)"、"文字(T)"和"角度(A)"选项来确定尺寸文字以及尺寸文字的旋转角度。

> **提示** 当通过"多行文字(M)"或"文字(T)"选项重新确定直径尺寸时，只有给输入的尺寸文字加上前缀"%%C"，才能使标出的直径尺寸有直径符号(ϕ)。

例 9.3 设已绘制出如图 5.65-c 所示的图形，按例 9.1 定义的标注样式"尺寸 35"为其标注尺寸，如图 9.42 所示。

操作步骤

① 定义标注样式。
参照例 9.1 定义标注样式"尺寸 35"，并将该样式设为当前样式（过程略）。

② 标注尺寸 75。
执行 DIMLINEAR 命令，AutoCAD 提示：

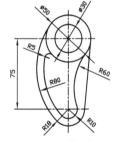

图 9.42 练习图

> 指定第一条延伸线原点或 <选择对象>:(捕捉一水平中心线的左端点)
> 指定第二条延伸线原点:(捕捉另一条水平中心线的左端点)
> 指定尺寸线位置或
> [多行文字(M)/文字(T)/角度(A)/水平(H)/垂直(V)/旋转(R)]:(向左拖曳尺寸线，使其位于合适位置后单击鼠标左键，结果如图 9.43 所示)

③ 标注半径尺寸 R60。
执行 DIMRADIUS 命令，AutoCAD 提示：

> 选择圆弧或圆:(选择半径为 60 的圆弧)
> 指定尺寸线位置或 [多行文字(M)/文字(T)/角度(A)]:(拖曳尺寸线，使其位于合适位置后单击鼠标左键，结果如图 9.44 所示)

④ 标注其余半径尺寸。
用类似的方法标注其余半径尺寸，过程略。

⑤ 标注直径尺寸 ϕ30。
执行 DIMDIAMETER 命令，AutoCAD 提示：

选择圆弧或圆:(选择直径为 30 的圆)
指定尺寸线位置或 [多行文字(M)/文字(T)/角度(A)]:T↙
输入标注文字: %%C30↙
指定尺寸线位置或 [多行文字(M)/文字(T)/角度(A)]:(拖曳尺寸线,使其位于合适位置后单击鼠标左键,结果如图 9.45 所示)

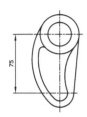 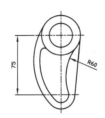 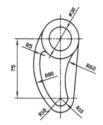

图 9.43　标注尺寸 75　　　图 9.44　标注半径尺寸 R60　　　图 9.45　标注直径尺寸 φ30

⑥ 标注直径尺寸 φ50。
用类似的方法标注直径尺寸 φ50（过程略）。

9.3.6　基线标注

命令：DIMBASELINE。**菜单**："标注" | "基线"。**工具栏**："标注" |（基线）。

基线标注是指各尺寸线从同一延伸线（称为基线标注基准）引出的尺寸标注,如图 9.46 所示。

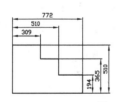

图 9.46　基线标注

> 提示　执行基线标注之前,必须先标注出一个尺寸,以便确定基线标注时所需要的基准。另外,可以通过如图 9.4 所示"新建标注样式"对话框或如图 9.5 所示"修改标注样式"对话框中的"基线间距"文本框设置基线标注时各尺寸线间的距离。

命令操作

执行 DIMBASELINE 命令,AutoCAD 提示：

指定第二条延伸线原点或 [放弃(U)/选择(S)] <选择>:

1. 指定第二条延伸线原点

此提示要求确定所标注尺寸的第二条延伸线的起始点。指定对应的点后,AutoCAD 以前面所标注的尺寸的第一条延伸线作为新标注尺寸的第一条延伸线（即基线）,并自动标注出对应的尺寸,而后继续提示：

指定第二条延伸线原点或 [放弃(U)/选择(S)] <选择>:

此时可以继续确定其他尺寸的第二条延伸线起点位置以标注尺寸。标注出全部尺寸后按 Enter 键，AutoCAD 提示：

选择基准标注:✓(也可以继续选择作为基线标注基准的尺寸延伸线，以便进行其他基线标注)

2．放弃（U）

该选项用于放弃前一次的操作。

3．选择（S）

该选项用于重新确定基线标注时作为基线标注基准的延伸线。执行该选项，AutoCAD 提示：

选择基准标注:(选择延伸线)
指定第二条延伸线原点或 [放弃(U)/选择(S)] <选择>:

在该提示下标注出的各尺寸均从新基线引出。

> **提示**　如果执行基线标注命令之前的操作并不是标注作为基线标注基准的尺寸，而是执行其他操作，那么当执行 DIMBASELINE 命令后，AutoCAD 有可能会提示：
>
> 选择基准标注:
>
> 此时应选择作为基线标注基准的延伸线。

9.3.7 连续标注

命令：DIMCONTINUE。**菜单**："标注" | "连续"。**工具栏**："标注" | ┤┤┤（连续）。

连续标注是指相邻两尺寸线共用一条延伸线的尺寸标注，如图 9.47 所示。

图 9.47　连续标注

> **提示**　执行连续标注之前，必须先标注出一个对应的尺寸（称为连续标注基准），以便在连续标注时有共用的延伸线。

命令操作

执行 DIMCONTINUE 命令，AutoCAD 提示：

指定第二条延伸线原点或 [放弃(U)/选择(S)] <选择>:

1．指定第二条延伸线原点

此提示要求确定第二条延伸线的起始点。在该提示下确定下一个要标注尺寸的第二条延伸线的起始点后，AutoCAD 按连续标注的方式标注出尺寸，即把上一个尺寸的第二条延伸线作为新标注尺寸的第一条延伸线标注出尺寸，而后 AutoCAD 继续提示：

> 指定第二条延伸线原点或 [放弃(U)/选择(S)] <选择>:

此时可以依次确定其他尺寸的第二条延伸线的起点来标注各尺寸。标注出全部尺寸后按 Enter 键，AutoCAD 提示：

> 选择连续标注:↙(也可以继续选择作为连续标注基准的尺寸延伸线，以便进行其他基线标注)

2．放弃（U）

放弃前一次的标注操作。

3．选择（S）

该选项用于重新确定连续标注时共用的延伸线。执行该选项，AutoCAD 提示：

> 选择连续标注:

选择延伸线后，AutoCAD 继续提示：

> 指定第二条延伸线原点或 [放弃(U)/选择(S)] <选择>:

在该提示下标注出的下一个尺寸将以所选择的延伸线作为新尺寸来标注第一条延伸线。

> 提示　如果执行连续标注命令之前的操作并不是标注作为连续标注基准的尺寸，而是执行其他操作，那么当执行 DIMCONTINUE 命令后，AutoCAD 可能会提示：
>
> > 选择连续标注:
>
> 此时应选择作为连续标注基准的延伸线。

例 9.4　对如图 9.48 所示的图形标注尺寸，结果如图 9.49 所示。

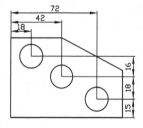

图 9.48　已有图形　　　　图 9.49　标注结果

操作步骤

① 标注水平尺寸 18。

执行 DIMLINEAR 命令，AutoCAD 提示：

> 指定第一条延伸线原点或 <选择对象>:(捕捉图形的左上角点)
> 指定第二条延伸线原点:(捕捉左侧第一个圆的圆心)
> 指定尺寸线位置或
> [多行文字(M)/文字(T)/角度(A)/水平(H)/垂直(V)/旋转(R)]:(向上拖曳尺寸线，使尺寸线位于适当位置后单击鼠标左键，结果如图 9.50 所示)

② 标注各基线尺寸。

执行 DIMBASELINE 命令，AutoCAD 提示：

指定第二条延伸线原点或 [放弃(U)/选择(S)] <选择>:(从左侧起捕捉第二个圆的圆心)
指定第二条延伸线原点或 [放弃(U)/选择(S)] <选择>:(从左侧起捕捉第三个圆的圆心)
指定第二条延伸线原点或 [放弃(U)/选择(S)] <选择>:✓
选择基准标注:✓

执行结果如图 9.51 所示。

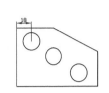

图 9.50　标注水平尺寸 18

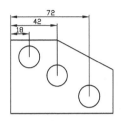

图 9.51　基线标注

> 提示　如果标注出的尺寸线间距不合适，用户可以修改尺寸线之间的距离（参见 9.6.6 节）。

③ 标注垂直尺寸 15。

执行 DIMLINEAR 命令，AutoCAD 提示：

指定第一条延伸线原点或 <选择对象>:(捕捉图形的右下角点)
指定第二条延伸线原点:(捕捉右侧第一个圆的圆心)
指定尺寸线位置或
[多行文字(M)/文字(T)/角度(A)/水平(H)/垂直(V)/旋转(R)]:(向右拖曳尺寸线，使尺寸线位于适当位置后单击鼠标左键，结果如图 9.52 所示)

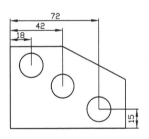

图 9.52　标注垂直尺寸 15

④ 标注连续尺寸。

执行 DIMCONTINUE 命令，AutoCAD 提示：

指定第二条延伸线原点或 [放弃(U)/选择(S)] <选择>:(从右侧起捕捉第二个圆的圆心)
指定第二条延伸线原点或 [放弃(U)/选择(S)] <选择>:(从右侧起捕捉第三个圆的圆心)
指定第二条延伸线原点或 [放弃(U)/选择(S)] <选择>:✓
选择基准标注:✓

9.3.8 坐标标注

命令：DIMORDINATE。**菜单**："标注"|"坐标"。**工具栏**："标注"| （坐标）。

坐标标注用于标注相对于坐标原点的坐标尺寸，如图 9.53 所示。

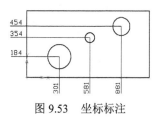

图 9.53　坐标标注

命令操作

执行 DIMORDINATE 命令，AutoCAD 提示：

指定点坐标:

此提示要求用户确定要标注坐标尺寸的点。用户确定对应的点后，AutoCAD 提示：

指定引线端点或 [X 基准(X)/Y 基准(Y)/多行文字(M)/文字(T)/角度(A)]:

下面介绍各选项的含义。

1．指定引线端点

该默认项用于确定引线的端点位置。确定端点后，AutoCAD 在该点标注出指定点的坐标。

> **提示**　在"指定引线端点"提示下确定引线端点的位置之前，应明确要标注点的 x 坐标还是 y 坐标。如果在此提示下相对于标注点上下移动光标，将标注点的 x 坐标；若相对于标注点左右移动光标，则标注点的 y 坐标。可以用 UCS 命令改变坐标系的原点位置。

2．其他选项

"X 基准(X)"和"Y 基准(Y)"选项分别用于标注指定点的 x 坐标和 y 坐标；"多行文字(M)"或"文字(T)"选项用于重新输入尺寸文字；"角度(A)"选项则用于确定尺寸文字的旋转角度。

9.3.9 折弯标注

命令：DIMJOGGED。**菜单**："标注"|"折弯"。**工具栏**："标注"| （折弯）。

折弯标注通常用于所标注圆弧或圆的中心点位于较远位置时的情况。

命令操作

执行 DIMJOGGED 命令，AutoCAD 提示：

选择圆弧或圆:(选择要标注尺寸的圆弧或圆)
指定图示中心位置:(指定折弯半径标注的新中心点，以替代圆弧或圆的实际中心点)
指定尺寸线位置或 [多行文字(M)/文字(T)/角度(A)]:(确定尺寸线的位置，或进行其他设置)
指定折弯位置:(拖动鼠标，指定折弯位置)

> **提示**　可以通过如图 9.9 所示的"符号和箭头"选项卡设置折弯半径标注时的折弯角度（如图 9.14 所示）。

9.3.10 弧长标注

命令：DIMARC。**菜单**："标注"|"弧长"。**工具栏**："标注"| （弧长）。

弧长标注用于标注圆弧的长度（如图 9.13 所示）。

命令操作

执行 DIMARC 命令，AutoCAD 提示：

> 选择弧线段或多段线弧线段：（选择圆弧段）
> 指定弧长标注位置或 [多行文字(M)/文字(T)/角度(A)/部分(P)/引线(L)]：

上面的提示中，"多行文字(M)"和"文字(T)"选项用于确定尺寸文字；"角度(A)"选项用于确定尺寸文字的旋转角度。这 3 个选项的操作与前面介绍的同名选项的操作相同，不再介绍。下面介绍其余两个选项的功能。

（1）"部分(P)"选项。

为部分圆弧标注长度。执行该选项，AutoCAD 提示：

> 指定弧长标注的第一个点：（指定圆弧上弧长标注的起点）
> 指定弧长标注的第二个点：（指定圆弧上弧长标注的终点）
> 指定弧长标注位置或 [多行文字(M)/文字(T)/角度(A)/部分(P)]：（指定弧长标注位置，或执行其他选项进行设置）

（2）引线（L）。

为弧长尺寸添加引线对象。仅当圆弧（或弧线段）大于 90°时才会显示此选项。引线是按径向绘制的，它指向所标注圆弧的圆心。执行该选项，AutoCAD 的提示变为：

> 指定弧长标注位置或 [多行文字(M)/文字(T)/角度(A)/部分(P)/无引线(N)]：

如果此时确定弧长标注位置，AutoCAD 会在标注出的尺寸上自动创建引线。利用提示中的"无引线(N)"选项，则可以使标注出的弧长尺寸没有引线。

> **提示** 可通过"符号和箭头"选项卡（如图 9.13 所示）确定圆弧标注时的标注方式。

9.3.11 圆心标记

命令：DIMCENTER。**菜单**："标注"|"圆心标记"。**工具栏**："标注"| （圆心标记）。

圆心标记用于为圆或圆弧绘圆心标记（如图 9.11 所示）。

命令操作

执行 DIMCENTER 命令，AutoCAD 提示：

> 选择圆弧或圆：

在该提示下选择圆弧或圆即可。

> 提示　可以通过如图 9.9 所示的"符号和箭头"选项卡中的"圆心标记"选项组设置圆心标记的样式。

9.4　多重引线标注

利用多重引线标注，可以标注注释、说明等，如图 9.54 所示。

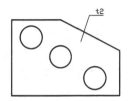

图 9.54　多重引线标注

9.4.1　定义多重引线样式

命令：MLEADERSTYLE。**菜单**："格式" | "多重引线样式"。**工具栏**："多重引线" | （多重引线样式）。

用户可以单独定义多重引线的样式。

命令操作

执行 MLEADERSTYLE 命令，AutoCAD 弹出"多重引线样式管理器"对话框，如图 9.55 所示。

下面介绍对话框中主要项的功能。

1．"当前多重引线样式"标签

显示当前多重引线样式的名称。图 9.55 所示说明当前多重引线样式为"Standard"，这是 AutoCAD 提供的默认多重引线样式。

2．"样式"列表框

列出已有的多重引线样式的名称。图 9.55 所示说明当前有两个多重引线样式，即"Standard"和"Annotative"。很显然，"Annotative"为注释性多重引线样式,因为样式名前有图标 。

图 9.55　"多重引线样式管理器"对话框

3．"列出"下拉列表框

确定要在"样式"列表框中列出哪些多重引线样式，可以通过下拉列表在"所有样式"和"正在使用的样式"之间选择。

4. "预览"图像框

预览在"样式"列表框中所选中的多重引线样式的标注效果。

5. "置为当前"按钮

将指定的多重引线样式设为当前样式。设置方法为：在"样式"列表框中选择对应的多重引线样式，单击"置为当前"按钮。

6. "新建"按钮

创建新多重引线样式。单击"新建"按钮，AutoCAD弹出如图9.56所示的"创建新多重引线样式"对话框。

用户可以通过对话框中的"新样式名"文本框指定新样式的名称；通过"基础样式"下拉列表框确定用于创建新样式的基础样式。如果新定义的样式是注释性样式，应选中"注释性"复选框。确定了新样式的名称和相关设置后，单击"继续"按钮，AutoCAD弹出"修改多重引线样式"对话框，如图9.57所示。

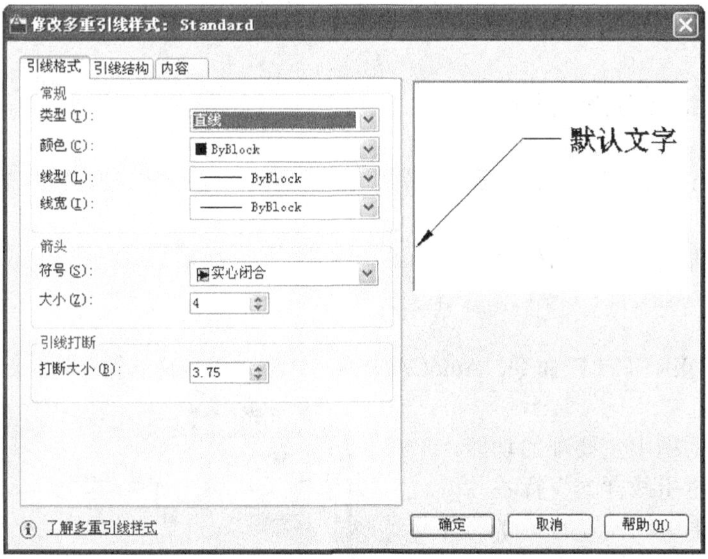

图9.56 "创建新多重引线样式"对话框

图9.57 "修改多重引线样式"对话框

对话框中有"引线格式"、"引线结构"和"内容"3个选项卡，后面将专门介绍这些选项卡的功能。

7. "修改"按钮

修改已有的多重引线样式。从"样式"列表框中选择要修改的多重引线样式，单击"修改"按钮，AutoCAD弹出与如图9.57所示类似的"修改多重引线样式"对话框，用于样式的修改。

8. "删除"按钮

删除已有的多重引线样式。从"样式"列表框中选择要删除的多重引线样式，单击"删除"按钮，即可将其删除。

> 提示　只能删除当前图形中没有使用的多重引线样式。

图 9.57 所示的对话框中有"引线格式"、"引线结构"和"内容"3 个选项卡,下面分别介绍这些选项卡的功能。

1．"引线格式"选项卡

此选项卡用于设置引线的格式,图 9.57 所示是对应的对话框。

下面介绍选项卡中主要项的功能。

(1)"常规"选项组。

设置引线的外观。其中,"类型"下拉列表框用于设置引线的类型,列表中有"直线"、"样条曲线"和"无" 3 个选项,分别表示引线为直线、样条曲线或没有引线;"颜色"、"线型"和"线宽"下拉列表框分别用于设置引线的颜色、线型以及线宽。

(2)"箭头"选项组。

设置箭头的样式与大小,可以通过"符号"下拉列表框选择样式;通过"大小"组合框指定大小。

(3)"引线打断"选项。

设置引线打断时的打断距离值,通过"打断大小"组合框设置即可,其含义与如图 9.9 所示的"符号和箭头"选项卡中的"折断大小"的含义相似。

(4)预览框。

预览对应的引线样式。

2．"引线结构"选项卡

设置引线的结构,图 9.58 所示是对应的对话框。

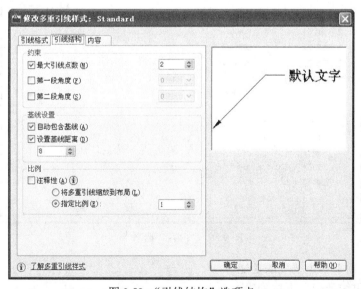

图 9.58 "引线结构"选项卡

下面介绍选项卡中主要项的功能。

(1)"约束"选项组。

控制多重引线的结构。其中,"最大引线点数"复选框用于确定是否要指定引线端点的最大数量。选中复选框表示要指定,此时可以通过其右侧的组合框指定具体的值;"第一段角度"和"第二段角度"复选框分别用于确定是否设置反映引线中第一段直线和第二段直线方向的角度(如果引线是样条曲线,则分别设置第一段样条曲线和第二段样条曲线起点切线的角度)。选中复选框后,用户可以在对应的组合框中指定角度。需要说明的是,一旦指定了角度,对应线段(或曲线)的角度方向会按设置值的整数倍变化。

(2)"基线设置"选项组。

设置多重引线中的基线(即在如图 9.58 所示的对话框中的预览框中,引线上的水平直线部分)。其中,"自动包含基线"复选框用于设置引线中是否含基线。选中复选框表示含有基线,此时还可以通过"设置基线距离"组合框指定基线的长度。

(3)"比例"选项组。

设置多重引线标注的缩放关系。"注释性"复选框用于确定多重引线样式是否为注释性样式;"将多重引线缩放到布局"单选按钮表示将根据当前模型空间视口和图纸空间之间的比例确定比例因子;"指定比例"单选按钮用于为所有多重引线标注设置一个缩放比例。

3."内容"选项卡

设置多重引线标注的内容。图 9.59 所示是对应的对话框。

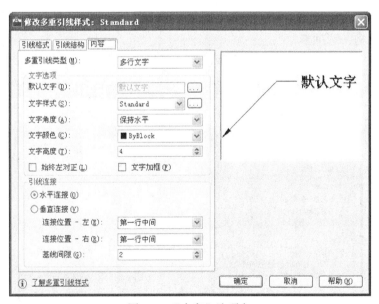

图 9.59 "内容"选项卡

下面介绍选项卡中主要项的功能。

(1)"多重引线类型"下拉列表框。

设置多重引线标注的类型。列表中有"多行文字"、"块"和"无"3 个选择,即表示由多重引线标注出的对象分别是多行文字、块或没有内容。

(2)"文字选项"选项组。

如果在"多重引线类型"下拉列表中选中"多行文字",则会显示出此选项组,用于设置多重引线标注的文字内容。其中,"默认文字"框用于确定多重引线标注中使用的默认文字,可以单击右侧的按钮,从弹出的文字编辑器中输入。"文字样式"下拉列表框用于确定所采用的文字样式;"文字角度"下拉列表框用于确定文字的倾斜角度;"文字颜色"下拉列表框和"文字高度"组合框分别用于确定文字的颜色与高度;"始终左对正"复选框用于确定是否使文字左对齐;"文字加框"复选框用于确定是否要为文字加边框。

(3)"引线连接"选项组。

"水平连接"单选按钮表示引线终点位于所标注文字的左侧或右侧。"垂直连接"单选按钮表示引线终点位于所标注文字的上方或下方。如果选中"水平连接"单选按钮,可以设置基线相对于文字的具体位置。其中,"连接位置-左"表示引线位于多行文字的左侧,"连接位置-右"则表示引线位于多行文字的右侧,与它们对应的列表如图 9.60 所示(两个列表的内容相同)。

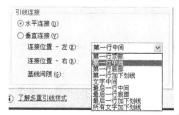

图 9.60 "连接位置"下拉列表

列表中,"第一行顶部"将使多行文字第一行的顶部与基线对齐;"第一行中间"将使多行文字第一行的中间部位与基线对齐;"第一行底部"将使多行文字第一行的底部与基线对齐;"第一行加下划线"将使多行文字的第一行加下划线;"文字中间"将使整个多行文字的中间部位与基线对齐;"最后一行中间"将使多行文字最后一行的中间部位与基线对齐;"最后一行底部"将使多行文字最后一行的底部与基线对齐;"最后一行加下划线"将使多行文字的最后一行加下划线;"所有文字加下划线"将使多行文字的所有行加下划线。此外,"基线间距"组合框用于确定多行文字的相应位置与基线之间的距离。

如果通过"多重引线类型"下拉列表选择了"块",表示多重引线标注出的对象是块,对应的界面如图 9.61 所示。

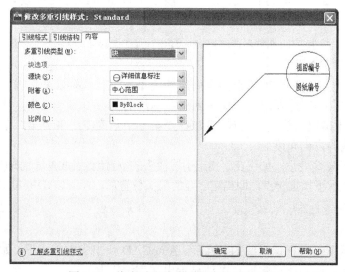

图 9.61 将多重引线类型设为块后的界面

在对话框中的"块选项"选项组中,"源块"下拉列表框用于确定多重引线标注使用的块对象,对应的列表如图 9.62 所示。

列表中位于各项前面的图标说明了对应块的形状。实际上,这些块是含有属性的块,即标注后还允许用户输入文字信息。列表中的"用户块"项用于选择用户自己定义的块。

"附着"下拉列表框用于指定块与引线的关系,"颜色"下拉列表框用于指定块的颜色,但一般采用"ByBlock"(随块)。

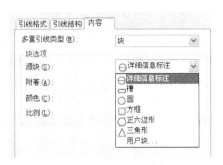

图 9.62 "源块"列表

9.4.2 多重引线标注

命令:MLEADER。**菜单**:"标注"|"多重引线"。**工具栏**:"多重引线"| (多重引线)。

命令操作

> **提示** 当需要以某一多重引线样式进行标注时,应首先将该样式设为当前样式。利用"样式"工具栏或"多重引线"工具栏中的"多重引线样式控制"下拉列表框,可以方便地将某一多重引线样式设为当前样式。

执行 MLEADER 命令(设当前多重引线标注样式的标注内容为多行文字),AutoCAD 提示:

指定引线箭头的位置或 [引线基线优先(L)/内容优先(C)/选项(O)] <选项>:

此提示中,"指定引线箭头的位置"选项用于确定引线的箭头位置;"引线基线优先(L)"和"内容优先(C)"选项分别用于确定将首先确定引线基线的位置还是首先确定标注内容,用户根据需要选择即可;"选项(O)"项用于多重引线标注的设置。执行该选项,AutoCAD 提示:

输入选项 [引线类型(L)/引线基线(A)/内容类型(C)/最大节点数(M)/第一个角度(F)/第二个角度(S)/退出选项(X)] <内容类型>:

其中,"引线类型(L)"选项用于确定引线的类型;"引线基线(A)"选项用于确定是否使用基线;"内容类型(C)"选项用于确定多重引线标注的内容(多行文字、块或无);"最大节点数(M)"选项用于确定引线端点的最大数量;"第一个角度(F)"和"第二个角度(S)"选项用于确定前两段引线的方向角度。

执行 MLEADER 命令后,如果在"指定引线箭头的位置或 [引线基线优先(L)/内容优先(C)/选项(O)] <选项>:"提示下指定一点,即指定引线的箭头位置后,AutoCAD 可能会继续提示:

指定下一点:(指定点)
指定下一点:

在这样的提示下依次指定引线的各点后,AutoCAD 弹出文字编辑器,如图 9.63 所示(如果设置了最大点数,达到此点数后会自动显示出文字编辑器)。

通过文字编辑器输入对应的多行文字后,单击"文字格式"工具栏上的"确定"按钮,即可完成引线标注。

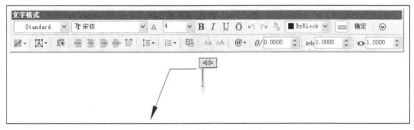

图 9.63　输入多行文字

例 9.5　已知有如图 9.64 所示的图形，对其执行多重引线标注，结果如图 9.65 所示。

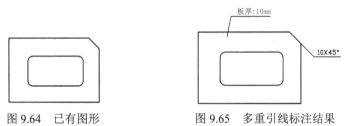

图 9.64　已有图形　　　　　　图 9.65　多重引线标注结果

操作步骤

① 定义多重引线标注样式。

执行 MLEADERSTYLE 命令，AutoCAD 弹出"多重引线样式管理器"对话框（如图 9.55 所示），单击其中的"新建"按钮，在弹出的"创建新多重引线样式"对话框中的"新样式名"文本框中输入"样式 1"，其余采用默认设置，如图 9.66 所示。

单击"继续"按钮，在"引线格式"选项卡中，将"箭头"选项组中的"符号"项设为"无"，如图 9.67 所示。

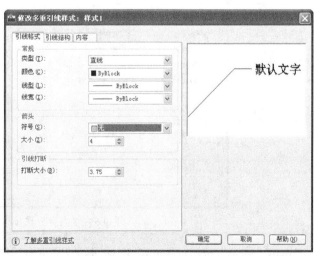

图 9.66　"创建新多重引线样式"对话框　　　图 9.67　"引线格式"选项卡设置

在"引线结构"选项卡中,将"最大引线点数"设为"2",不使用基线,如图 9.68 所示。

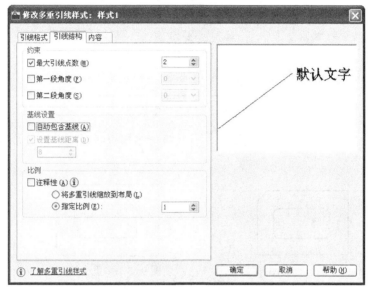

图 9.68 "引线结构"选项卡设置

在"内容"选项卡中,将"连接位置-左"和"连接位置-右"均设为"最后一行加下划线",如图 9.69 所示(注意预览图像所示的标注效果)。

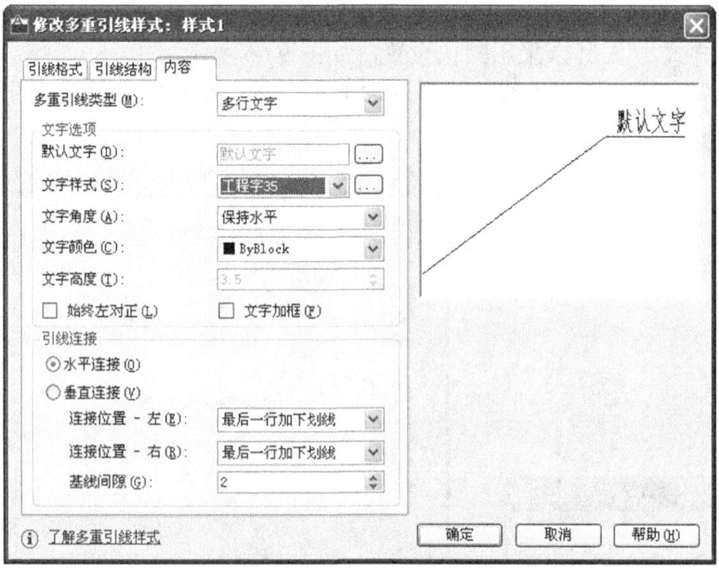

图 9.69 "内容"选项卡设置

单击"确定"按钮,AutoCAD 返回到"多重引线样式管理器"对话框,如图 9.70 所示。

单击"关闭"按钮,完成新多重引线标注样式"样式1"的定义,并将新样式"样式1"

设为当前样式。

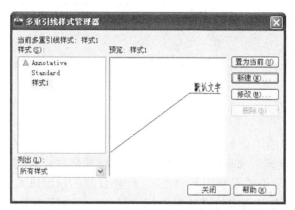

图 9.70 "多重引线样式管理器"对话框

② 标注倒角尺寸。

执行 MLEADER 命令，AutoCAD 提示：

指定引线箭头的位置或 [引线基线优先(L)/内容优先(C)/选项(O)] <选项>:(在图 9.65 的图形中引出引线的位置捕捉对应的端点)

指定引线基线的位置:(确定引线的第二点)

AutoCAD 弹出文字编辑器，从中输入对应的文字，如图 9.71 所示（输入"%%D"可以显示出符号"°"，用大写字母 X 可标注出乘号）。

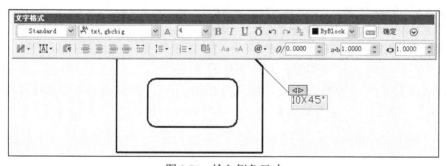

图 9.71 输入倒角尺寸

单击"文字格式"工具栏上的"确定"按钮，即可标注出对应的倒角尺寸。

③ 标注文字"板厚：10 mm"。

用类似的方法标注文字"板厚：10 mm"，结果如图 9.65 所示（过程略）。

> 提示　创建出多重引线标注后，可以利用夹点功能调整标注的位置。

> 提示　双击多重引线标注的文字，会弹出对应的文字编辑器，通过它能够编辑多重引线中的多行文字。

9.5 标注尺寸公差与形位公差

利用 AutoCAD，不仅可以标注尺寸，而且还可以标注尺寸公差和形位公差。

9.5.1 标注尺寸公差

利用如图 9.22 所示的"公差"选项卡可以进行尺寸公差标注方面的各种设置。在"公差"选项卡中，"公差格式"选项组用于确定公差的标注格式，通过其可以确定将以何种方式标注公差（对称、极限偏差及极限尺寸等）、尺寸公差的精度以及设置尺寸的上偏差和下偏差等。通过此选项组进行相应的设置后再标注尺寸，就会标注出对应的公差。

实际上，可以通过在位文字编辑器方便地标注尺寸公差（利用堆叠功能实现），下面举例说明。

例 9.6 设有如图 9.36（a）所示的图形，为其标注尺寸与公差，结果如图 9.72 所示。

图 9.72 例题图

操作步骤

① 标注水平尺寸 570 及公差。

执行 DIMLINEAR 命令，AutoCAD 提示：

> 指定第一条延伸线原点或 <选择对象>:(捕捉水平边的一端点)
> 指定第二条延伸线原点:(捕捉水平边的另一端点)
> 指定尺寸线位置或
> [多行文字(M)/文字(T)/角度(A)/水平(H)/垂直(V)/旋转(R)]: M↙

AutoCAD 弹出文字编辑器，从中输入对应的尺寸文字"+0.150^-0.200"，如图 9.73 所示（深颜色背景的数字是自动测量值，如果要更改此值，按 Delete 键将其删除后输入新值）。

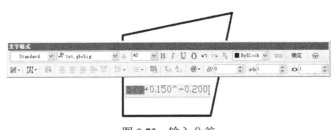

图 9.73 输入公差

而后，选中"+0.150^-0.200"，单击工具栏上的按钮 ⓑ（堆叠）实现堆叠，结果如图 9.74 所示。

单击"确定"按钮，AutoCAD 提示：

第 9 章 尺寸标注

```
指定尺寸线位置或
[多行文字(M)/文字(T)/角度(A)/水平(H)/垂直(V)/旋转(R)]:
```
向下拖曳鼠标，使尺寸线位于恰当位置后单击鼠标左键，标注结果如图 9.75 所示。

图 9.74 堆叠公差

图 9.75 标注尺寸与公差

② 标注其他尺寸及公差。
用类似的方法标注其他尺寸与公差（过程略）。

9.5.2 标注形位公差

命令：TOLERANCE。**菜单**："标注"|"公差"。**工具栏**："标注"|⊞（公差）。

命令操作

执行 TOLERANCE 命令，AutoCAD 弹出"形位公差"对话框，如图 9.76 所示。

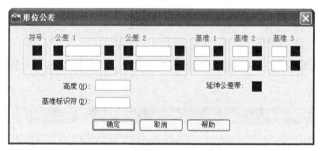

图 9.76 "形位公差"对话框

下面介绍对话框中主要项的功能。
1．"符号"选项组
确定形位公差的符号，即确定将标注什么样的形位公差。单击选项组中的小方框（黑颜色框），AutoCAD 弹出"特征符号"对话框，如图 9.77 所示。从中选择某一符号后，AutoCAD 返回到"形位公差"对话框，并在"符号"选项组中的对应位置显示出该符号。

图 9.77 "特征符号"对话框

2．"公差 1"和"公差 2"选项组
确定公差，在对应的文本框中输入公差值即可。此外，可以通过单击位于文本框前边的小方框确定是否在该公差值前加直径符号。如果单击位于文本框后边的小方框，可以从弹出

237

的"包容条件"对话框中确定包容条件。

3."基准 1"、"基准 2"和"基准 3"选项组

确定基准和对应的包容条件。

通过"形位公差"对话框确定要标注的内容后,单击对话框中的"确定"按钮,AutoCAD 转换到绘图屏幕,并提示:

输入公差位置:

在该提示下指定所标注公差的位置即可。

> **提示** 用 TOLERANCE 标注形位公差时,并不能自动生成引出形位公差的指引线,需要用 MLEADER(多重引线标注)命令创建引线。

例 9.7 设有如图 9.78(a)所示的图形,为其标注形位公差,标注结果如图 9.78(b)所示。

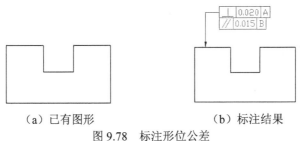

(a)已有图形　　　　　(b)标注结果

图 9.78　标注形位公差

操作步骤

① 标注形位公差。

执行 TOLERANCE 命令,AutoCAD 弹出"形位公差"对话框,从中进行对应的设置,如图 9.79 所示。

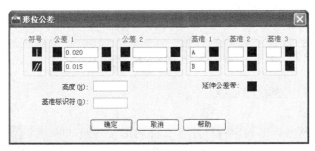

图 9.79　设置形位公差

可以看出,通过"符号"选项组中的两个框设置了垂直度符号和平行度符号;通过"公差 1"选项组将垂直度公差设为"0.020",将平行度公差设为"0.015";并分别将对应的基准设为 A 和 B。

单击对话框中的"确定"按钮,AutoCAD 提示:

输入公差位置:

在该提示下指定标注公差的位置。

② 绘制引线。

执行 MLEADER 命令创建引线（只创建引线，不输入内容，创建引线前还需要设置多重引线标注的样式），即可得到如图 9.78（b）所示的结果。

9.6 编 辑 尺 寸

AutoCAD 提供多种编辑尺寸的方法，本节介绍其中的一些常用方法。

9.6.1 用 DDEDIT 命令修改尺寸、公差及形位公差

命令：DDEDIT。**菜单**："修改"|"对象"|"文字"|"编辑"。**工具栏**："文字"| （编辑文字）。

1. 修改尺寸值与尺寸公差

DDEDIT 命令不仅可以用来编辑所标注的文字，而且还可以编辑尺寸文字、尺寸公差以及形位公差。下面举例说明。

例 9.8　仍以如图 9.72 所示为例，修改其中的尺寸及对应的公差，修改结果如图 9.80 所示。

图 9.80　尺寸修改结果

操作步骤

执行 DDEDIT 命令，AutoCAD 提示：

选择注释对象或 [放弃(U)]:

在此提示下选择尺寸 570，AutoCAD 弹出文字编辑器，并在其中显示出对应的尺寸，如图 9.81 所示。

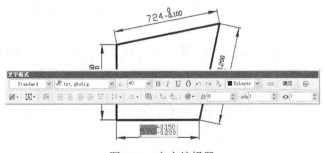

图 9.81　文字编辑器

在如图 9.81 所示的文字编辑器中，将 570 改为 580。然后选中公差部分，单击堆叠按钮（ ）取消堆叠，再输入新公差值，如图 9.82 所示。

选中"＋0.350^−0.100"，单击堆叠按钮实现堆叠，再单击工具栏上的"确定"按钮，完成对应的修改，结果如图 9.83 所示。

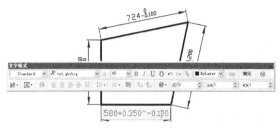
图 9.82 输入新公差值

图 9.83 修改结果

AutoCAD 继续提示：

> 选择注释对象或 [放弃(U)]:

在此提示下，继续修改其他尺寸，最后在"选择注释对象或 [放弃(U)]:"提示下按 Enter 键，结果如图 9.80 所示。

2．修改形位公差

用 DDEDIT 命令也可以修改已标注的形位公差。执行 DDEDIT 命令，AutoCAD 提示：

> 选择注释对象或 [放弃(U)]:

在此提示下选择形位公差，AutoCAD 会弹出如图 9.76 所示的"形位公差"对话框，在对话框中显示出标出形位公差的对应项，通过其修改即可。

9.6.2 修改尺寸文字的位置

命令：DIMTEDIT。**工具栏**："标注" | （编辑标注文字）。

命令操作

执行 DIMTEDIT 命令，AutoCAD 提示：

> 选择标注:(选择已标注出的尺寸)
> 为标注文字指定新位置或 [左对齐(L)/右对齐(R)/居中(C)/默认(H)/角度(A)]:

1．指定标注文字的新位置

确定尺寸文字的新位置，为默认项。用户可以通过拖曳鼠标的方式确定尺寸文字的新位置，确定后单击鼠标左键即可。

2．左对齐（L）、右对齐（R）

这两个选项仅对非角度标注起作用，它们分别用于确定将尺寸文字沿尺寸线左对齐还是右对齐。

3．居中（C）

该选项用于将尺寸文字放在尺寸线的中间位置。

4．默认（H）

该选项用于按默认位置、默认方向放置尺寸文字。

5．角度（A）

"角度(A)"选项可以使尺寸文字旋转一定的角度。执行此选项，AutoCAD 提示：

指定标注文字的角度:(输入角度值后按 Enter 键即可)

> **提示** 利用"标注"菜单中与"对齐文字"项对应的子菜单（如图 9.84 所示），可以直接执行与上述各选项对应的操作。

图 9.84 "对齐文字"子菜单

9.6.3 替代

命令：DIMOVERRIDE。**菜单**："标注"|"替代"。

替代是指临时修改与尺寸标注相关的系统变量值并按该值修改尺寸。此操作只对指定的尺寸对象进行修改，且修改后不影响原系统变量的设置。

命令操作

执行 DIMOVERRIDE 命令，AutoCAD 提示：

输入要替代的标注变量名或 [清除替代(C)]:

如果在该提示下输入要修改的系统变量名后按 Enter 键，AutoCAD 提示：

输入标注变量的新值:(输入新值)
输入要替代的标注变量名:↙(也可以继续输入另一系统变量名，对其设置新值)
选择对象:(选择尺寸对象)
选择对象:↙(可以继续选择尺寸对象)

执行结果：将指定的尺寸对象按新变量值进行更改。

如果在"输入要替代的标注变量名或 [清除替代(C)]:"提示下执行"清除替代(C)"选项，则可以取消用户已做出的修改，此时 AutoCAD 会提示：

选择对象:(选择尺寸对象)
选择对象:↙(也可以继续选择尺寸对象)

执行结果：将尺寸对象恢复成在当前系统变量设置下的标注形式。

9.6.4 编辑尺寸

命令：DIMEDIT。**工具栏**："标注"| （编辑标注）。

命令操作

执行 DIMEDIT 命令，AutoCAD 提示：

输入标注编辑类型 [默认(H)/新建(N)/旋转(R)/倾斜(O)] <默认>:

1. 默认（H）

按默认位置、方向放置尺寸文字。执行该选项，AutoCAD 提示：

选择对象：

在此提示下选择尺寸对象即可。

2. 新建（N）

修改尺寸文字。执行该选项，AutoCAD 弹出文字编辑器，通过该编辑器修改或输入尺寸文字后，单击对话框中的"确定"按钮，AutoCAD 提示：

选择对象：

在此提示下选择已有尺寸对象，即可实现修改。

3. 旋转（R）

将尺寸文字旋转指定的角度。执行该选项，AutoCAD 提示：

指定标注文字的角度:(输入角度值)
选择对象:(选择尺寸对象)

4. 倾斜（O）

使非角度标注的延伸线倾斜指定的角度。执行该选项，AutoCAD 提示：

选择对象:(选择尺寸对象)
选择对象:✓(也可以继续选择尺寸对象)
输入倾斜角度（按 ENTER 表示无):(输入角度值后按 Enter 键或直接按 Enter 键取消操作)

> **提示** 通过菜单"标注"|"倾斜"可以直接对延伸线进行倾斜操作。

例 9.9 已知有如图 9.85（a）所示的图形，将其尺寸修改成如图 9.85（b）所示的形式。

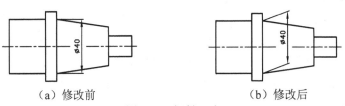

（a）修改前　　　　　　　　（b）修改后

图 9.85　倾斜尺寸

操作步骤

单击菜单"标注"|"倾斜"，AutoCAD 提示：

选择对象:(选择尺寸 40)
选择对象:✓
输入倾斜角度（按 ENTER 表示无): 20✓

执行结果如图 9.85（b）所示。

9.6.5 更新

命令：-DIMSTYLE（请注意，要有横线）。
更新是指更新指定的尺寸，使其采用当前的标注样式。

命令操作

执行-DIMSTYLE 命令，AutoCAD 提示：

> 输入标注样式选项
> [注释性(AN)/保存(S)/恢复(R)/状态(ST)/变量(V)/应用(A)/?] <恢复>:

1．注释性（AN）
创建注释性样式。执行"注释性(AN)"选项，AutoCAD 提示：

> 创建注释性标注样式 [是(Y)/否(N)] <是>:(给出对应的响应。如用"是(Y)"响应)
> 输入新标注样式名或 [?]:(输入新标注样式的名称)
> [注释性(AN)/保存(S)/恢复(R)/状态(ST)/变量(V)/应用(A)/?] <恢复>:(执行其他选项)

2．保存（S）
将当前尺寸系统变量的设置作为新尺寸标注样式命名保存。执行该选项，AutoCAD 提示：

> 输入新标注样式名或 [?]:

如果在此提示下输入"?"，则可以查看已命名的全部或部分尺寸标注样式；如果输入新标注样式名后按 Enter 键，AutoCAD 将当前尺寸系统变量的设置作为新标注样式保存。

3．恢复（R）
将保存的某一尺寸标注样式恢复为当前样式。执行该选项，AutoCAD 提示：

> 输入标注样式名、[?] 或 <选择标注>:

（1）输入标注样式名。
输入已有的尺寸标注样式名，输入后 AutoCAD 将该尺寸标注样式恢复成当前样式。
（2）?
用符号"?"响应可以查看当前图形中已有的全部或部分尺寸标注样式。
（3）如果在"输入标注样式名、[?] 或 <选择标注>:"提示下直接按 Enter 键，即执行"选择标注"选项，AutoCAD 提示：

> 选择标注:

在该提示下选择某一尺寸对象，AutoCAD 显示出当前的尺寸标注样式名以及对该尺寸对象用 DIMOVERRIDE（替代）命令改变的尺寸系统变量及其设置。

4．状态（ST）
查看当前各尺寸系统变量的状态。执行该选项，AutoCAD 切换到文本窗口，并显示出各尺寸系统变量及其当前设置。

5．变量（V）
列出指定标注样式或指定对象的全部或部分尺寸系统变量及其设置。执行该选项，AutoCAD

提示：

> 输入标注样式名、[?] 或 <选择标注>:

（1）输入标注样式名。

输入已有的尺寸标注样式名，输入后 AutoCAD 显示出在该样式设置下的全部尺寸系统变量及其设置。

（2）?

用户用符号"?"响应后，AutoCAD 会列出全部或部分命名的尺寸标注样式。

（3）如果直接按 Enter 键来响应，即执行"选择标注"选项，AutoCAD 提示：

> 选择标注：

在该提示下选择某一尺寸对象，AutoCAD 显示出该尺寸对象所引用的尺寸标注样式中的所有尺寸系统变量及其设置。

6．应用（A）

根据当前尺寸系统变量的设置更新指定的尺寸对象。执行该选项，AutoCAD 提示：

> 选择对象:(选择需要更新的尺寸对象即可)

> 提示
>
> 如果通过菜单"标注"|"更新"命令或单击"标注"工具栏上的 ☐（标注更新）按钮的方式执行更新命令，AutoCAD 会直接提示：
>
> > 选择对象：
>
> 此时相当于 AutoCAD 直接执行了-DIMSTYLE 命令的"应用(A)"选项。

7．?

列出当前图形中命名的尺寸标注样式名。

9.6.6　调整标注间距

命令：DIMSPACE。**菜单**："标注"|"标注间距"。**工具栏**："标注"| ☐（等距标注）。

调整标注间距指调整平行尺寸线之间的距离，如图 9.86 所示。

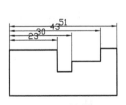 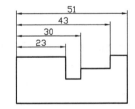

（a）调整前　　　　　　　　　　（b）调整后

图 9.86　调整标注间距示例

▷ 命令操作

执行 DIMSPACE 命令，AutoCAD 提示（以如图 9.86（a）所示为例说明）：

选择基准标注:(选择作为基准的尺寸。如选择尺寸 23)
选择要产生间距的标注:(选择要调整间距的尺寸,如依次选择尺寸 30、43、51)
选择要产生间距的标注:↙
输入值或 [自动(A)]<自动>:(如果输入距离值后按 Enter 键,AutoCAD 调整各尺寸线的位置,使它们之间的距离值为指定的值。如果直接按 Enter 键,AutoCAD 自动调整尺寸线的位置,结果如图 9.86(b)所示)

9.6.7 折弯线型

命令:DIMJOGLINE。**菜单**:"标注"|"折弯线型"。**工具栏**:"标注"| ⋀ (折弯线型)。
折弯线型用于将折弯符号添加到尺寸线,如图 9.87 所示。

(a)无折弯符号　　　　　　(b)有折弯符号
图 9.87　折弯线型示例

命令操作

执行 DIMJOGLINE 命令,AutoCAD 提示:

选择要添加折弯的标注或 [删除(R)]:(选择要添加折弯的尺寸。"删除(R)"选项用于删除已有的折弯符号)
指定折弯位置 (或按 ENTER 键):(通过拖曳鼠标的方式确定折弯的位置)

> **提示**　可以利用夹点调整折弯符号的位置。

> **提示**　用户可以设置折弯符号的高度(参见如图 9.9 所示的"符号和箭头"选项卡中的"线型折弯标注"选项的说明)。

9.6.8 折断标注

命令:DIMBREAK。**菜单**:"标注"|"标注打断"。**工具栏**:"标注"| ┼ (折断标注)。
折断标注是指在标注或延伸线与其他线重叠处打断标注或延伸线,如图 9.88 所示。

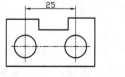 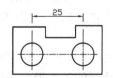

(a)折断标注前　　　　　　(b)折断标注后
图 9.88　折断标注示例

命令操作

执行 DIMBREAK 命令，AutoCAD 提示：

> 选择要添加/删除折断的标注或 [多个(M)]:(如果选择了要添加折断的标注。可通过"多个(M)"选项选择多个尺寸)
> 选择要打断标注的对象或 [自动(A)/恢复(R)/手动(M)] <自动>:

下面介绍各选项的含义。

1．选择要打断标注的对象

选择对象进行对应的打断。

2．自动（A）

使 AutoCAD 按默认设置的尺寸进行打断。此默认尺寸通过如图 9.9 所示"符号和箭头"选项卡中的"折断标注"选项设置。

3．恢复（R）

恢复成打断前的效果，即取消打断。

4．手动（M）

以手动方式指定打断点。执行该选项，AutoCAD 提示：

> 指定第一个打断点:(指定第一断点)
> 指定第二个打断点:(指定第二断点)

如果在"选择要添加/删除折断的标注或 [多个(M)]:"提示下选择已有的折断标注，AutoCAD 提示：

> 选择要折断标注的对象或 [自动(A)/手动(M)/删除(R)] <自动>:

此时可通过"删除(R)"选项取消折断，即恢复成正常的标注。

9.7 练　　习

1．定义尺寸标注样式，具体要求如下。尺寸文字样式名为"工程字 5"（此样式与例 6.2 定义的文字样式"工程字 35"类似，但文字高度为 5）；标注样式名为"尺寸 5"。在"新建标注样式"对话框的"线"选项卡中，将"基线间距"设为 7.5；"超出尺寸线"设为 2；"起点偏移量"设为 0。在"符号和箭头"选项卡中，将"箭头大小"和"圆心标记"均设为 5；选项卡中的其余设置与例 9.1 中定义的"尺寸 35"样式相同。在"文字"选项卡中，将"文字样式"设为"工程字 5"；将"从尺寸线偏移"设为 1.5；选项卡中的其余设置与例 9.1 中定义的"尺寸 35"样式相同。其余选项卡的设置也与例 9.1 中定义的"尺寸 35"标注样式相同。同样，创建出"尺寸 5"样式后，还应创建它的"角度"子样式，以标注符合国标要求的角度尺寸。

最后，将定义有标注样式"尺寸 5"的图形保存到磁盘（建议文件名为"尺寸 5.dwg"）。

2．绘制如图 9.89 所示的各图形，并标注尺寸、文字。图中给出了主要尺寸，其余尺寸由读者确定。绘制图形前，应根据表 4.3 定义图层，并定义文字样式"工程字 35"以及对应的标注样式"尺寸 35"（与例 9.1 相同）。

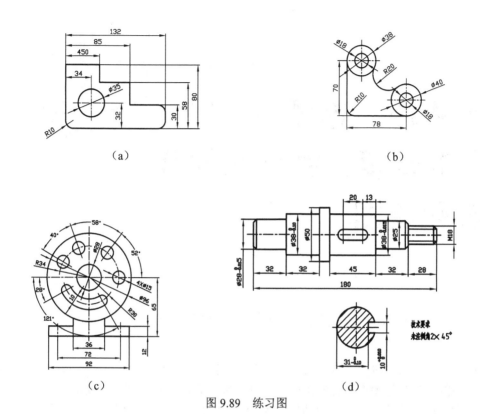

图 9.89 练习图

绘制图 9.89（a）的主要步骤如下。
① 新建图形、定义图层及文字样式和标注样式。
② 绘制图形。
③ 标注尺寸。
（其余图形的绘制步骤与绘制此图时类似）

绘制图 9.89（d）提示：绘制轴时，可以先绘制出一半的轮廓，然后相对于水平中心线镜像。

第 10 章

设计中心、选项板、"选项"对话框、样板文件及参数化绘图

10.1 设 计 中 心

AutoCAD 设计中心类似于 Windows 资源管理器。通过设计中心,用户可以组织对图形、块、填充的图案和其他图形内容的访问。概括起来,设计中心具有以下功能。

- ◆ 浏览用户计算机、网络驱动器和 Web 页上的图形内容(如图形或符号库)。
- ◆ 在定义表中查看其他图形文件中命名对象(如块和图层)的定义,将定义插入到当前图形。
- ◆ 更新块定义(重新定义)。
- ◆ 创建指向常用图形、文件夹和 Internet 网址的快捷方式。
- ◆ 向图形添加内容(如块、填充等)。
- ◆ 打开图形文件。

10.1.1 启用设计中心、设计中心的组成

1. 启用设计中心

命令:ADCENTER。**菜单**:"工具"|"选项板"|"设计中心"。**工具栏**:"标准"|▦(设计中心)。

执行 ADCENTER 命令,即可打开设计中心,如图 10.1 所示。

> 提示 与一般 Windows 窗口一样,用户可以调整设计中心的大小、位置和外观。

2. 设计中心的组成

从如图 10.1 所示可以看出,设计中心主要由一些按钮和左、右两个区域组成。左边的区域称为树状视图区,右边的区域称为内容区。

第 10 章　设计中心、选项板、"选项"对话框、样板文件及参数化绘图

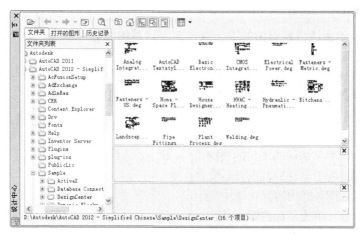

图 10.1　设计中心

（1）树状视图区。

显示用户计算机和网络驱动器上的文件与文件夹的层次结构、所打开图形的列表、自定义内容以及上次访问过的位置的历史记录等。

（2）内容区。

显示在树状视图区中所选定"容器"的内容。容器是指设计中心可以访问的网络、计算机、磁盘、文件夹、文件或网址（URL）。根据在树状视图区中选定的容器，在内容区一般可以显示以下内容。

- 含有图形或其他文件的文件夹。
- 图形。
- 图形中包含的命名对象（命名对象指块、布局、图层、表格样式、标注样式和文字样式等）。
- 表示块等的预定义图像或图标。
- 基于 Web 的内容。
- 由第三方开发的自定义内容。

> 提示　在树状视图区或内容区单击鼠标右键，可弹出快捷菜单。

（3）按钮。

设计中心的顶部有一行按钮，下面介绍这些按钮的功能。

① 加载按钮。

此按钮用于在内容区中显示指定图形文件的相关内容。单击该按钮，AutoCAD 弹出"加载"对话框，通过该对话框选择本地或网络驱动器或 Web 上的文件后，AutoCAD 在树状视图区中显示出该文件的名称并选中该文件，同时在内容区中显示出此文件包含的全部命名对象。

② 上一页按钮、下一页按钮。

上一页按钮用于返回到历史记录列表中最近一次的位置；下一页按钮用于返回到历史记录列表中下一个位置。此外，利用位于按钮右侧的小箭头，可以直接返回到以前显示过的某一位置。

③ 上一级按钮🗁。

此按钮用于显示所激活容器中的上一级内容，这里的容器可以是目录，也可以是图形。

④ 搜索按钮🔍。

此按钮用于快速查找对象。单击该按钮，AutoCAD 弹出如图 10.2 所示的"搜索"对话框，从中可以指定搜索条件并在图形中查找图形、块和非图形对象。

⑤ 收藏夹按钮。

在内容区显示"收藏夹"文件夹中的内容。"收藏夹"中包含经常访问的项目的快捷方式。向收藏夹添加快捷访问路径的方法是：在设计中心的树状视图区或内容区中选中要添加快捷路径的内容，单击鼠标右键，从快捷菜单中单击"添加到收藏夹"菜单项。用户也可以删除"收藏夹"中的项目，删除方法为：单击快捷菜单中的"组织收藏夹"项，从打开的窗口中删除指定的内容。

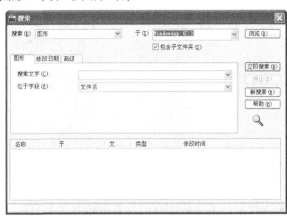

图 10.2 "搜索"对话框

⑥ 主页按钮。

用于返回到固定的文件夹或文件，即在内容区中显示固定文件夹或文件中的内容。AutoCAD 默认将此文件夹设为"DesignCenter"文件夹。用户可以设置自己的文件夹或文件，设置方法是：在视图区某文件夹或文件名上单击鼠标右键，从弹出的快捷菜单中选择"设置为主页"。

⑦ 树状图切换按钮。

此按钮用于显示或隐藏树状视图区，单击按钮可实现对应的切换。

⑧ 预览按钮。

此按钮用于在内容区中实现打开或关闭预览窗格（图 10.1 所示为位于右侧中间位置的窗格）的切换。打开预览窗格后，在内容区中选中某一项，如果该项目包含预览图像或图标（如块中包含预览图标），在预览窗格中会显示出此预览图像或图标。

⑨ 说明按钮。

此按钮用于在内容区中实现打开或关闭说明窗格（图 10.1 所示为位于右侧最下方的窗格）的切换，以确定是否显示说明内容。打开说明窗格后，单击内容区中的某一项，如果该项包含文字描述信息，会在说明窗格中显示出此信息。

用户可以将说明窗格中的描述文字复制到剪贴板，但不能在说明窗格修改它。

⑩ 视图按钮。

控制在内容区中所显示内容的格式。单击位于按钮右侧的小箭头，AutoCAD 弹出一个列表，列表中有"大图标"、"小图标"、"列表"和"详细信息"4 项，分别用于使内容区上显示的内容以大图标、小图标、列表或详细信息的格式显示。

（4）选项卡。

AutoCAD 设计中心有"文件夹"、"打开的图形"、"历史记录"和"联机设计中心"4 个选项卡。

"文件夹"选项卡显示驱动器盘符、文件夹列表等。

"打开的图形"选项卡显示当前打开的图形文件列表。

第 10 章　设计中心、选项板、"选项"对话框、样板文件及参数化绘图

"历史记录"选项卡用于显示以前在设计中心打开过的文件列表。双击列表中的某个图形文件，可以在"文件夹"选项卡中的树状视图区中定位此图形文件，并将其内容加载到内容区中。

"联机设计中心"选项卡用于提供联机设计中心 Web 页中的内容，包括块、符号库、制造商目录和联机目录。

10.1.2　使用设计中心

在设计中心，可通过内容区，按项目的层次顺序显示项目的详细信息。例如，可以显示出在树状视图区内所选中图形的命名对象图标，如标注样式、表格样式、布局、块等的图标，如图 10.3 所示。

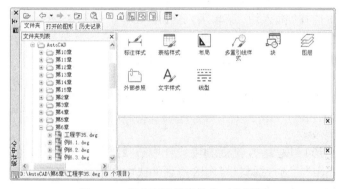

图 10.3　在内容区显示命名对象图标

对于如图 10.3 所示的对话框，在内容区双击某一图标，又会显示下一层的对应信息（如果有的话）。例如，双击"文字样式"图标，会得到如图 10.4 所示的结果，说明对应图形中具有的文字样式。

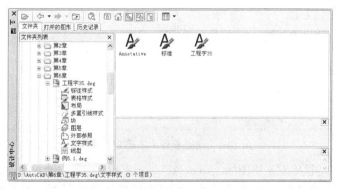

图 10.4　在内容区显示文字样式

1．向图形添加内容

利用 AutoCAD 设计中心，可以方便地为当前图形插入其他图形中的块，能够将其他图形中的图层、线型、表格样式、文字样式、标注样式等命名对象以及用户自定义的内容等添加到当前图形。

（1）插入块。

通过设计中心插入块时通常有两种方法：一种方法是插入块时自动换算插入比例；另一种方法是插入块时由用户确定插入比例和旋转角度。

① 插入块时自动换算插入比例。

通过树状视图区找到并选中包含所需要的块的图形，在内容区双击对应的块图标，并找到要插入的块，将其拖至 AutoCAD 绘图窗口，即可实现块的插入，且插入时 AutoCAD 按定义块时确定的块插入单位（参见如图 7.18 所示的"块定义"对话框以及对"块单位"下拉列表框的说明），自动转换插入比例，插入时的旋转角度为 0（见下面将介绍的例 10.1）。

② 按指定的插入点、插入比例和旋转角度插入块。

AutoCAD 还允许用户通过设计中心，用指定插入点、插入比例和旋转角度的方式插入块。具体方法为：从设计中心的内容区选中要插入的块，单击鼠标右键，从弹出的快捷菜单中选择"插入块"菜单项，AutoCAD 打开"插入"对话框，如图 10.5 所示。

图 10.5　"插入"对话框

用户可以利用该对话框确定插入点、插入比例和旋转角度等，并实现插入。

例 10.1　新建一图形，利用设计中心将第 7 章例 7.4 中创建的粗糙度块插入到新建图形中。

操作步骤

首先创建一新图形（过程略），然后利用设计中心找到与例 7.4 对应的图形（文件名为"粗糙度块（含属性）.dwg"）。通过树状视图区找到并选中图形"粗糙度块（含属性）.dwg"后，在内容区中显示出对应的命名对象图标，如图 10.6 所示。

图 10.6　通过设计中心确定图形

在设计中心的内容区中双击块图标，AutoCAD 显示出图形中包含的块的图像，如图 10.7 所示。

将对应的粗糙度块图像拖至当前图形，即可完成块定义的复制。如果块中包含有属性，将其拖入当前图形后，AutoCAD 还要求用户输入属性。

（2）在图形中复制图层、线型、文字样式、尺寸样式等。

利用设计中心，用户还可以将已有图形中的图层、线型、文字样式、标注样式、表格样式等命名对象添加到当前图形。具体方法为：在内容区或通过"搜索"对话框找到对应的内容，再将它们拖至当前打开图形的绘图窗口。

例 10.2　新建一图形，利用设计中心将第 6 章例 6.2 中定义的文字样式"工程字 35"、

第 10 章　设计中心、选项板、"选项"对话框、样板文件及参数化绘图

第 9 章例 9.1 中定义的标注样式"尺寸 35"和第 4 章例 4.2 中定义的图层插入到当前图形。

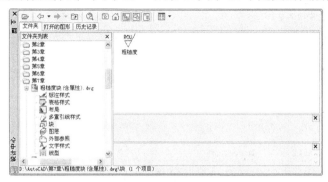

图 10.7　在内容区显示块图像

操作步骤

① 插入文字样式和标注样式。

通过设计中心找到与例 6.2 对应的图形（文件名为"工程字 35.dwg"），然后在设计中心的内容区双击"文字样式"图标，AutoCAD 显示出对应的文字样式，如图 10.8 所示。

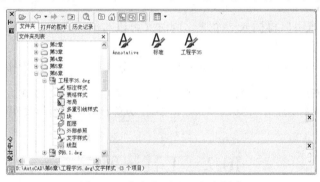

图 10.8　在内容区显示文字样式

将文字样式"工程字 35"拖到当前图形，即可插入对应的文字样式。

再用类似的方法将在例 9.1 定义的标注样式"尺寸 35"插入到当前图形（过程略）。

> **提示**　通过设计中心向当前图形插入文字样式、标注样式及表格样式后，可以通过"样式"工具栏上的对应下拉列表看到当前图形中已经有了这些样式。

② 插入图层。

通过设计中心找到与例 4.2 对应的图形（设文件名为"例 4.2.dwg"），然后在设计中心的内容区中双击"图层"图标，AutoCAD 显示出图形"例 4.2.dwg"中包含的图层，如图 10.9 所示。

将内容区中的各图层拖入当前图形，即可插入对应的图层。

> **提示**　通过设计中心向当前图形插入图层后，可通过"图层"工具栏上的图层下拉列表看到当前图形中已经添加了对应的图层。
> 前面章节介绍图形的绘制过程时，总是要先定义图层，同时还需要定义文字样式、标注样式等，但利用设计中心则可以避免这样的重复操作。只要其他图形中有所需要的命名对象以及块等，就可以通过设计中心直接将它们插入到当前图形。

图 10.9　在内容区显示图层

2．通过设计中心更新块定义

当通过设计中心将某一图形（源文件）中的块插入到其他图形中后，如果更改了源文件中的块定义，包含此块的其他图形中的块定义并不会自动更新，但利用设计中心，可以实现对应的更新。更新方法为：打开插入块的图形，通过设计中心找到定义有同样块的源文件，并在设计中心内容区显示出对应的块，在该块（或图形文件）上单击鼠标右键，从显示出的快捷菜单中选择"仅重定义"项，则能够实现对块定义的更新；如果从快捷菜单中选择"插入并重定义"，那么既可以再插入一个块，同时又可以对已插入的块实现更新。

3．通过设计中心打开图形

通过设计中心打开图形的方法为：按下 Ctrl 键，将内容区中的图形图标拖至当前绘图窗口。

> **提示**　可以将图形文件名添加到设计中心的历史记录表中，以便将来快速访问。添加方法为：在内容区中的图形文件图标上单击鼠标右键，从弹出的快捷菜单中选择"添加到收藏夹"。

10.2　工具选项板

工具选项板是"工具选项板"窗口中选项卡形式的区域，如图 10.10 所示。工具选项板提供了组织、共享和放置块与填充图案等的有效方法。工具选项板上还可以包含由第三方开发人员提供的自定义工具。

被添加到工具选项板的项目称为"工具"。用户可以定制工具选项板，为工具选项板添加工具。

1．启用工具选项板

命令：TOOLPALETTES。**菜单**："工具"|"选项板"|"工具选项板"。**工具栏**："标准" |▤（工具选项板窗口）。

执行 TOOLPALETTES 命令，即可打开如图 10.10 所示的工具选项板窗口。

2．使用工具选项板

（1）利用工具选项板填充图案。

有两种通过工具选项板填充图案的方法。一种方法是单击工具选项板上的某一图案图标，单击后 AutoCAD 提示：

指定插入点：

此时在绘图窗口中需要填充图案的区域内任意拾取一点，即可实现图案的填充。

另一种方法是通过拖放的方式填充图案：将工具选项板上的某一图案图标直接拖至绘图窗口中要填充的区域。

（2）利用工具选项板插入块和表格。

通过工具选项板插入块和表格的方法也有两种：一种方法是单击工具选项板上的块图标或表格图标，然后根据提示确定插入点等参数；另一种方法是通过拖放的方式插入块或表格，即将工具选项板上的块图标或表格图标直接拖至绘图窗口。

（3）利用工具选项板执行各种 AutoCAD 命令。

通过工具选项板执行 AutoCAD 命令与通过工具栏执行命令的方式相同，即在工具选项板上单击对应的图标，然后根据提示操作即可。

3．定制工具选项板

可以为"工具选项板"窗口添加工具选项板，为工具选项板添加各种工具。

（1）添加工具选项板。

图 10.10 "工具选项板"窗口及工具选项板

为"工具选项板"窗口添加工具选项板的方法是：打开"工具选项板"窗口，在选项板窗口上单击鼠标右键，从弹出的快捷菜单中选择"新建选项板"菜单项。用户可以为新定义的选项板指定新名称。

（2）为工具选项板添加工具。

用户可以用以下方法为工具选项板添加工具。

① 将几何对象（例如直线、圆和多段线）、标注的尺寸、文字、图案填充、块、表格等右拖至工具选项板。拖至工具选项板后，就会建立相应的图标。

② 使用"剪切"、"复制"和"粘贴"功能，将某一工具选项板上的工具移动或复制到另一个工具选项板上。

> 提示　可以通过与工具选项板窗口对应的快捷菜单删除工具选项板、重命名工具选项板、删除工具，也可以通过拖放的方式更改工具选项板上工具的排列顺序。

10.3 "选项"对话框

"选项"对话框用于自定义绘图环境。4.3 节曾介绍过如何利用系统变量设置绘图环境，实际上，通过"选项"对话框可以完成其中的许多设置。

1．打开"选项"对话框

命令：OPTIONS。**菜单**："工具"|"选项"。

执行 OPTIONS 命令，AutoCAD 打开"选项"对话框，如图 10.11 所示。

对话框中有"文件"、"显示"、"打开和保存"、"打印和发布"、"系统"、"用户系统配置"、"绘图"、"三维建模"、"选择集"和"配置" 10 个选项卡。下面简要介绍这些选项卡的功能。

> 提示　对于 AutoCAD 的初学者，可跳过本节内容。当对 AutoCAD 掌握到一定程度后，再学习本节介绍的内容。

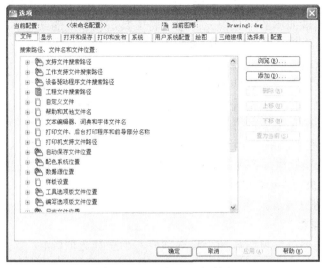

图 10.11 "选项"对话框

2."文件"选项卡

"文件"选项卡（如图 10.11 所示）列出了 AutoCAD 的搜索支持文件、驱动程序文件、菜单文件和其他文件的文件夹，还列出了用户定义的可选设置，如用于进行拼写检查的目录等。用户可以通过此选项卡指定 AutoCAD 搜索支持文件、驱动程序、菜单文件以及其他文件的文件夹，同时还可以通过其指定一些可选的用户定义设置。

3."显示"选项卡

"显示"选项卡（如图 10.12 所示）用于设置 AutoCAD 的显示，下面介绍其主要项的功能。

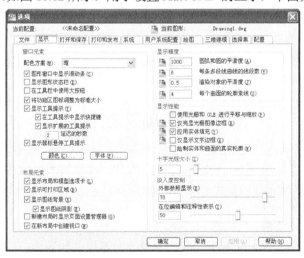

图 10.12 "显示"选项卡

(1)"窗口元素"选项组。

该选项组用于控制绘图环境特有的显示设置。选项组中，"配色方案"下拉列表用于确定工作界面中工具栏、状态栏等元素的配色，有"明"和"暗"两种选择；"图形窗口中显示

第 10 章 设计中心、选项板、"选项"对话框、样板文件及参数化绘图

滚动条"复选框确定是否在绘图区域的底部和右侧显示滚动条;"显示图形状态栏"复选框确定是否在绘图区域的底部显示图形状态栏;"在工具栏中使用大按钮"复选框确定是否以 32×30 像素的格式来显示图标(默认显示尺寸为 16×15 像素);"显示工具提示"复选框确定当光标放在工具栏按钮或菜单浏览器中的菜单项之上时,是否显示工具提示,还可以设置在工具提示中是否显示快捷键以及是否显示扩展的工具提示等;"显示鼠标悬停工具提示"复选框确定是否启用鼠标悬停工具提示功能;"颜色"按钮用于确定 AutoCAD 工作界面中各部分的颜色,单击该按钮,AutoCAD 弹出"图形窗口颜色"对话框,如图 10.13 所示。

用户可以通过对话框中的"上下文"列表框选择要设置颜色的项;通过"界面元素"列表框选择要设置颜色的对应元素;通过"颜色"下拉列表框设置对应的颜色。

在"窗口元素"选项组中,"字体"按钮用于设置 AutoCAD 工作界面中命令窗口内的字体。单击该按钮,AutoCAD 弹出"命令行窗口字体"对话框,如图 10.14 所示,用户从中选择即可。

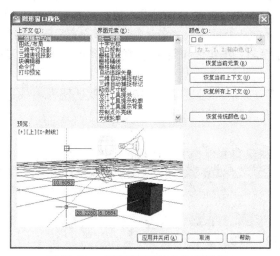

图 10.13 "图形窗口颜色"对话框

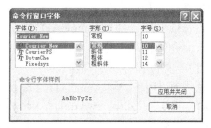

图 10.14 "命令行窗口字体"对话框

(2)"布局元素"选项组。

此选项组用于控制现有布局和新布局。布局是一个图纸的空间环境,用户可以在其中设置图形并进行打印。

在"布局元素"选项组中,"显示布局和模型选项卡"复选框用于设置是否在绘图区域的底部显示"布局"和"模型"选项卡;"显示可打印区域"复选框用于设置是否显示布局中的可打印区域(可打印区域指布局中位于虚线内的区域,其大小由选择的输出设备来决定。打印图形时,绘制在可打印区域外的对象将被剪裁或忽略掉);"显示图纸背景"复选框用于确定是否在布局中显示所指定的图纸尺寸的背景;"新建布局时显示页面设置管理器"复选框设置当第一次选择布局选项卡时,是否显示页面设置管理器,以通过此对话框设置与图纸和打印相关的选项;"在新布局中创建视口"复选框用于设置当创建新布局时是否自动创建单个视口。

(3)"显示精度"选项组。

此选项组用于控制对象的显示质量。其中,"圆弧和圆的平滑度"文本框用于控制圆、圆弧和椭圆的平滑度。值越高,对象越平滑,但 AutoCAD 也因此需要更多的时间来执行重生成等操作。可以在绘图时将该选项设置成较低的值(如 100),当渲染时再增加该选项的值,

257

以提高显示质量。圆弧和圆的平滑度的有效值范围是 1~20 000，默认值为 1 000。

"每条多段线曲线的线段数"文本框用于设置每条多段线曲线生成的线段数目，有效值范围是-32 767~32 767，默认值为 8。

"渲染对象的平滑度"文本框用于控制着色和渲染曲面实体的平滑度，有效值范围为 0.01~10，默认值为 0.5。

"每个曲面的轮廓索线"文本框用于设置对象上每个曲面的轮廓线数目，有效值范围为 0~2 047，默认值为 4。

（4）"显示性能"选项组。

此选项组控制影响 AutoCAD 性能的显示设置。其中，"使用光栅和 OLE 进行平移与缩放"复选框控制当实时平移（PAN）和实时缩放（ZOOM）时光栅图像和 OLE 对象的显示方式；"仅亮显光栅图像边框"复选框控制选择光栅图像时的显示方式，如果选中该复选框，当选中光栅图像时只会亮显图像边框。"应用实体填充"复选框确定是否显示对象中的实体填充（与 FILL 命令的功能相同）；"仅显示文字边框"复选框确定是否只显示文字对象的边框而不显示文字对象；"绘制实体和曲面的真实轮廓"复选框控制是否将三维实体和曲面对象的轮廓曲线显示为线框。

（5）"十字光标大小"选项组。

此选项组用于控制十字光标的尺寸，其有效值范围是 1%~100%，默认值为 5%。当将该值设置为 100%时，十字光标的两条线会充满整个绘图窗口。

4．"打开和保存"选项卡

此选项卡用于控制 AutoCAD 中与打开和保存文件相关的选项，如图 10.15 所示。

下面介绍选项卡中主要项的功能。

（1）"文件保存"选项组。

该选项组用于控制 AutoCAD 中与保存文件相关的设置。其中，"另存为"下拉列表框设置当用 SAVE、SAVEAS 和 QSAVE 命令保存文件时所采用的有效文件格式；"缩略图预览设置"按钮用于设置保存图形时是否更新缩微预览；"增量保存百分比"文本框用于设置保存图形时的增量保存百分比。

（2）"文件安全措施"选项组。

该选项组可以避免数据丢失并进行错误检测。其中，"自动保存"复选框确定是否按指定的时间间隔自动保存图形，

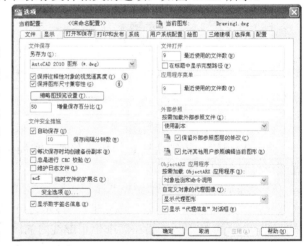

图 10.15 "打开和保存"选项卡

如果选中该复选框，可以通过"保存间隔分钟数"文本框设置自动保存图形的时间间隔。"每次保存时均创建备份副本"复选框确定保存图形时是否创建图形的备份（创建的备份和图形位于相同的位置）。"总是进行 CRC 校验"复选框确定每次将对象读入图形时是否执行循环冗余校验（CRC）。CRC 是一种错误检查机制。如果图形遭到破坏，且怀疑是由于硬件问题或 AutoCAD 错误造成的，则应选用此选项。"维护日志文件"复选框确定是否将文本窗口的内容写入日志文件。"临时文件的扩展名"文本框用于为当前用户指定扩展名来标识临时文件，其默认扩展名为.ac$。"安全选项"按钮用于提供数字签名和密码选项，保存文件时会调用这些选项。"显示数字签名信

息"复选框确定当打开带有有效数字签名的文件时是否显示数字签名信息。

(3) "文件打开"选项组。

此选项组控制与最近使用过的文件以及所打开文件相关的设置。其中,"最近使用的文件数"文本框用于控制在"文件"菜单中列出的最近使用过的文件数目,以便快速访问,其有效值为 0~9;"在标题中显示完整路径"复选框确定在图形的标题栏中或 AutoCAD 标题栏中(图形最大化时)是否显示活动图形的完整路径。

(4) "应用程序菜单"选项。

确定在菜单中列出的最近使用的文件数。

(5) "外部参照"选项组。

此选项组控制与编辑、加载外部参照有关的设置。

(6) "ObjectARX 应用程序"选项组。

此选项组控制 ObjectARX 应用程序及代理图形的有关设置。

5． "打印和发布"选项卡

此选项卡控制与打印和发布相关的选项,如图 10.16 所示。

下面介绍选项卡中主要项的功能。

(1) "新图形的默认打印设置"选项组。

此选项组控制新图形或在 AutoCAD R14 或更早版本中创建的没有用 AutoCAD 2000(或更高版本)格式保存的图形的默认打印设置。

(2) "打印到文件"选项组。

将图形打印到文件时指定其默认保存位置。用户可以直接输入位置,或单击位于右侧的按钮,从弹出的对话框指定保存位置。

(3) "后台处理选项"选项组。

指定与后台打印和发布相关的选项,可以使用后台打印启动正在打印或发布的作业,然后返回到绘图工作,这样,可以使用户在绘图的同时打印或发布作业。

图 10.16　"打印和发布"选项卡

(4) "打印和发布日志文件"选项组。

控制将打印和发布日志文件保存为可以在电子表格程序中查看的逗号分隔值(CSV)文件时的相关选项。

(5) "自动发布"选项组。

指定是否进行自动发布并控制发布的设置,可以通过"自动发布"复选框确定是否进行自动发布;通过"自动发布设置"按钮进行发布设置。

(6) "常规打印选项"选项组。

控制与基本打印环境(包括图纸尺寸设置、系统打印机警告方式和 AutoCAD 图形中的 OLE 对象)相关的选项。

(7) "指定打印偏移时相对于"选项组。

指定打印区域的偏移是从可打印区域的左下角开始，还是从图纸的边缘开始。
（8）"打印戳记设置"按钮。
通过弹出的"打印戳记"对话框设置打印戳记信息。
（9）"打印样式表设置"按钮。
通过弹出的"打印样式表设置"对话框设置与打印和发布相关的选项。

6．"系统"选项卡

该选项卡用于控制 AutoCAD 的系统设置，如图 10.17 所示。

下面介绍选项卡中主要项的功能。

（1）"三维性能"选项。

此选项用于控制与三维图形显示系统的系统特性和配置相关的设置。用户可以单击"性能设置"按钮，在弹出的对话框中进行相关的设置。

（2）"当前定点设备"选项组。

此选项组用于控制与定点设备相关的选项。

（3）"布局重生成选项"选项组。

此选项组用于指定如何更新在"模型"选项卡和"布局"选项卡上显示的列表。对于每个选项卡，更新显示列表的方法可以是切换到该选项卡时重生成图形，

图 10.17　"系统"选项卡

也可以是切换到该选项卡时将显示列表保存到内存并只重生成修改的对象等。

（4）"数据库连接选项"选项组。

此选项组用于控制与数据库连接信息相关的选项。

（5）"常规选项"选项组。

此选项组用于控制与系统设置相关的基本选项。

（6）"Live Enabler 选项"选项组。

此选项组用于指定 AutoCAD 是否检查对象激活器。使用 Object Enabler 可以显示并使用 AutoCAD 图形中的自定义对象。

（7）"Autodesk Exchange"选项组。

该选项组用于访问联机内容，其中包括帮助信息。

（8）"气泡式通知"选项组。

该选项组用于控制系统是否启用气泡式通知以及如何显示气泡式通知。

7．"用户系统配置"选项组

此选项卡用于控制优化工作方式的各个选项，如图 10.18 所示。

下面介绍选项卡的主要内容。

（1）"Windows 标准操作"选项组。

此选项组控制是否允许双击操作以及右击定点设备（如鼠标）时的对应操作。其中，"双击进行编辑"复选框确定当在绘图窗口中双击图形对象时，是否进入编辑模式以便用户编辑。

第 10 章　设计中心、选项板、"选项"对话框、样板文件及参数化绘图

"绘图区域中使用快捷菜单"复选框确定当右击定点设备时,是否在绘图区域显示快捷菜单,如果不选中此复选框,AutoCAD 会将右击解释为按 Enter 键。"自定义右键单击"按钮用于通过弹出的"自定义右键单击"对话框来进一步定义如何在绘图区域中使用快捷菜单。

(2)"插入比例"选项组。

控制在图形中插入块和图形时使用的默认比例。

(3)"超链接"选项。

此选项控制与超链接显示特性相关的设置。

(4)"字段"选项组。

设置与字段相关的系统配置。其中,"显示字段的背景"复选框确定是否用浅灰色背景显示字段(但打印时不会打印背景色)。"字段更新设置"按钮通过"字段更新设置"对话框来进行对应的设置。

(5)"坐标数据输入的优先级"选项组。

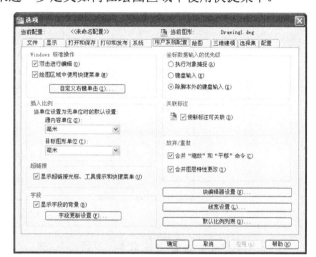

图 10.18　"用户系统配置"选项卡

此选项组用于控制 AutoCAD 如何优先响应坐标数据的输入,从中选择即可。

(6)"关联标注"选项。

此选项控制标注尺寸时是创建关联尺寸标注还是创建传统的非关联尺寸标注。对于关联尺寸标注,当所标注尺寸的几何对象被修改时,关联标注会自动调整其位置、方向和测量值。

(7)"放弃/重做"选项组。

"合并'缩放'和'平移'命令"复选框用于控制如何对"缩放"和"平移"命令执行"放弃"和"重做"。如果选中"合并'缩放'和'平移'命令"复选框,AutoCAD 把多个连续的缩放和平移命令合并为单个动作来进行放弃和重做操作。"合并图层特性更改"复选框用于控制如何对图层特性更改来执行"放弃"和"重做"。如果选中"合并图层特性更改"复选框,AutoCAD 把多个连续的图层特性更改合并为单个动作来进行放弃和重做操作。

(8)"块编辑器设置"按钮。

单击该按钮,AutoCAD 弹出"块编辑器设置"对话框,用户可利用它设置块编辑器。

(9)"线宽设置"按钮。

单击该按钮,AutoCAD 弹出"线宽设置"对话框,如图 10.19 所示,用户可以利用其设置线宽。

(10)"编辑比例列表"按钮。

单击该按钮,AutoCAD 弹出"编辑比例缩放列表"对话框,用于更改在"比例列表"区域中列出的现有缩放比例。

8. "绘图"选项卡

此选项卡用于设置各种基本编辑选项,如图 10.20 所示。

下面介绍选项卡的主要功能。

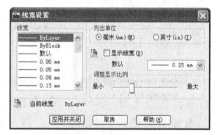

图 10.19　"线宽设置"对话框

图 10.20 "绘图"选项卡

(1) "自动捕捉设置"选项组。

此选项组控制使用对象捕捉功能时所显示的形象化辅助工具的相关设置。其中,"标记"复选框控制是否显示自动捕捉标记,该标记是当十字光标移到捕捉点附近时显示出的说明捕捉到对应点的几何符号。"磁吸"复选框用于打开或关闭自动捕捉磁吸。磁吸是指十字光标自动移动并锁定到最近的捕捉点上。"显示自动捕捉工具提示"复选框控制当 AutoCAD 捕捉到对应的点时,是否通过浮出的小标签给出对应提示。"显示自动捕捉靶框"复选框用于控制是否显示自动捕捉靶框。靶框是捕捉对象时出现在十字光标内部的方框。"颜色"按钮用于设置自动捕捉标记的颜色。

(2) "自动捕捉标记大小"选项。

通过水平滑块设置自动捕捉标记的大小。

(3) "对象捕捉选项"选项组。

该选项组确定对象捕捉时是否忽略填充的图案等设置。

(4) "AutoTrack 设置"选项组。

此选项组控制极轴追踪和对象捕捉追踪时的相关设置。如果选中"显示极轴追踪矢量"复选框,则当启用极轴追踪时,AutoCAD 会沿指定的角度显示出追踪矢量。利用极轴追踪,可以使用户方便地沿追踪方向绘出直线。"显示全屏追踪矢量"复选框控制全屏追踪矢量的显示。如果选择此选项,AutoCAD 将以无限长直线显示追踪矢量。"显示自动追踪工具提示"复选框控制是否显示自动追踪工具提示。工具提示是一个提示标签,可用其显示沿追踪矢量方向的光标极坐标。

(5) "对齐点获取"选项组。

此选项组控制在图形中显示对齐矢量的方法。其中,"自动"单选按钮表示当靶框移到对象捕捉点上时,AutoCAD 会自动显示出追踪矢量;"按 Shift 键获取"单选按钮表示当按 Shift 键并将靶框移到对象捕捉点上时,AutoCAD 会显示出追踪矢量。

(6) "靶框大小"选项。

通过水平滑块设置自动捕捉靶框的显示尺寸。

(7) "设计工具提示设置"按钮。

第 10 章 设计中心、选项板、"选项"对话框、样板文件及参数化绘图

此按钮用于设置当采用动态输入时,工具提示的颜色、大小以及透明性。单击此按钮,AutoCAD 弹出如图 10.21 所示的"工具提示外观"对话框,通过其设置即可。

(8)"光线轮廓设置"、"相机轮廓设置"按钮。

"光线轮廓设置"和"相机轮廓设置"按钮分别用于设置光线的轮廓外观和相机的轮廓外观,它们均用于三维绘图。

9."三维建模"选项卡

此选项卡用于三维建模方面的设置,如图 10.22 所示。

图 10.21 "工具提示外观"对话框

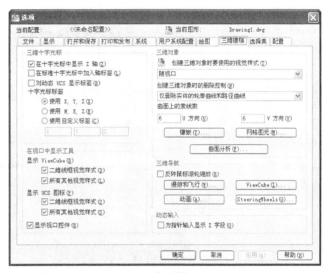

图 10.22 "三维建模"选项卡

下面介绍选项卡中主要项的功能。

(1)"三维十字光标"选项组。

此选项组控制三维绘图中十字光标的显示样式。其中,"在十字光标中显示 Z 轴"复选框控制在十字光标中是否显示 z 轴;"在标准十字光标中加入轴标签"复选框控制是否在十字光标中显示轴标签,图 10.23 所示是在十字光标中(该十字光标还显示出 z

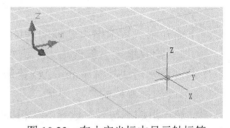

图 10.23 在十字光标中显示轴标签

轴)显示出坐标轴标签(即 x、y 和 z);"对动态 UCS 显示标签"复选框确定是否对动态 UCS 显示标签;与"十字光标标签"对应的各单选按钮用于确定十字光标的标签内容。

(2)"在视口中显示工具"选项组。

该选项组控制是否在二维或三维模型空间中显示 UCS 图标以及 ViewCube(其功能参见 12.4.5 节)等,用户根据需要从中选择即可。

(3)"三维对象"选项组。

控制与三维实体和表面模型显示有关的设置。其中,"创建三维对象时要使用的视觉样式"设置将以何种视觉样式来创建三维对象,从下拉列表选择即可;"创建三维对象时的删除控制"用于指定当创建三维对象后,是否自动删除创建实体或表面模型时定义的对象,或提示用户删除这些对象;与"曲面和网格上的素线数"对应的"U 方向"和"V 方向"两个文

本框分别用于设置表面和网格沿 U 方向和 V 方向的素线数，它们的默认值均为 6。"镶嵌"、"网格图元"和"曲面分析"三个按钮分别用于相应的三维绘图设置。

（4）"三维导航"选项组。

控制漫游和飞行、动画等方面的设置。

（5）"动态输入"选项。

该选项控制当采用动态输入时，在指针输入中是否显示 Z 字段。

10．"选择集"选项卡

此选项卡用于设置选择对象时的选项，如图 10.24 所示。

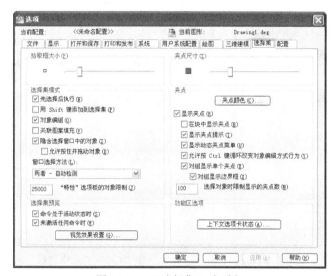

图 10.24　"选择集"选项卡

下面介绍选项卡中主要项的功能。

（1）"拾取框大小"选项。

通过水平滑块控制 AutoCAD 拾取框的大小，此拾取框用于选择对象。

（2）"选择集模式"选项组。

此选项组控制与对象选择方法相关的设置。其中，"先选择后执行"复选框允许在启动命令之前先选择对象，然后再执行对应的命令进行操作。"用 Shift 键添加到选择集"复选框表示当选择对象时，是否采用按下 Shift 键再选择对象时才可以向选择集添加对象或从选择集中删除对象。"对象编组"复选框表示如果设置了对象编组（用 GROUP 命令创建编组），当选择编组中的一个对象时是否要选择编组中的所有对象。"关联图案填充"复选框用于确定所填充的图案是否与其边界建立关联。"隐含选择窗口中的对象"复选框确定是否允许采用隐含窗口（即默认矩形窗口）选择对象。"允许按住并拖动对象"复选框确定是否允许通过指定选择窗口的一点后，仍按住鼠标左键，并将鼠标拖至第二点的方式来确定选择窗口。如果未选中此复选框，表示应通过拾取点的方式单独确定选择窗口的两点。"窗口选择方法"下拉列表用于确定选择窗口的选择方法。

（3）"选择集预览"选项组。

此选项组确定当拾取框在对象上移动时，是否亮显对象。其中，"命令处于活动状态时"复选框表示仅当对应的命令处于活动状态并显示"选择对象："提示时，才会显示选择预览。

"未激活任何命令时"复选框表示即使未激活任何命令，也可以显示选择预览。"视觉效果设置"按钮会弹出"视觉效果设置"对话框，用于进行相关的设置。

（4）"夹点大小"滑块。

此滑块用来设置夹点操作时的夹点方框的大小。

（5）"夹点"选项组。

此选项组控制与夹点相关的设置，选项组中主要项的含义如下。

① "夹点颜色"按钮。

通过对话框设置夹点的对应颜色。

② "显示夹点"复选框。

确定直接选择对象后是否显示出对应的夹点。

③ "在块中显示夹点"复选框。

设置块的夹点显示方式。启用该功能，用户选择的块中的各对象均显示其本身的夹点，否则只将插入点作为夹点显示。

④ "显示夹点提示"复选框。

设置当光标悬停在支持夹点提示的自定义对象的夹点上时，是否显示夹点的特定提示。

⑤ "显示动态夹点菜单"复选框。

控制当光标在显示出的多功能夹点上悬停时，是否显示出动态菜单。样条曲线的夹点就属于多功能夹点。

⑥ "允许按 Ctrl 键循环改变对象编辑方式行为"复选框。

确定是否允许用 Ctrl 键来循环改变对多功能夹点的编辑行为。

⑦ "对组显示单个夹点"、"对组显示边界框"复选框。

分别用于确定是否显示对象组的单个夹点以及围绕编组对象的范围显示边界框。

⑧ "选择对象时限制显示的夹点数"文本框。

使用夹点功能时，当选择了多个对象时，设置所显示的最大夹点数，有效值为 1~32 767，默认值为 100。

（6）"功能区选项"选项。

此选项中的"上下文选项卡状态"按钮用于通过对话框设置功能区上下文选项卡的状态。

11．"配置"选项卡

此选项卡用于控制配置的使用，如图 10.25 所示。

配置由用户定义，下面介绍对话框中主要项的功能。

（1）"可用配置"列表框。

此列表框用于显示可用配置的列表。

（2）"置为当前"按钮。

将指定的配置置为当前配置。在"可用配置"列表框中选中对应的配置，单击该按钮即可。

（3）"添加到列表"按钮。

利用弹出的"添加配置"对话框，用其他名称保存选定的配置。

（4）"重命名"按钮。

利用弹出的"修改配置"对话框，修改选定配置的名称和说明。当希望重命名一个配置但又希望保留其当前设置时，应利用"重命名"按钮实现。

图 10.25 "配置"选项卡

(5)"删除"按钮。

删除在"可用配置"列表框中选定的配置。

(6)"输出"按钮。

将配置输出为扩展名为.arg 的文件,以便其他用户可以共享该文件。

(7)"输入"按钮。

输入用"输出"选项创建的配置(扩展名为.arg 的文件)。

(8)"重置"按钮。

将在"可用配置"中的选定配置的值重置为系统默认设置。

10.4 样板文件

虽然利用设计中心可以避免在每一幅图形中都要执行定义图层、定义各种样式以及创建块这样的重复操作,但仍然需要通过拖放等操作来复制这些项目。如果采用样板文件,则可以进一步提高绘图效率,避免这些重复性操作。

样板文件是扩展名为.dwt 的 AutoCAD 文件,文件中通常包含一些通用设置,如绘图单位、图形界限、图层、文字样式、标注样式及表格样式等,还包含一些常用的图形对象,如图框、标题栏及各种常用块等。

创建样板文件的过程一般如下。

1. 建立新图形

执行 NEW 命令建立新图形(也可以打开已有图形,在其基础上修改)。

2. 绘图设置

进行必要的绘图设置,如设置绘图单位、图形界限、图层、文字样式、标注样式、表格样式以及栅格和极轴追踪等,有些设置可以直接利用设计中心完成。

第 10 章 设计中心、选项板、"选项"对话框、样板文件及参数化绘图

3．绘制固定图形

绘制图框、标题栏等（可以将标题栏定义为含有属性的块，以后填写标题栏时直接双击标题栏块，从弹出的"增强属性编辑器"对话框中填写）。

4．定义常用符号块

如定义粗糙度符号块、基准符号块及常用零件块等，可以直接通过设计中心从有这些块的图形中进行复制。

5．打印设置

设置打印页面、打印设备等。

6．保存图形

最后，执行 SAVEAS 命令，将当前图形以.dwt 格式保存，即可创建出对应的样板文件。

一旦创建了样板文件，如果选择该样板文件来创建新图形，新图形中就会包含样板文件具有的全部信息，如绘图单位、图形界限、图层、文字样式、标注样式、表格样式的设置以及各种块等。

> **提示** 有些用户习惯于用已有的.dwg 图形来绘制新图形，即打开已有各种设置的.dwg 图形，删除图中不需要的图形对象，绘制新图形，然后再换名保存。采用这种方法时，一般应换名保存，因为直接用原文件名保存图形会覆盖原有的图形。为避免出现因操作失误而覆盖已有图形这样的问题，建议读者学会使用样板文件，能够根据需要定义自己的样板文件。

例 10.3 新建一样板文件。对该样板文件的主要要求有：文件名为 A4.dwt；图幅规格为 A4（竖装，尺寸为 210×297）；图层设置与表 4.3 相同；文字样式名为"工程字 35"，其设置与例 6.2 中的设置相同；尺寸样式名为"尺寸 35"，其设置与例 9.1 中的设置相同；并定义有粗糙度符号块、基准符号块等。

操作步骤

① 建立新图形。

执行 NEW 命令，以文件 acadiso.dwt 为样板建立新图形（过程略）。

② 设置绘图单位、绘图界限。

分别用 UNITS 命令、LIMITS 命令设置绘图单位、绘图界限（参见 4.2 节中的例 4.1，过程略）。

③ 定义图层。

根据 4.4.3 节中的表 4.3 定义图层（也可以利用设计中心复制已有的图层设置，过程略）。

④ 绘制图框。

在对应的图层绘制 A4 图幅的图框，绘图尺寸如图 10.26 所示。

⑤ 绘制标题栏。

在对应位置、对应图层绘制对应的标题栏（过程略），并填写对应的文字。标题栏尺寸及内容如图 10.27 所示（如果标题栏中的有些项需要填写大号字，还应先定义对应的文字样式）。

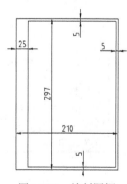

图 10.26 绘制图框

> **提示** 可以将此标题栏定义成含有属性的块，需要时插入到图框中。

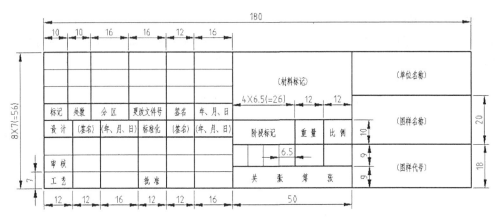

图 10.27　标题栏尺寸及内容

⑥ 定义文字样式。

定义文字样式"工程字 35"（参见例 6.2，也可以利用设计中心复制已有的文字样式，过程略）。

⑦ 定义标注样式。

定义标注样式"尺寸 35"（参见例 9.1，也可以利用设计中心复制已有的标注样式，过程略）。

⑧ 创建粗糙度符号块（参见例 7.4，可利用设计中心复制已有的块，过程略）。

⑨ 创建基准符号块（参见图 7.45 及相关要求，过程略）。

⑩ 保存图形。

执行 SAVEAS 命令，在弹出的"图形另存为"对话框中进行设置，如图 10.28 所示。

可以看出，已将文件名设为 A4，并通过"文件类型"下拉列表框选择了"AutoCAD 图形样板（*.dwt）"，单击"保存"按钮，AutoCAD 弹出"样板选项"对话框，如图 10.29 所示。

在对话框中输入说明后（如果有的话），单击"确定"按钮，即可完成样板文件的定义。

请读者将本练习得到的结果以样板文件保存（文件名：A4.dwt），后面还将用到此文件。

图 10.28　"图形另存为"对话框

图 10.29　"样板选项"对话框

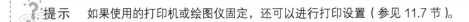

提示　如果使用的打印机或绘图仪固定，还可以进行打印设置（参见 11.7 节）。

第 10 章 设计中心、选项板、"选项"对话框、样板文件及参数化绘图

> 提示　AutoCAD 默认将样板文件保存在 AutoCAD 安装目录下的 Template 文件夹中。

10.5　参数化绘图

AutoCAD 2012 新增了参数化绘图功能，即改变尺寸参数后，图形会自动发生相应的变化。

10.5.1　几何约束

命令：GEOMCONSTRAINT。**菜单**："参数"|"几何约束"。

所谓几何约束是指在对象之间建立一定的约束关系。

命令操作

执行 GEOMCONSTRAINT 命令，AutoCAD 提示：

    输入约束类型
    [水平(H)/竖直(V)/垂直(P)/平行(PA)/相切(T)/平滑(SM)/重合(C)/同心(CON)/共线(COL)/对称(S)/相等(E)/固定(F)]<平滑>:

此提示要求用户指定约束的类型并建立约束。

1. 水平（H）

水平是将指定的直线对象约束成与当前坐标系的 x 坐标平行（二维绘图一般就是水平）。执行该选项，AutoCAD 提示：

    选择对象或 [两点(2P)] <两点>:

此时可通过"选择对象"选项选择直线，或通过"两点(2P)"选项指定直线对象的两个端点。指定了直线后，该直线会变得与当前坐标系的 x 坐标平行。

建立了水平约束后，会在对应直线的上方显示图标 ，表示该对象的约束关系。

2. 竖直（V）

竖直是指将指定的直线对象约束成与当前坐标系的 y 坐标平行（二维绘图一般就是垂直）。执行该选项，AutoCAD 提示：

    选择对象或 [两点(2P)] <两点>:

此时可通过"选择对象"选项选择直线，或通过"两点(2P)"选项指定直线对象的两个端点。指定了直线后，该直线会变得与当前坐标系的 y 坐标平行。

建立了竖直约束后，会在对应直线的侧面显示图标 ，表示该对象的约束关系。

3. 垂直（P）

将指定的一条直线约束成与另一直线保持垂直关系。执行该选项，AutoCAD 提示：

    选择第一个对象:（选择直线对象）
    选择第二个对象:（选择另一条直线对象）

建立了垂直约束后，第一条直线变得与第二条直线垂直，并在对应的两条直线附近各显示一个图标 ，表示两对象有垂直约束关系。当光标放到其中的某一图标上时，有垂直约束关系的两个对象用虚线显示，且图标背景变为蓝色，以说明这两个对象有垂直约束关系。

269

4．平行（PA）

平行是指将指定的一条直线约束成与另一条直线保持平行关系。执行该选项，AutoCAD 提示：

> 选择第一个对象：（选择直线对象）
> 选择第二个对象：（选择另一条直线对象）

建立了平行约束后，第一条直线变得与第二条直线平行，并在对应的两条直线附近各显示一个图标//，表示两对象有平行约束关系。当将光标放到其中的某一图标上时，有平行约束关系的两个对象用虚线显示，且图标背景变为蓝色，以说明这两个对象有平行约束关系。

5．相切（T）

相切是指将指定的一个对象与另一个对象约束成相切关系。执行该选项，AutoCAD 提示：

> 选择第一个对象:（选择一个对象）
> 选择第二个对象:（选择另一个对象）

建立了相切约束后，第二个对象调整位置，与第一个对象相切，并在切点附近显示一个图标，表示两对象有相切约束。当将光标放到该图标上时，有相切约束关系的两个对象用虚线显示，且图标背景变为蓝色，以说明这两个对象有相切约束关系。

6．平滑（SM）

平滑是指在共享同一端点的两条样条曲线之间建立平滑约束。执行该选项，AutoCAD 提示：

> 选择第一条样条曲线:（选择一条样条曲线）
> 选择第二条曲线:（选择另一条样条曲线）

建立了平滑约束后，两条样条曲线在相连接的端点处进行平滑处理，并在两对象附近各显示一个图标，表示两对象有平滑约束。当将光标放到某一图标上时，有平滑约束关系的两条样条曲线用虚线显示，且图标背景变为蓝色，以说明这两个对象有平滑约束关系。

7．重合（C）

重合是指使两个点或一个对象与一个点之间保持重合。执行该选项，AutoCAD 提示：

> 选择第一个点或 [对象(O)] <对象>:（选择一个点或通过"对象"选项选择对象）
> 选择第二个点或 [对象(O)] <对象>:（选择一个点或通过"对象"选项选择对象）

建立了重合约束后，在"选择第二个点或 [对象(O)] <对象>:"提示下选择的点或对象会调整位置，与在"选择第一个点或 [对象(O)] <对象>:"提示下指定的点或对象保持重合。

8．同心（CON）

同心是指使一个圆、圆弧或椭圆与另一个圆、圆弧或椭圆保持同心。执行该选项，AutoCAD 提示：

> 选择第一个对象:（选择圆、圆弧或椭圆）
> 选择第二个对象:（选择圆、圆弧或椭圆）

建立同心约束后，在"选择第二个对象:"提示下选择的圆、圆弧或椭圆会调整位置，与在"选择第一个对象:"提示下选择的圆、圆弧或椭圆保持同心，同时在两对象附近各显示一个图标，表示两对象有同心约束。当将光标放到某一图标上时，有同心约束关系的两对象用虚线显示，且图标背景变为蓝色，以说明这两个对象有同心约束关系。

9．共线（COL）

共线是指使一条或多条直线段与另一条直线段保持共线，即位于同一直线上。执行该选项，AutoCAD 提示：

> 选择第一个对象或 [多个(M)]:（选择一条直线段）
> 选择第二个对象:（选择另一条直线段）

建立共线约束后，在"选择第二个对象:"提示下选择的直线段会调整位置，与选择的第一条直线段保持共线，同时在两对象附近各显示一个图标，表示两对象有共线约束。当将光标放到某一图标上时，有共线约束关系的两对象用虚线显示，且图标背景变为蓝色，以说明这两个对象有共线约束关系。

利用"选择第一个对象或 [多个(M)]:"提示中的"多个(M)"选项，可以使多条直线段与第一条直线段共线。

10．对称（S）

对称是指约束直线段或圆弧上的两个点，使其以选定的直线为对称轴彼此对称。执行该选项，AutoCAD 提示：

> 选择第一个点或 [对象(O)] <对象>:（选择对象上的一端点）
> 选择第二个点:（选择对象上的另一端点）
> 选择对称直线:（选择对称轴）

建立对称约束后，在"选择第二个点:"提示下选择的对象端点会调整位置，使对象上所选择的两点对称于选定的对称轴，同时在两对象附近各显示一个图标，表示两对象有对称约束。当将光标放到某一图标上时，有对称约束关系的两对象用虚线显示，且图标背景变为蓝色，以说明这两个对象有对称约束关系。

11．相等（E）

相等是指使选择的圆弧或圆有相同的半径，或使选择的直线段有相同的长度。执行该选项，AutoCAD 提示：

> 选择第一个对象或 [多个(M)]:（选择第一个对象）
> 选择第二个对象:（选择第二个对象）

建立相等约束后，如果在两提示下选择的对象均是直线段，则在"选择第二个对象:"提示下选择的直线段会调整长度，与第一条直线段保持相同的长度。如果在两提示下选择的对象是圆或圆弧，则在"选择第二个对象:"提示下选择的圆或圆弧会调整其半径，与第一个圆或圆弧保持同半径。此外，还会在有相等约束关系的对象附近各显示一个图标 = ，表示两对象有相等约束。当将光标放到某一图标上时，有相等约束关系的两对象用虚线显示，且图标背景变为蓝色，以说明这两个对象有相等约束关系。

如果在"选择第一个对象或[多个(M)]:"提示中执行"多个(M)"选项，可以对后面选择的多个对象与第一个对象建立相等约束。

12．固定（F）

固定是指约束一个点或曲线，使其相当于坐标系固定在特定的位置和方向。执行该选项，AutoCAD 提示：

> 选择点或 [对象(O)] <对象>:（选择点或执行"对象(O)"选项选择对象）

> 提示：当在对象之间建立了约束关系后，调整一对象的位置后，有约束关系的其他对象也会调整位置，以保持它们之间的约束关系。

> 提示　可以取消几何约束，方法：在约束图标上右击，从快捷菜单中选择"删除"。

图 10.30 和图 10.31 所示分别是用于建立约束的工具栏按钮和菜单，利用对应的按钮或菜单命令可以直接启动对应的约束建立操作。

图 10.30　用于几何约束的工具栏按钮　　　图 10.31　"几何约束"菜单

10.5.2　标注约束

命令：DIMCONSTRAINT。**菜单**："参数" | "标注约束"。

所谓标注约束是指约束对象上两个点或不同对象上两个点之间的距离。

命令操作

执行 DIMCONSTRAINT 命令，AutoCAD 提示：

　　选择要转换的关联标注或 [线性(LI)/水平(H)/竖直(V)/对齐(A)/角度(AN)/半径(R)/直径(D)/形式(F)/转换(C)]<对齐>

选择要转换的关联标注

如果选择关联标注，AutoCAD 将其转换成约束标注。

建立标注约束后，会将尺寸显示成如图 10.32 所示的形式（图中有一个锁状图标）。该图中，垂直尺寸已成为约束标注，即对象沿垂直方向的尺寸被约束为 23.252。如果双击"d2=23.252"，该尺寸会切换到编辑状态，如图 10.33 所示。如果此时输入新尺寸值，图形对象会自动进行调整，满足新约束尺寸的要求。

图 10.32　约束标注

在"线性(LI)/水平(H)/竖直(V)/对齐(A)/角度(AN)/半径(R)/直径(D)"提示中，各选项用于对相应的尺寸建立约束。"形式(F)"选项用于确定是建立注释性约束还是动态约束；"转换(C)"选项用于将关联标注转换成标注约束。

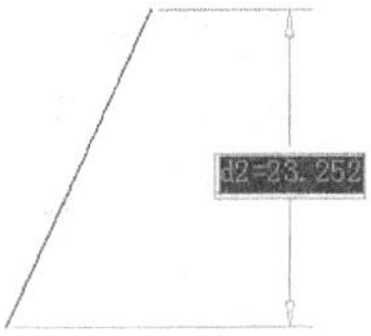

图 10.34 和图 10.35 所示分别是用于建立标注约束的工具栏按钮和菜单，利用对应的按钮或菜单命令可以直接启动建立对应的标注约束操作。

图 10.33　编辑尺寸值

> 提示　可以取消标注约束。方法为：选择"参数" | "删除约束"命令，在"选择对象:"提示下选择对应的约束标注尺寸。

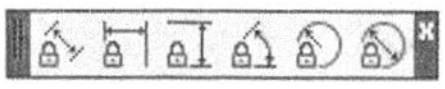

第 10 章 设计中心、选项板、"选项"对话框、样板文件及参数化绘图

图 10.34 用于标注约束的工具栏按钮 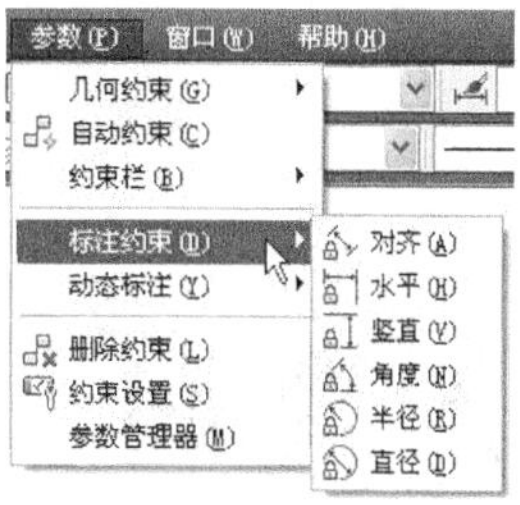　　图 10.35 "标注约束"菜单

10.6 练　　习

1. 新建一图形，试利用设计中心将例 4.2 中创建的所有图层复制到当前图形。
2. 新建一图形，试利用设计中心将例 6.2 中定义的文字样式"工程字 35"复制到当前图形。
3. 新建一图形，试利用设计中心将完成 7.8 节练习第 3 题时定义的螺母块插入到当前图形。
4. 新建一样板文件。对该样板文件的主要要求为：文件名为 A3.dwt；图幅规格为 A3（横装，尺寸为 420×297）；图层设置与例 4.2 中的表 4.3 相同；文字样式名为"工程字 35"，其设置与例 6.2 中的设置相同；尺寸样式名为"尺寸 35"，其设置与例 9.1 中的设置相同。

主要步骤如下。

① 建立新图形。

执行 NEW 命令，以文件 acadiso.dwt 为样板建立新图形。

② 绘图设置。

根据要求分别设置绘图单位、图形界限（尺寸为 420×297）、图层（参见表 4.3）、文字样式"工程字 35"和标注样式"尺寸 35"等。可以直接通过设计中心从有对应图层和样式的图形中复制图层、文字样式和标注样式。

③ 绘制固定图形。

绘制图框和标题栏等。

④ 定义常用符号块。

可以定义粗糙度符号块、基准符号块等，可以直接通过设计中心从有这些块的图形中复制。

⑤ 保存图形。

执行 SAVE 命令，将当前图形以文件名 A3.dwt 保存。

5. 试以新定义的文件 A3.dwt 为样板建立新图形，并绘制一些图形，然后将图形命名保存。

主要步骤如下。

① 以文件 A3.dwt 为样板建立新图形。

② 在各对应图层绘制图形。

③ 保存新绘制的图形。

第 11 章
图形查询、打印图形

利用 AutoCAD 2012 可以查询相关的图形信息，如查询指定两点间的距离、指定区域的面积等。当完成图形的绘制后，最后一项重要的工作就是将图形打印输出到图纸。本章介绍如何查询图形信息以及如何打印图形。

11.1 查询面积

命令：AREA。**菜单**："工具"|"查询"|"面积"。**工具栏**："查询"| （面积）。
查询面积是指查询由指定对象所围成区域或以若干点为顶点构成的多边形区域的面积与周长，同时还可以进行面积的加、减运算。

命令操作

执行 AREA 命令（单击菜单"工具"|"查询"|"面积"），AutoCAD 提示：

　　指定第一个角点或 [对象(O)/增加面积(O)/减少面积(S)/退出(X)] <对象>:

> **提示**　如果通过输入 AREA 命令的方式计算面积，给出的提示会略有不同。

1. 指定第一个角点

计算以指定点为顶点构成的多边形区域的面积与周长，为默认项。执行此默认项，即指定第一点后，AutoCAD 继续提示：

　　指定下一个点或 [圆弧(A)/长度(L)/放弃(U)]:

在这样的提示下指定一系列点后，在"指定下一个点或 [圆弧(A)/长度(L)/放弃(U)/总计(T)]<总计>:"提示下按 Enter 键（注意：指定三个点后，会在提示中显示"总计"选项），AutoCAD 显示：

　　面积 =(计算出的对应面积)，周长 =(对应多边形的周长)
　　输入选项 [距离(D)/半径(R)/角度(A)/面积(AR)/体积(V)/退出(X)] <面积>: X↙

此外，在"指定下一个点或 [圆弧(A)/长度(L)/放弃(U)]:"提示中，可以由"圆弧(A)"选项通过指定圆弧参数来确定由圆弧围成的区域；由"长度(L)"选项通过指定长度尺寸来确定相应的点。

2. 对象（O）

计算由指定对象围成区域的面积。执行该选项，AutoCAD 提示：

　　选择对象:

在此提示下选择对象后，AutoCAD 显示出对应的面积与周长（如果选择的对象是圆，则用"圆周长"代替"周长"），而后提示：

输入选项 [距离(D)/半径(R)/角度(A)/面积(AR)/体积(V)/退出(X)] <面积>: X↙

> **提示** 当 AutoCAD 提示"选择对象:"时，用户可以选择圆、椭圆、二维多段线、矩形、正多边形及样条曲线等对象。对于有宽度的多段线，AutoCAD 按多段线的中心线计算面积。对于非封闭多段线或样条曲线，AutoCAD 会假设用一条直线将其首尾相连来计算所围成封闭区域的面积，但计算出的长度是多段线或样条曲线的实际长度。

3．增加面积（A）

切换到加模式，即求多个对象的面积以及它们的面积总和。执行该选项，AutoCAD 提示：

指定第一个角点或 [对象(O)/减少面积(S)/退出(X)]:

（1）指定第一个角点。

通过指定点求面积。如果在上面的提示下指定了一点，AutoCAD 提示：

("加"模式)指定下一个点或 [圆弧(A)/长度(L)/放弃(U)]:

在这样的提示下指定一系列的点后按 Enter 键，AutoCAD 一般会显示：

面积 =(由所确定点构成的区域的面积), 周长 =(对应的长度值)
总面积 =(计算出的总面积)

而后继续提示：

指定第一个角点或 [对象(O)/减少面积(S)/退出(X)]:

此时用户可以继续通过指定点或选择对象的方式求面积。

（2）对象（O）。

求多个对象的面积以及它们的面积总和。执行该选项，AutoCAD 提示：

("加"模式) 选择对象:

在该提示下选择对象后，AutoCAD 显示：

面积 =(所选择对象的面积), 周长(或圆周长)=(所选择对象的周长)
总面积 =(计算出的总面积)

提示中的第一行显示所选择对象的面积及周长，第二行显示计算出的总面积。而后AutoCAD 继续提示：

("加"模式) 选择对象:

可以在这样的提示下选择一系列对象来求各个对象的面积以及它们的总面积。如果在这样的提示下按 Enter 键，AutoCAD 返回到提示：

指定第一个角点或 [对象(O)/减少面积(S)]:

4．减少面积（S）

切换到减模式，即把新计算的面积从总面积中减掉。执行该选项，AutoCAD 提示：

指定第一个角点或 [对象(O)/增加面积(A)/退出(X)]:

此时若执行"指定第一个角点"或"对象(O)"选项并继续根据提示操作，AutoCAD 一方面会显示与后续操作对应的面积，同时要把新计算的面积从总面积中减掉，并显示出相减后得到的总面积。如果再执行"增加面积(A)"选项，则会把减模式转换为加模式。

例 11.1 计算图 11.1 所示的剖面线区域的面积（图中的矩形由 RECTANG 命令绘制）。

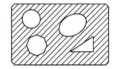

图 11.1 已有图形

操作步骤

执行 AREA 命令，AutoCAD 提示：

```
指定第一个角点或 [对象(O)/增加面积(A)/减少面积(S)/退出(X)] <对象>: A↙
指定第一个角点或 [对象(O)/减少面积(S)/退出(X)]: O↙
("加"模式) 选择对象: (选择大矩形)
面积 = 15960.3673，周长 = 509.1064
总面积 = 15960.3673
("加"模式) 选择对象:↙
面积 = 15960.3673，周长 = 509.1064
总面积 = 15960.3673
指定第一个角点或 [对象(O)/减少面积(S)/退出(X)]: S↙
指定第一个角点或 [对象(O)/增加面积(A)/退出(X)]:(捕捉图中三角形的一顶点)
("减"模式)指定下一个点或 [圆弧(A)/长度(L)/放弃(U)]: (捕捉图中三角形的另一顶点)
("减"模式)指定下一个点或 [圆弧(A)/长度(L)/放弃(U)]: (捕捉图中三角形的另一顶点)
("减"模式)指定下一个点或 [圆弧(A)/长度(L)/放弃(U)/总计(T)] <总计>:↙
面积 = 472.6836，周长 = 108.1850
总面积 = 15487.6837
指定第一个角点或 [对象(O)/增加面积(A)/退出(X)]: O↙
("减"模式) 选择对象: (选择椭圆)
面积 = 1224.4601，周长 = 127.5849
总面积 = 14263.2236
("减"模式) 选择对象: (选择圆)
面积 = 705.7164，圆周长 = 94.1716
总面积 = 13557.5072
("减"模式) 选择对象: (选择八边形)
面积 = 821.0860，周长 = 104.3233
总面积 = 12736.4212
("减"模式) 选择对象:↙
面积 = 821.0860，周长 = 104.3233
总面积 = 12736.4212
指定第一个角点或 [对象(O)/增加面积(A)/退出(X)]:↙
总面积 = 12736.4212
输入选项 [距离(D)/半径(R)/角度(A)/面积(AR)/体积(V)/退出(X)] <面积>:X↙
```

可以看出，经计算，图 11.1 所示的剖面线区域的面积为 12 736.421 2。

> **提示** 利用"特性"窗口，可以直接查询填充区域的面积，其查询方法为：打开"特性"窗口，选中填充的图案，AutoCAD 会在"特性"窗口中显示出由该图案所填充区域的面积。如果选择了多个图案，则会显示出这些填充区域的累积面积。

11.2 查询距离

命令：DIST。**菜单**："工具"|"查询"|"距离"。**工具栏**："查询"| (距离)。

查询距离功能可用于查询指定两点间的距离以及对应的方位角,也可以查询多个点之间的距离和。

命令操作

执行 DIST 命令,AutoCAD 提示：

指定第一点:(指定第一点,如输入"100,100"后按 Enter 键)
指定第二个点或 [多个点(M)]:(如果指定另一点,如输入"300,500"后按 Enter 键)

指定两点后,AutoCAD 显示出计算结果：

距离= 447.213 6,XY 平面中的倾角= 63, 与 XY 平面的夹角= 0
X 增量= 200.000 0, Y 增量= 400.000 0, Z 增量= 0.000 0
输入选项 [距离(D)/半径(R)/角度(A)/面积(AR)/体积(V)/退出(X)] <距离>:X↙

此结果说明：点(100,100)与点(300,500)之间的距离是 447.213 6,这两点的连线与 x 轴正方向的夹角为 63°,与 xy 平面的夹角为 0°(因为直线是二维直线),这两点之间沿 x、y、z 轴方向的增量(即两端点之间的坐标差)分别为 200.000 0、400.000 0 和 0.000 0。

如果在"指定第二个点或 [多个点(M)]:"提示中执行"多个点(M)"选项,则可以求指定的多个点之间的距离和。执行"多个点(M)"选项,AutoCAD 提示：

指定下一个点或 [圆弧(A)/长度(L)/放弃(U)/总计(T)] <总计>:

如果在这样的提示下指定一系列的点,会得到各相邻两点之间的距离之和,也可以利用"圆弧(A)"或"长度(L)"选项使长度和中包括圆弧的长度或直线的长度。

11.3 查询点的坐标

命令：ID。**菜单**："工具"|"查询"|"点坐标"。**工具栏**："查询"| (定位点)。

命令操作

执行 ID 命令,AutoCAD 提示：

指定点：

在该提示下拾取某点。可以通过对象捕捉的方式确定点。例如,如果捕捉如图 11.1 所示的椭圆的圆心),AutoCAD 提示：

X = 1 890.000 0   Y = -390.000 0   Z = 0.000 0

即显示出对应点的坐标。

11.4 列表显示

命令：LIST。**菜单**："工具"|"查询"|"列表显示"。**工具栏**："查询"| （列表）。
列表显示是指以列表的形式显示指定对象的数据信息。

命令操作

执行 LIST 命令，AutoCAD 提示：

> 选择对象:(选择对象)
> 选择对象:✓(也可以继续选择对象)

执行结果：AutoCAD 切换到文本窗口，显示所选择对象的数据信息。

例 11.2 用 LIST 命令显示如图 11.1 所示的大矩形和八边形的数据信息。

操作步骤

执行 LIST 命令，AutoCAD 提示：

> 选择对象:(选择大矩形)
> 选择对象:(选择八边形)
> 选择对象:✓

AutoCAD 在文本窗口显示出如图 11.2 所示的信息。

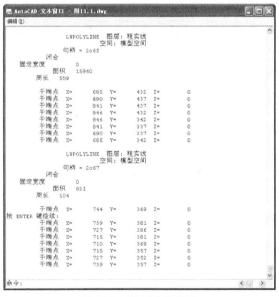

图 11.2 显示数据信息

11.5 状态显示

命令：STATUS。**菜单**："工具"|"查询"|"状态"。

状态显示是指显示图形的统计信息、模式和范围，状态显示操作如下。

执行 STATUS 命令，AutoCAD 切换到文本窗口，并显示出当前图形的状态。

例 11.3 显示如图 11.1 所示图形的状态。

操作步骤

设已绘制出如图 11.1 所示的图形。执行 STATUS 命令，AutoCAD 切换到文本窗口，并显示对应的状态信息，如图 11.3 所示。

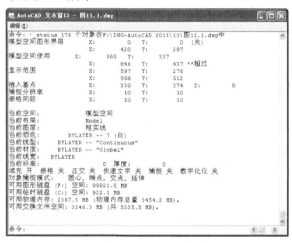

图 11.3 显示状态信息

11.6 查询时间

命令：TIME。**菜单**："工具"|"查询"|"时间"。

查询时间是指查询当前图形的绘制日期以及其他相关的时间信息。

命令操作

执行 TIME 命令，AutoCAD 切换到文本窗口，显示出与图 11.4 类似的信息。

下面介绍如图 11.4 所示的各行信息的含义。

1．当前时间

表示当前的日期与时间。

2．创建时间

表示创建当前图形文件时的日期与时间。

图 11.4 显示时间信息

3．上次更新时间

表示最近一次更新当前图形的日期与时间。

4．累计编辑时间

表示自图形建立时起，编辑当前图形所用的总时间。

5．消耗时间计时器（开）

消耗时间计算器。这是另一种计时器，在用户进行图形编辑时运行，可以随时打开、关闭或重置此计时器。

6．下次自动保存时间

如果对图形进行了修改，显示下一次图形自动存储时的时间。

AutoCAD 除显示如图 11.4 所示的信息外，还会给出如下提示：

> 输入选项 [显示(D)/开(ON)/关(OFF)/重置(R)]:

（1）显示（D）。

重复显示时间信息，并更新时间。

（2）开（ON）。

打开消耗时间计时器。

（3）关（OFF）。

关闭消耗时间计时器。

（4）重置（R）。

将消耗时间计时器重置为 0 天 00:00:00.000，即置零。

11.7 打 印 图 形

完成图形的绘制后，就可以通过打印机或绘图仪将图形输出到图纸。

11.7.1 页面设置

命令：PAGESETUP。**菜单**：“文件”|"页面设置管理器"。

页面设置是指设置打印图形时所使用的图纸规格和打印设备等。

> 提示　可以在样板文件中进行打印设置。

命令操作

执行 PAGESETUP 命令，AutoCAD 弹出"页面设置管理器"对话框，如图 11.5 所示。

AutoCAD 在对话框中的大列表框内显示出当前图形已有的页面设置，并在"选定页面设置的详细信息"框中显示出所指定页面设置的相关信息。对话框右侧有"置为当前"、"新建"、"修改"和"输入" 4 个按钮，分别用于将在列表框中选中的页面设置设为当前设置、新建页面设置、修改在列表框中选中的页面设置以及从已有图形中导入页面设置。

下面介绍如何新建页面设置。在"页面设置管理器"对话框中单击"新建"按钮，AutoCAD 弹出"新建页面设置"对话框，如图 11.6 所示。

在该对话框中选择基础样式，并输入新页面设置的名称后，单击"确定"按钮，AutoCAD 弹出"页面设置"对话框，如图 11.7 所示。

下面介绍对话框中主要项的功能。

1．"页面设置"框

AutoCAD 要在此框中显示出当前所设置的页面设置的名称。

第 11 章　图形查询、打印图形

图 11.5　"页面设置管理器"对话框　　　　图 11.6　"新建页面设置"对话框

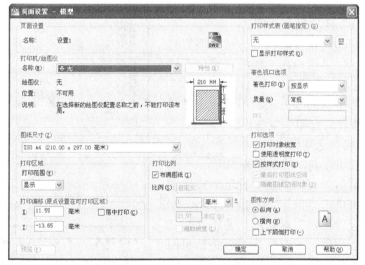

图 11.7　"页面设置"对话框

2．"打印机/绘图仪"选项

设置打印机或绘图仪，可以通过"名称"下拉列表框选择打印设备。确定了打印设备后，AutoCAD 会显示出与该设备对应的信息。

3．"图纸尺寸"选项

通过下拉列表框确定输出图纸的大小。

4．"打印区域"选项

确定图形的打印范围。可以通过下拉列表框在"窗口"、"图形界限"和"显示"等选项之间选择。其中，"窗口"表示打印位于指定矩形窗口中的图形；"图形界限"表示将打印位于由 LIMITS 命令设置的图形界限范围内的全部图形；"显示"则表示将打印当前显示的图形。

5．"打印偏移"选项组

确定打印区域相对于图纸左下角点的偏移量。

6．"打印比例"选项组

设置图形的打印比例。

7. "打印样式表"选项组

选择、新建和修改打印样式表。如果通过对应的下拉列表选择了"新建"项，则允许用户新建打印样式表。如果通过下拉列表选择某一打印样式后单击按钮，会弹出如图 11.8 所示的"打印样式表编辑器"对话框，通过其可以编辑打印样式表。

> **提示**　工程图一般对线条有线宽要求，可以用两种方法实现此线宽要求，一种是直接设置绘图线宽（通过图层设置），另一种是将不同线宽的对象以不同的颜色表示，然后用如图 11.8 所示的"打印样式表编辑器"对话框设置打印颜色和线宽，即在此对话框中，将"打印样式"列表框中的不同颜色项，通过"特性"选项组中的"颜色"项设为黑色（打印颜色），并将"线宽"项设为各对应宽度值。

8. "着色视口选项"选项组

该选项组用于控制输出打印三维图形时的打印模式。

9. "打印选项"选项组

确定是按图形的线宽打印图形，还是根据打印样式打印图形。如果用户在绘图时直接对不同的线型设置了线宽，一般应选择"打印对象线宽"复选框；如果是用不同的颜色表示不同线宽的对象，则应选择"按样式打印"复选框。

10. "图形方向"选项组

确定图形的打印方向，从中选择即可。

完成上述设置后，可以单击"预览"按钮预览打印效果。如果单击"确定"按钮，AutoCAD 返回到"页面设置管理器"对话框，并将新建立的设置显示在列表框中，此时用户可以将新页面设置设为当前设置。最后，单击对话框中的"关闭"按钮关闭对话框，完成页面设置。

图 11.8　"打印样式表编辑器"对话框

11.7.2　打印图形

命令：PLOT。**菜单**："文件" | "打印"。**工具栏**："标准" | （打印）。

命令操作

执行 PLOT 命令，AutoCAD 弹出"打印"对话框，如图 11.9 所示。

通过"页面设置"选项组中的"名称"下拉列表框指定页面设置后，对话框中显示出与其对应的打印设置，用户也可以通过对话框中的各项单独进行设置。如果单击位于右下角的按钮，可以展开"打印"对话框，如图 11.10 所示。

对话框中的"预览"按钮用于预览打印效果。如果预览后认为满足打印要求，单击"确定"按钮，即可将对应的图形通过打印机或绘图仪输出到图纸。

例 11.4　根据例 10.3 中定义的样板文件 A4.dwt 建立新图形，并绘制如图 9.89（c）所示的图形，最后进行页面设置，通过打印机打印图形。

第 11 章　图形查询、打印图形

图 11.9　"打印"对话框

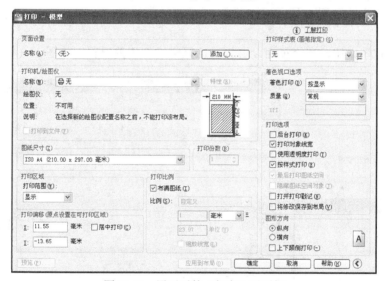

图 11.10　展开后的"打印"对话框

主要步骤

① 建立新图形。

执行 NEW 命令，在弹出的"选择文件"对话框中选择"A4.dwt"文件，如图 11.11 所示。单击"打开"按钮，即可以以文件 A4.dwt 为样板建立新图形。

② 绘制新图形。

如图 9.89（c）所示，在各对应图层绘制图形，结果如图 11.12 所示。

③ 填写标题栏（过程略）。

④ 页面设置。

执行 PAGESETUP 命令，AutoCAD 弹出"页面设置管理器"对话框，单击对话框中的"新

283

建"按钮，在弹出的"新建页面设置"对话框的"新页面设置名"文本框中输入"A4页面"，如图 11.13 所示。

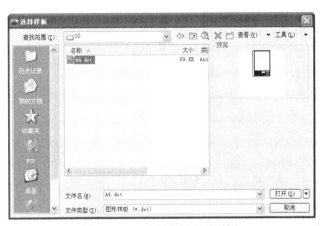

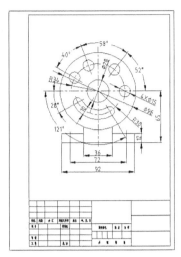

图 11.11　"选择样板"对话框　　　　　　　　图 11.12　绘制图形

单击"确定"按钮，在"页面设置"对话框中进行相关设置，如图 11.14 所示。

图 11.13　"新建页面设置"对话框　　　　　图 11.14　"页面设置"对话框

单击"确定"按钮，AutoCAD 返回到"页面设置管理器"对话框，如图 11.15 所示。

利用"置为当前"按钮将新页面设置"A4 页面"置为当前页面，单击"关闭"按钮关闭"页面设置管理器"对话框。

⑤ 打印图形。

执行 PLOT 命令，AutoCAD 弹出"打印"对话框，如图 11.16 所示。

由于已将页面设置"A4 页面"置为当前页面，所以在"打印"对话框中显示出对应的页面设置，单击"确定"按钮，即可打印，也可以在打印前单击"预览"按钮预览打印效果，或更改某些设置。

图 11.15　"页面设置管理器"对话框

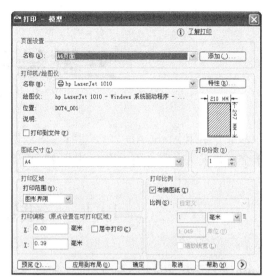

图 11.16　"打印"对话框

11.8　练　　习

1．绘制如图 11.17 所示的图形（尺寸由读者确定），试计算剖面线区域的面积以及各圆圆心之间的距离。最后，试用"特性"窗口验证所计算的面积。

2．用 ID 命令查询如图 11.17 所示各圆的圆心坐标和矩形的各角点坐标；用 LIST 命令查询如图 11.17 所示椭圆的数据信息；用 STATUS 命令查询如图 11.17 所示图形的统计信息。

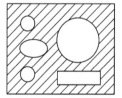

图 11.17　已有图形

3．根据 10.6 节练习第 4 题定义的样板文件 A3.dwt 建立新图形，绘制如图 9.89（d）所示的图形，再进行页面设置，通过绘图仪或打印机输出图形。

主要步骤如下。

① 建立新图形。

执行 NEW 命令，以文件 A3.dwt 为样板建立新图形。

② 绘制新图形。

如图 9.89（d）所示，在各对应图层绘制图形。

③ 填写标题栏。

④ 页面设置。

执行 PAGESETUP 命令设置打印页面和打印设备。

⑤ 打印图形。

通过已设置的打印机或绘图仪将图形输出到图纸。

第 12 章 三维绘图基础

本章介绍用 AutoCAD 2012 进行三维绘图时的一些基础知识、基本操作，包括三维建模工作空间、视觉样式、用户坐标系以及视点等。

12.1 三维建模工作空间

图 12.1 所示为用于三维绘图的三维建模工作空间。

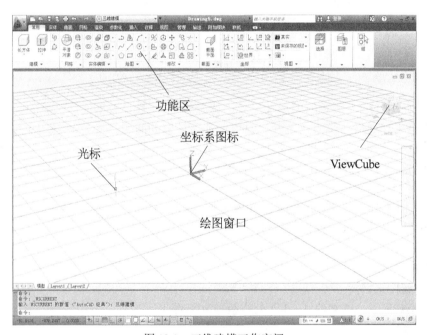

图 12.1 三维建模工作空间

可以看出，AutoCAD 2012 的三维建模工作空间除有菜单、"快速访问"工具栏等外，还有功能区、ViewCube 等，下面主要介绍其与经典工作界面的不同之处。

1．坐标系图标

坐标系图标显示成了三维图标，而且默认显示在当前坐标系的坐标原点位置，而不是显示在绘图窗口的左下角位置。

> **提示** 通过菜单"视图"|"显示"|"UCS 图标",可以控制是否显示坐标系图标以及它的显示位置。如果将 UCS 设置成显示在坐标系的原点位置,当新建 UCS 或对图形进行某些操作后,如果坐标系图标位于绘图窗口之外,或者部分图标位于绘图窗口之外,AutoCAD 会将其显示在绘图窗口的左下角位置。

2．光标

在如图 12.1 所示的三维建模工作空间中,光标显示出了 z 轴。此外,用户可以控制是否在十字光标中显示 z 轴以及坐标轴标签(即 x、y、z。对它们的设置见如图 10.22 所示"三维建模"选项卡的"三维十字光标"选项组的说明)。

3．功能区

功能区中有"常用"、"实体"、"曲面"、"网格"、"渲染"、"参数化"、"插入"、"注释"、"视图"、"管理"、"输出"等选项卡,每个选项卡中又有一些面板,每个面板上有一些对应的命令按钮。单击选项卡标签,可显示对应的面板。例如,图 12.1 所示的工作界面中显示出"常用"选项卡及其面板,其中有"建模"、"网格"、"实体编辑"、"绘图"、"修改"、"截面"、"坐标"、"视图"等面板。利用功能区,可以方便地执行对应的命令。同样,将光标放在面板上的命令按钮上时,会显示出对应的工具提示或展开的工具提示。

对于有小黑三角的面板或按钮,单击面板名称或对应的按钮后,可将面板或按钮展开。图 12.2 所示展开了"修改"面板。

图 12.2　展开"修改"面板

4．ViewCube

ViewCube 是一个三维导航工具,利用它可以方便地将视图按不同的方位显示(参见 12.4.5 节)。

> **提示** 单击快速访问工具栏中位于右侧的向下小箭头,弹出一菜单。通过菜单中的"显示菜单栏"项(如图 12.3 所示),可设置是否在三维绘图界面的标题栏下面显示菜单栏。

> **提示** AutoCAD 2012 版还提供了"三维基础"工作界面,用于创建各种基本三维图形。该界面及其部分使用参见第 13 章。

图 12.3 通过"显示菜单栏"项可显示出菜单栏

12.2 视 觉 样 式

AutoCAD 的三维模型可以分别按二维线框、三维线框、三维隐藏、概念以及真实等视觉样式显示。用户可以控制三维模型的视觉样式,即显示效果。

12.2.1 设置视觉样式

用于设置视觉样式的命令是 VSCURRENT,但利用"视觉样式"面板或"视觉样式"菜单等,可以方便地设置视觉样式。图 12.4 所示是"视觉样式"面板(位于"视图"选项卡),图 12.5 所示是"视觉样式"菜单(位于"视图"下拉菜单)。在图 12.4 所示的"视觉样式"面板中,展开后是一些图像按钮,从左到右、从上到下依次是用于二维线框、概念、三维隐藏、真实、着色、带边框着色、灰度、勾画、三维线框以及 X 射线视觉样式的图像按钮。

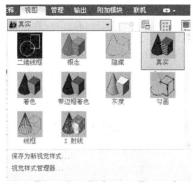

图 12.4 "视觉样式"面板

图 12.5 "视觉样式"菜单

设当前有如图 12.6 所示的三维实体,下面介绍在各视觉样式设置下的显示效果。

1．二维线框视觉样式

二维线框视觉样式指将三维模型通过表示模型边界的直线和曲线以二维形式显示，与图 12.6 对应的二维线框如图 12.7 所示。

2．概念视觉样式

概念视觉样式指将三维模型以概念形式显示，与如图 12.6 所示对应的概念视觉样式如图 12.8 所示。

图 12.6　三维实体

3．三维隐藏视觉样式

三维隐藏视觉样式又称为消隐，指将三维模型以三维线框模式显示，并用隐藏线（默认为虚线）表示背面，与如图 12.6（b）所示对应的三维隐藏视觉样式如图 12.9 所示。

图 12.7　二维线框视觉样式

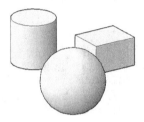
图 12.8　概念视觉样式

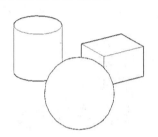
图 12.9　三维隐藏视觉样式

4．真实视觉样式

真实视觉样式指将模型实现体着色，并显示出三维线框。图 12.6 所示就是以真实视觉样式显示的三维模型。

5．着色视觉样式

着色视觉样式指将模型着色。

6．带边框着色视觉样式

带边框着色视觉样式指将模型着色，并显示出线框。

7．灰度着色视觉样式

利用单色面颜色模式形成灰度效果。

8．勾画色视觉样式

形成人工绘制的草图的效果。

9．三维线框色视觉样式

三维线框视觉样式指将三维模型以三维线框模式显示，与如图 12.6 所示对应的三维线框视觉样式如图 12.10 所示（注意坐标系图标）。

图 12.10　三维线框视觉样式

10．X 射线色视觉样式

在此视觉样式中，会更改各表面的透明性，使对应的表面具有透明效果。

12.2.2　视觉样式管理器

AutoCAD 2012 提供了视觉样式管理器。利用该管理器，用户能够对各种视觉样式进行进一步的设置。

用于打开视觉样式管理器的命令是 VISUALSTYLES，可通过功能区"视图"|"视觉样式"|"视觉样式管理器"或菜单"视图"|"视觉样式"|"视觉样式管理器"执行 VISUALSTYLES 命令。

执行 VISUALSTYLES 命令，AutoCAD 打开"视觉样式管理器"，如图 12.11 所示。

在"视觉样式管理器"中，用户可以通过"图形中的可用视觉样式"列表框中的图像按钮选择要设置的视觉样式，选择后会在管理器内显示出与该视觉样式对应的设置项，用户根据需要设置即可。例如，可以将三维隐藏视觉样式中的隐藏线设为显示或不显示，其设置过程如下：

在"图形中的可用视觉样式"列表框中，选中隐藏按钮（位于第一行的第三个按钮），在"被阻挡边"设置项中，如果将"显示"项设成"否"，即可得到如图 12.9 所示的三维隐藏视觉样式显示效果；如果将"显示"项设成"是"（如图 12.12 所示），则图 12.9 所示会显示成如图 12.13 所示的三维隐藏视觉样式显示效果。

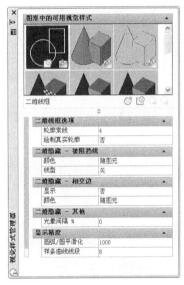
图 12.11　"视觉样式管理器"

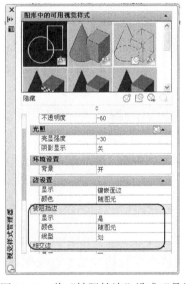
图 12.12　将"被阻挡边"设成"是"

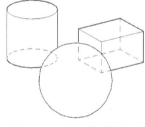
图 12.13　在三维隐藏视觉样式中隐藏边用虚线表示

12.3　用户坐标系

本节介绍 AutoCAD 2012 的用户坐标系的概念及其设置。

12.3.1　基本概念

用 AutoCAD 2012 绘制二维图形时，通常是在一个固定坐标系，即世界坐标系（World Coordinate System，WCS）中完成的。在 AutoCAD 中，世界坐标系又叫通用坐标系或绝对坐标系，其原点以及各坐标轴的方向固定不变。对于二维绘图来说，世界坐标系已完全满足绘图要求。

为便于创建三维图形，AutoCAD 允许用户定义自己的坐标系，并将这样的坐标系称为用户坐标系（User Coordinate System，UCS）。

12.3.2 定义 UCS

用于定义 UCS 的命令是 UCS，但在实际绘图中，利用 AutoCAD 2012 提供的面板、菜单或工具栏，也可以方便地创建出 UCS。图 12.14 所示是用于创建 UCS 的"坐标"面板（位于"常用"和"视图"选项卡）。图 12.15 所示是用于创建 UCS 的菜单（位于"工具"下拉菜单）。

图 12.14　"坐标"面板

图 12.15　"新建 UCS"菜单

下面介绍创建 UCS 时的几种常用方法。

1．根据三点创建 UCS

根据三点创建新 UCS 是最常用的方法之一，它根据 UCS 的原点及其 x、y 轴的正方向上的点来创建新 UCS。利用功能区"常用"|"坐标"|（三点）、菜单"工具"|"新建 UCS"|"三点"可以实现此操作。单击对应的菜单项或按钮，AutoCAD 提示：

> 指定新原点:(确定新 UCS 的坐标原点位置)
> 在正 X 轴范围上指定点:(确定新 UCS 的 x 轴正方向上的任意一点)
> 在 UCS XY 平面的正 Y 轴范围上指定点:(确定新 UCS 的 y 轴正方向上的任一点)

例 12.1　已知有如图 12.16 所示的三维图形，且当前坐标系如坐标系图标所示，试建立新 UCS，结果如图 12.17 所示。

图 12.16　练习图

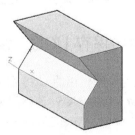

图 12.17　建立新 UCS

操作步骤

单击菜单"工具"|"新建 UCS"|"三点"，AutoCAD 提示：

指定新原点:(捕捉新 UCS 的原点位置。请注意，三维绘图时，要用对象捕捉的方式确定空间点，不要用直接拾取的方式确定点)

在正 X 轴范围上指定点:(捕捉新 UCS 的 X 坐标轴上的任意一点)

在 UCS XY 平面的正 Y 轴范围上指定点:(捕捉新 UCS 的 Y 坐标轴正方向上的任意一点)

2．改变原坐标系的原点位置创建新 UCS

可以通过将原坐标系随其原点平移到某一位置的方式创建新 UCS，由此方法得到的新 UCS 的各坐标轴方向与原 UCS 的坐标轴方向一致。利用功能区"常用"|"坐标"|⌐（原点）、菜单"工具"|"新建 UCS"|"原点"可以实现此操作。单击对应的菜单项，AutoCAD 提示：

指定新原点 <0,0,0>:

在此提示下指定 UCS 的新原点位置，即可创建出对应的 UCS。

3．将原坐标系绕某一坐标轴旋转一定的角度创建新 UCS

可以将原坐标系绕其某一坐标轴旋转一定的角度来创建新 UCS。利用功能区"常用"|"坐标"|⌐(X)（或⌐(Y)、⌐(Z)）按钮、菜单"工具"|"新建 UCS"|X（或 Y、Z），可以实现将原 UCS 绕 x 轴（或 y 轴、z 轴）的旋转。例如，单击菜单项"工具"|"新建 UCS"|X，AutoCAD 提示：

指定绕 X 轴的旋转角度:

在此提示下输入对应的角度值后按 Enter 键，即可创建对应的 UCS。

4．返回到前一个 UCS 设置

利用功能区"常用"|"坐标"|⌐（上一个）、菜单"工具"|"新建 UCS"|"上一个"，可以将 UCS 返回到前一个 UCS 设置。

5．创建 xy 面与计算机屏幕平行的 UCS

利用功能区"常用"|"坐标"|⌐（视图）、菜单"工具"|"新建 UCS"|"视图"，可以创建 xy 面与计算机屏幕平行的 UCS。三维绘图时，当需要在当前视图进行标注文字等操作时，一般应首先创建这样的 UCS。

6．恢复到 WCS

利用功能区"常用"|"坐标"|⌐（世界）、菜单"工具"|"新建 UCS"|"世界"，可以将当前坐标系恢复到 WCS。

> 提示　利用 AutoCAD 2012，还可以采用动态 UCS 功能。有关动态 UCS 的使用参见 12.5.2 节的例 12.3。

12.3.3　命名保存 UCS、恢复 UCS

用户可以将频繁使用的 UCS 命名保存，以后需要该 UCS 时，直接恢复即可。

1．利用命令保存 UCS、恢复 UCS

执行 UCS 命令，AutoCAD 提示：

前 UCS 名称:*世界*

指定 UCS 的原点或 [面(F)/命名(NA)/对象(OB)/上一个(P)/视图(V)/世界(W)/X/Y/Z/Z 轴(ZA)] <世界>:

如果执行"命名(NA)"选项，AutoCAD 提示：

输入选项 [恢复(R)/保存(S)/删除(D)/?]:

(1)保存（S）。

将当前 UCS 命名保存。执行该选项，AutoCAD 提示：

输入保存当前 UCS 的名称或 [?]:

在此提示下输入 UCS 的名称后按 Enter 键，即可将当前 UCS 命名保存。如果用符号"？"响应，可以列出当前已命名保存的全部 UCS 的名称。

（2）恢复（R）。

恢复 UCS。恢复 UCS 是指恢复命名保存的 UCS，使其成为当前 UCS。执行"恢复(R)"选项，AutoCAD 提示：

输入要恢复的 UCS 名称或 [?]:

在此提示下输入 UCS 的名称后按 Enter 键，即可恢复 UCS。如果用符号"？"响应，则可以列出当前已定义的全部 UCS 的名称。

> 提示 恢复命名保存的 UCS 后，并不会重新建立保存原 UCS 时的对应视图方向。

（3）删除（D）。

删除 UCS，执行该选项，AutoCAD 提示：

输入要删除的 UCS 名称:

在此提示下输入对应的 UCS 名称后按 Enter 键即可。

（4）？

列出当前已定义的全部 UCS 的名称。

2．利用对话框命名保存、恢复和删除 UCS

命令：UCSMAN。**功能区**："常用"|"坐标"| （UCS，命名）。**菜单**："工具"|"命名 UCS"。

执行 UCSMAN 命令，AutoCAD 弹出"UCS"对话框，如图 12.18 所示。

在对话框的"命名 UCS"选项卡中，在大列表框内显示出当前有效的 UCS。可以通过此对话框将当前未命名的 UCS 命名保存，方法为：选中"未命名"项（创建新 UCS 后，会显示"未命名"项），单击鼠标右键，从弹出的快捷菜单中选择"重命名"项，而后在对应位置输入 UCS 的名称即可。还可以利用快捷菜单为命名的 UCS 重命名，删除命名保存的 UCS。利用"UCS"对话框，可以将某一 UCS 置为当前 UCS，其设置方法为：从大列表框中选中某一 UCS，单击"置为当前"按钮。

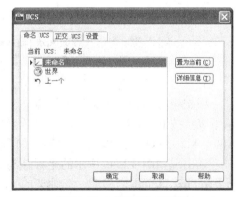

图 12.18 "UCS"对话框

12.4 视　　点

一旦用 AutoCAD 2012 创建出三维模型，就可以从任意方向观察它。AutoCAD 用视点来确定观察三维对象的方向。当用户指定视点后，AutoCAD 将该点与坐标原点的连线方向作为观察方向，并在屏幕上显示出沿此方向观看三维对象时的图形投影。图 12.19 所示给出了对于同一个三维图形在不同视点下的显示效果。

图 12.19　从不同视点观察三维图形

12.4.1　设置视点

命令：VPOINT。**菜单**："视图"|"三维视图"|"视点"。

命令操作

如果在命令窗口输入命令 VPOINT 后按 Enter 键，AutoCAD 提示：

指定视点或 [旋转(R)]<显示坐标球和三轴架>:

1．指定视点

指定一点作为视点方向，为默认项。确定视点位置后（可以通过输入坐标或用其他方式确定），AutoCAD 将该点与坐标系原点的连线方向作为观察方向，并在屏幕上显示出沿该方向观看图形时的投影。

2．旋转（R）

根据角度确定视点方向。执行该选项，AutoCAD 提示：

输入 XY 平面中与 X 轴的夹角:(输入视点方向在 xy 平面内的投影与 x 轴正向的夹角后按 Enter 键)
输入与 XY 平面的夹角:(输入视点方向与其在 xy 面上投影之间的夹角后按 Enter 键)

3．<显示坐标球和三轴架>

根据坐标球和三轴架确定视点。在"指定视点或 [旋转(R)]<显示坐标球和三轴架>:"提示下直接按 Enter 键，即执行"<显示坐标球和三轴架>"选项，AutoCAD 显示出坐标球与三轴架，如图 12.20 所示。

当出现如图 12.20 所示的坐标球与三轴架时，拖曳鼠标使光标在坐标球范围内移动，三轴架的 x、y 轴也会绕 z 轴转动，而且三轴架转动的角度与光标在坐标球上的位置对应。光标位于坐标球的不同位置，对应的视点也不相同。

坐标球实际上是球体的俯视投影图，它的中心点为北极 (0,0,n)，相当于视点位于 z 轴正方向；内环为赤道（n,n,0）；整个外环为南极（0,0,-n）。当光标位于内环之内时，相当于视点位于上半球体；当光标位于内环与外环之间时，表示视点位于下半球体。移动光标时，三轴架也随之变化，即视点位置在发生变化。通过移动光标确定了视点的位置后，单击鼠标左键，

图 12.20　坐标球与三轴架

AutoCAD 会按该视点显示图形。

> 提示　单击菜单项"视图"|"三维视图"|"视点",可以直接显示如图 12.20 所示的坐标球与三轴架。

12.4.2　设置 UCS 平面视图

UCS 的平面视图是指通过视点(0,0,1)观察图形时得到的视图,也就是使对应的 UCS 的 xy 面与绘图屏幕平行。平面视图在三维绘图中非常有用,因为在很多情况下,三维绘图是在当前 UCS 的 xy 面或与 xy 面平行的平面上进行的。当根据需要建立了新 UCS 后,利用平面视图可以使用户方便地进行绘图操作(参见例 15.2 中的步骤 6)。

用户除可以通过执行 VPOINT 命令,用"0,0,1"响应来设置平面视图外,还可以用专门的命令 PLAN 设置平面视图。执行 PLAN 命令,AutoCAD 提示:

输入选项 [当前 UCS(C)/UCS(U)/世界(W)]<当前 UCS>:

其中,"当前 UCS(C)"选项表示生成相对于当前 UCS 的平面视图;"UCS(U)"选项表示恢复命名保存的 UCS 的平面视图;"世界(W)"选项则用于生成相对于 WCS 的平面视图。

此外,也可以用与菜单"视图"|"三维视图"|"平面视图"对应的子菜单(如图 12.21 所示)设置平面视图。

图 12.21　设置平面视图子菜单

图 12.22 所示显示出在平面视图模式下的三维建模工作空间(注意坐标系图标)。

图 12.22　平面视图模式下的三维建模工作空间

12.4.3 利用对话框设置视点

AutoCAD 专门提供用于设置视点的"视点预设"对话框。打开"视点预设"对话框的命令是 DDVPOINT,利用菜单"视图"|"三维视图"|"视点预设"可启动此命令。执行 DDVPOINT 命令,AutoCAD 弹出如图 12.23 所示的"视点预设"对话框。

在对话框中,"绝对于 WCS"和"相对于 UCS"两个单选按钮分别用于确定将相对于 WCS 还是相对于 UCS 设置视点。对话框中有两个图像框,左侧类似于钟表的图像用于确定视点与 UCS 原点之间的连线在 xy 平面的投影与 x 轴正方向的夹角;右侧的半圆形图像用于确定该连线与投影线之间的夹角,用户在希望设置的角度位置处单击鼠标左键即可,也可以在"X 轴"和"XY 平面"文本框中输入对应的角度值。"设置为平面视图"按钮用于设置对应的平面视图。通过对话框确定视点后,单击"确定"按钮,AutoCAD 会按对应的视点显示图形。

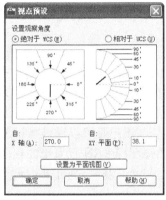

图 12.23 "视点预设"对话框

12.4.4 快速设置特殊视点

菜单"视图"|"三维视图"中位于第二、三栏中的各菜单项(如图 12.24 所示),可以快速地确定一些特殊视点。

图 12.24 设置视点菜单

12.4.5 ViewCube

ViewCube(如图 12.25 所示)是一个三维导航元素,利用其可以快速定位光标视图的视点,即观看方向。

当用鼠标在 ViewCube 上拖曳时,ViewCube 旋转,对应的模型也随着旋转。单击 ViewCube 上的某一文字,如"上"、"前"、"右"、"南"等,会立即切换到对应的视点。

图 12.25 ViewCube

12.5 在三维空间绘制简单对象

这里的简单对象是指位于三维空间的点、线段、射线、构造线、三维多段线、三维样条曲线、圆及圆弧等。这些对象的绘制与二维对象的绘制类似，只不过当提示用户指定点的位置时，一般应根据 1.3.3 节介绍的方法指定位于三维空间的点位置，或者需要在绘图前建立新 UCS，以便在对应 UCS 的 xy 面上绘制二维图形。

12.5.1 在三维空间绘制点、线段、射线、构造线

在三维空间绘制点、线段、射线、构造线的命令与绘制二维点、线段、射线及构造线的命令相同，分别为 POINT、LINE、RAY 和 XLINE，只不过执行对应的命令后，应根据提示输入（或捕捉）三维空间的点。

例 12.2 从点（0,0,0）向点（80,75,90）绘制一条直线。

操作步骤

执行 LINE 命令，AutoCAD 提示：

```
指定第一点: 0,0,0↙
指定下一点或 [放弃(U)]: 80,75,90↙
指定下一点或 [放弃(U)]: ↙
```

12.5.2 在三维空间绘制其他二维图形

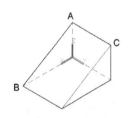

图 12.26 已有图形

用户可以在三维空间绘制其他各种二维图形，如绘制圆、圆弧、椭圆、矩形及正多边形等。在三维空间绘制这些二维图形时，一种方法是首先建立 UCS，使 UCS 的 xy 面与所要绘制的二维图形所在的平面重合或平行，然后执行对应的二维绘图命令，按绘制二维图形的方式绘图。为使绘图方便，还可以建立对应的平面视图，使当前 UCS 的 xy 面与计算机屏幕重合。

例 12.3 已知有如图 12.26 所示的楔体图形，在其斜面上，以 A 点为圆心，绘制半径为 120 的圆，结果如图 12.27 所示。

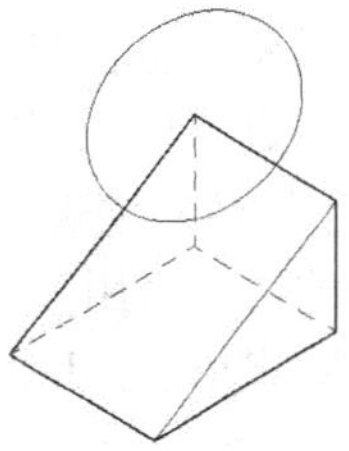

图 12.27 绘制圆

操作步骤

① 定义 UCS。

为在斜面上绘圆，首先定义对应的 UCS，使 UCS 的 xy 面与斜面重合。

单击菜单 "工具" | "新建 UCS" | "三点"，AutoCAD 提示：

```
指定新原点:(捕捉图 12.26 中的 A 点)
在正 X 轴范围上指定点:(捕捉图 12.26 中的 B 点)
在 UCS XY 平面的正 Y 轴范围上指定点:(捕捉图 12.26 中的 C 点)
```

执行结果如图 12.28 所示的 UCS 图标。
② 绘制圆。
执行 CIRCLE 命令，AutoCAD 提示：

> 指定圆的圆心或 [三点(3P)/两点(2P)/相切、相切、半径(T)]:(捕捉对应的角点，或输入"0,0"后按 Enter 键)
> 指定圆的半径或 [直径(D)]: 120↙

新绘制的圆位于斜面上。

AutoCAD 2012 还具有动态 UCS 功能。利用该功能，用户可以方便地在已有三维实体的平面上创建其他对象，且不需要专门创建新 UCS。启用动态 UCS 的方式如下。

① 单击状态栏上的 ⌁ （允许/禁止动态 UCS）按钮。按钮变蓝时启用动态 UCS；变灰则关闭动态 UCS。

② 按 F6 键。

下面仍以绘制图 12.27 中所示的圆为例，说明动态 UCS 的使用。

设已有如图 12.26 所示的图形，且当前 UCS 如图中的坐标系图标所示。首先，单击状态栏上的 ⌁ 按钮，使按钮变蓝，启用动态 UCS。然后，执行 CIRCLE 命令，AutoCAD 提示：

> 指定圆的圆心或 [三点(3P)/两点(2P)/相切、相切、半径(T)]:

在此提示下，将光标放在要绘制圆的斜面上，斜面会用另一种颜色显示，如图 12.29 所示，此时即可在对应的斜面上绘制圆。

图 12.28　定义新 UCS　　　　　　　图 12.29　创建动态 UCS

> 提示　利用动态 UCS 绘制圆后，UCS 会恢复到原来的设置。

可以看出，利用动态 UCS，用户不需要创建新 UCS，就能够在已有三维实体的平面上创建对象。动态 UCS 的使用方法通常是：在执行某一绘图命令的过程中，当 AutoCAD 提示用户指定一点，且用户希望在已有三维实体的某一平面上绘制对象时，首先，单击状态栏上的 ⌁ （允许/禁止动态 UCS）按钮，使按钮变蓝，启用动态 UCS；然后，移动光标进入该面内，该面的边界会用另一种颜色显示，表示此面已成为绘图面，用户即可在对应面上进行绘图操作。绘图完毕后，UCS 返回到原状态。

> 提示　如果已设成将坐标系图标显示在坐标原点，当 AutoCAD 显示临时动态 UCS 图标时，如果该 UCS 图标位于绘图窗口之外，或者部分图标位于绘图窗口之外，AutoCAD 会将其显示在绘图窗口的左下角位置。
> 当图形较为复杂时，为避免出错，在三维实体上绘制新图形前，一般应先创建新 UCS。

12.5.3 绘制与编辑三维多段线

1. 绘制三维多段线

命令：3DPOLY。**功能区**："常用" | "绘图" | （三维多段线）。**菜单**："绘图" | "三维多段线"。

> **命令操作**
>
> 执行 3DPOLY 命令，AutoCAD 提示：
>
>> 指定多段线的起点:(指定多段线的起始点位置)
>> 指定直线的端点或 [放弃(U)]:(指定多段线的下一端点位置)
>> 指定直线的端点或 [放弃(U)]:(指定多段线的下一端点位置)
>> 指定直线的端点或 [闭合(C)/放弃(U)]:

此时可以继续确定多段线的下一端点位置，也可以通过"闭合(C)"选项封闭三维多段线；通过"放弃(U)"选项放弃上次的操作；如果按 Enter 键，结束命令的执行。

可以看出，用 3DPOLY 命令绘制三维多段线时，不允许用户设置线宽，也不能绘制圆弧段。

2. 编辑三维多段线

命令：PEDIT（与编辑二维多段线的命令相同）。**菜单**："修改" | "对象" | "多段线"。

> **命令操作**
>
> 执行 PEDIT 命令，AutoCAD 提示：
>
>> 选择多段线或 [多条(M)]:
>> 输入选项 [闭合(C)/合并(J)/编辑顶点(E)/样条曲线(S)/非曲线化(D)/反转(R)/放弃(U)]:

提示中各选项的含义与对二维多段线用 PEDIT 命令编辑时给出的同名选项的含义相同。"闭合(C)"选项用于封闭三维多段线，如果多段线是封闭的，该选项变为"打开(O)"，即允许用户打开封闭的多段线；"合并(J)"选项将非闭合多段线与已有直线、圆弧或多段线合并成一条多段线对象；"编辑顶点(E)"选项用于编辑三维多段线的顶点；"样条曲线(S)"选项用于对三维多段线进行样条曲线拟合；"非曲线化(D)"选项用于反拟合；"反转(R)"选项用于改变多段线上的顶点顺序；"放弃(U)"选项则用于放弃上次的操作。

可以看出，对三维多段线只能进行样条曲线拟合，不能修改其宽度。

12.5.4 绘制与编辑三维样条曲线

本小节介绍如何绘制、编辑三维样条曲线。

1. 绘制三维样条曲线

命令：SPLINE（与绘制二维样条曲线的命令相同）。**功能区**："常用" | "绘图" | （样条曲线）。**菜单**："绘图" | "样条曲线"。

> **命令操作**
>
> 执行 SPLINE 命令，AutoCAD 提示：

指定第一个点或 [方式(M)/节点(K)/对象(O)]:

在此提示下的操作与介绍二维样条曲线绘制时的操作相同，不再介绍。

2．编辑三维样条曲线

命令：SPLINEDIT（与编辑二维样条曲线的命令相同）。**菜单**："修改"｜"对象"｜"样条曲线"。

命令操作

执行 SPLINEDIT 命令，AutoCAD 提示：

选择样条曲线：

在该提示下选择三维样条曲线，AutoCAD 提示：

输入选项 [拟合数据(F)/闭合(C)/移动顶点(M)/优化(R)/反转(E)/转换为多段线(P)/放弃(U)]:

在此提示下的操作与编辑二维样条曲线的操作相似，不再介绍。

12.6 绘制三维螺旋线

命令：HELIX。**功能区**："常用"｜"绘图"｜ (螺旋)。**菜单**："绘图"｜"螺旋"。

命令操作

执行 HELIX 命令，AutoCAD 提示：

圈数 = 3.000 0   扭曲=CCW(螺旋线的当前设置)
指定底面的中心点:(指定螺旋线底面的中心点。该底面与当前 UCS 或动态 UCS 的 xy 面平行)
指定底面半径或 [直径(D)]:(输入螺旋线的底面半径或通过"直径(D)"选项输入直径)
指定顶面半径或 [直径(D)]:(输入螺旋线的顶面半径或通过"直径(D)"选项输入直径)
指定螺旋高度或 [轴端点(A)/圈数(T)/圈高(H)/扭曲(W)]:

1．指定螺旋高度

指定螺旋线的高度。执行该选项，即输入高度值后按 Enter 键，即可绘制出对应的螺旋线。

> **提示**　可以通过拖曳的方式动态确定螺旋线的各尺寸。

2．轴端点（A）

确定螺旋线轴的另一端点位置。执行该选项，AutoCAD 提示：

指定轴端点：

在此提示下指定轴端点的位置即可。指定轴端点后，所绘螺旋线的轴线沿螺旋线底面中心点与轴端点的连线方向，即螺旋线底面不再与 UCS 的 xy 面平行。

3．圈数（T）

设置螺旋线的圈数（默认值为3，最大值为500）。执行该选项，AutoCAD 提示：

输入圈数：

在此提示下输入圈数值即可。

4．圈高（H）

指定螺旋线一圈的高度（即圈间距，又称为节距，指螺旋线旋转一圈后，沿轴线方向移动的距离）。执行该选项，AutoCAD 提示：

> 指定圈间距：

根据提示响应即可。

5．扭曲（W）

确定螺旋线的旋转方向（即旋向）。执行该选项，AutoCAD 提示：

> 输入螺旋的扭曲方向 [顺时针(CW)/逆时针(CCW)] <CCW>:

根据提示响应即可。

例 12.4　绘制螺旋线。要求：底面半径为 50，顶面半径为 30，螺旋线高度为 60。

操作步骤

执行 HELIX 命令，AutoCAD 提示：

> 指定底面的中心点:(指定一点)
> 指定底面半径或 [直径(D)]: 50↙
> 指定顶面半径或 [直径(D)]: 30↙
> 指定螺旋高度或 [轴端点(A)/圈数(T)/圈高(H)/扭曲(W)]: 60↙

执行结果如图 12.30 所示。

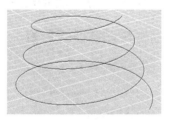

图 12.30　螺旋线

12.7　练　习

1．试执行 UCS 命令建立不同的 UCS，观察 UCS 图标的变化情况。

2．打开 AutoCAD 2012 提供的图形文件 3D House.dwg（位于 AutoCAD 2012 安装目录中的 Sample 文件夹），试进行以下操作。

（1）用不同的视觉样式观察图形。

（2）执行 VPOINT 命令，设置不同的视点并观察图形；利用坐标球和三轴架设置视点，观察图形。

（3）通过菜单"视图"|"三维视图"中的各菜单项设置特殊视点，观察结果。

第 13 章 创建曲面模型

本章重点介绍如何利用 AutoCAD 2012 创建各种曲面模型。

13.1 创建三维网格图元

利用 AutoCAD 2012，可以创建出三维网格图元长方体、楔体、圆锥体、球体、圆柱体、圆环体以及棱锥体等。

在"三维建模"工作界面中，利用"网格"选项卡中的"图元"面板，以及在"三维基础"工作界面中，利用"常用"选项卡中的"创建"面板，均可以执行创建三维网格图元的操作，如图 13.1 所示。此外，利用与菜单"绘图"|"建模"|"网格"|"图元"对应的子菜单，也可以执行创建三维网格图元的操作。图 13.2 所示是"图元"子菜单。

（a）"三维建模"工作界面中"网格"选项卡中的"图元"面板

（b）"三维基础"工作界面中，"常用"选项卡中的"创建"面板

图 13.1　用于创建三维网格图元的面板

第 13 章 创建曲面模型

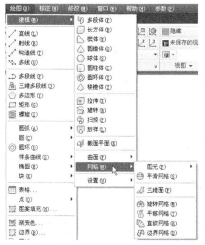

图 13.2 "图元"子菜单

13.1.1 创建三维网格图元长方体

功能区:"网格"|"图元" （网格长方体）。**菜单**:"绘图"|"建模"|"网格"|"图元"|"长方体"。

图 13.3 所示是一个三维网格图元长方体。

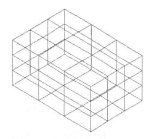

图 13.3 三维网格图元长方体

命令操作

单击对应的功能区按钮或菜单项，AutoCAD 提示：

指定第一个角点或 [中心(C)]:(指定长方体表面的一角点位置)

1．指定第一个角点

根据三维网格图元（简称网格图元）长方体的角点位置创建网格图元长方体，为默认项。执行该选项，即确定了网格图元长方体的一角点位置后，AutoCAD 提示：

指定其他角点或 [立方体(C)/长度(L)]:

（1）指定其他角点。

根据另一角点位置创建网格图元长方体，为默认项。用户响应后，AutoCAD 以指定的两角点作为网格图元长方体的对角点创建出网格图元长方体。

> **提示** 如果指定的另一角点与第一角点位于同一平面，还会要求用户指定网格图元长方体的高度。

（2）立方体（C）。

创建网格图元立方体，即各边长均相等的网格图元长方体。执行该选项，AutoCAD 提示：

指定长度:(输入网格图元立方体的边长值后按 Enter 键)

（3）长度（L）。

根据网格图元长方体的长、宽和高创建网格图元长方体。执行该选项，AutoCAD 提示：

303

指定长度:(输入长度值后按 Enter 键)
指定宽度:(输入宽度值后按 Enter 键)
指定高度或 [两点(2P)]:(输入高度值后按 Enter 键，或指定两点确定高度)

> **提示** 当通过"长度(L)"选项确定网格图元长方体的长度、宽度和高度时，各长度、宽度以及高度方向分别沿当前 UCS 的 x、y、z 坐标轴正方向。

2．中心（C）

根据网格图元长方体的中心点位置创建网格图元长方体。执行该选项，AutoCAD 提示：

指定中心:(确定网格图元长方体的中心点位置)
指定角点或 [立方体(C)/长度(L)]:

（1）指定角点。

确定网格图元长方体的另一角点位置，为默认项。用户响应后，AutoCAD 根据给出的中心点和角点创建出网格图元长方体。

> **提示** 如果指定的角点与中心点位于同一平面，还会要求用户指定网格图元长方体的高度。

（2）立方体（C）。

创建网格图元立方体。执行该选项，AutoCAD 提示：

指定长度:(输入网格图元立方体的边长值后按 Enter 键)

（3）长度（L）。

根据网格图元长方体的长、宽和高创建长方体。执行该选项，AutoCAD 提示：

指定长度:(输入长度值后按 Enter 键)
指定宽度:(输入宽度值后按 Enter 键)
指定高度或 [两点(2P)]:(输入高度值后按 Enter 键，或指定两点来确定高度)

13.1.2 创建三维网格图元楔体

功能区："网格"|"图元"|🔲（网格楔体）。菜单："绘图"|"建模"|"网格"|"图元"|"楔体"。

图 13.4 所示是一个三维网格图元楔体。

命令操作

单击对应的功能区按钮或菜单项，AutoCAD 提示：

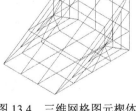

图 13.4　三维网格图元楔体

指定第一个角点或 [中心(C)]:

1．指定第一个角点

根据网格图元楔体的角点位置创建网格图元楔体，为默认项。用户响应后，即给出网格图元楔体的一角点位置后，AutoCAD 提示：

指定其他角点或 [立方体(C)/长度(L)]:

（1）指定其他角点。

根据另一角点位置创建网格图元楔体,为默认项。与创建网格图元长方体过程类似:用户响应后,即给出另一角点位置后,AutoCAD 根据这两个角点创建出网格图元楔体。

> 提示　如果指定的另一角点与第一角点位于同一平面,还会要求用户指定网格图元楔体的高度。

(2) 立方体（C）。

创建两个直角边及宽均相等的网格图元楔体。执行该选项,AutoCAD 提示:

指定长度:

在该提示下输入网格图元楔体直角边的长度值后按 Enter 键即可。

(3) 长度（L）。

按指定的长、宽和高创建网格图元楔体。执行该选项,AutoCAD 提示:

指定长度:(输入长度值后按 Enter 键)
指定宽度:(输入宽度值后按 Enter 键)
指定高度或 [两点(2P)]:(输入高度值后按 Enter 键,或利用"两点(2P)"选项指定两点指定高度)

2．中心（C）

按指定的中心点位置创建网格图元楔体,此中心点指网格图元楔体斜面上的中心点。执行该选项,AutoCAD 提示:

指定中心:(指定中心点位置)
指定角点或 [立方体(C)/长度(L)]:

(1) 指定角点。

根据另一角点位置创建网格图元楔体,为默认项。用户响应后,即给出另一角点位置后,AutoCAD 根据指定的中心点和角点创建出网格图元楔体。

> 提示　如果指定的另一角点与中心点位于同一平面,还会要求用户指定网格图元楔体的高度。

(2) 立方体（C）。

创建两个直角边以及宽均相等的网格图元楔体。执行该选项,AutoCAD 提示:

指定长度:(输入网格图元楔体直角边的长度值后按 Enter 键)

(3) 长度（L）。

按指定的长、宽和高创建网格图元楔体。执行该选项,AutoCAD 提示:

指定长度:(输入长度值后按 Enter 键)
指定宽度:(输入宽度值后按 Enter 键)
指定高度或 [两点(2P)]:(输入高度值后按 Enter 键,或指定两点来指定高度)

13.1.3　创建三维网格图元圆锥体

功能区:"网格"|"图元"|（网格圆锥体）。**菜单**:"绘图"|"建模"|"网格"|"图元"|"圆锥体"。

图 13.5 所示是一个三维网格图元圆锥体。

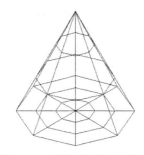

图13.5 三维网格图元圆锥体

命令操作

单击对应的功能区按钮或菜单项，AutoCAD 提示：

> 指定底面的中心点或 [三点(3P)/两点(2P)/切点、切点、半径(T)/椭圆(E)]:

1. 指定底面的中心点

此提示要求确定网格图元圆锥体底面的中心点位置，为默认项。用户响应后，AutoCAD 提示：

> 指定底面半径或 [直径(D)]:(输入网格图元圆锥体底面的半径或执行"直径(D)"选项输入直径值后按 Enter 键)
> 指定高度或 [两点(2P)/轴端点(A)/顶面半径(T)]:

（1）指定高度。

确定网格图元圆锥体的高度。输入高度值后按 Enter 键，AutoCAD 按此高度创建出网格图元圆锥体，且网格图元圆锥体的中心线与当前 UCS 的 z 轴平行。

（2）两点（2P）。

指定两点，以这两点间的距离作为网格图元圆锥体的高度。执行该选项，AutoCAD 依次提示：

> 指定第一点:
> 指定第二点:

用户响应即可。

（3）轴端点（A）。

确定网格图元圆锥体的锥顶点位置。执行该选项，AutoCAD 提示：

> 指定轴端点:

在此提示下确定顶点（即轴端点）位置后，AutoCAD 创建出网格图元圆锥体。利用此方法，可以创建沿任意方向放置的网格图元圆锥体。

（4）顶面半径（T）。

创建网格图元圆台体。执行该选项，AutoCAD 提示：

> 指定顶面半径:(指定顶面半径)
> 指定高度或 [两点(2P)/轴端点(A)] >:(响应某一项即可)

2. 三点（3P），两点（2P），相切、相切、半径（T）

"三点（3P）"，"两点（2P）"，"相切、相切、半径（T）"这 3 个选项分别用于以不同的方式确定网格图元圆锥体底面的圆，其操作与用 CIRCLE 命令绘制圆相同。确定了网格图元圆锥体的底面圆后，AutoCAD 继续提示：

> 指定高度或 [两点(2P)/轴端点(A)/顶面半径(T)]:

在此提示下响应即可。

3．椭圆（E）

创建椭圆形网格图元锥体，即横截面是椭圆的网格图元锥体。执行该选项，AutoCAD 提示：

> 指定第一个轴的端点或 [中心(C)]:

此提示要求用户确定网格图元圆锥体的底面椭圆，其操作过程与用 ELLIPSE 命令绘制椭圆相似，不再介绍。确定了网格图元椭圆锥体的底面椭圆后，AutoCAD 提示：

> 指定高度或 [两点(2P)/轴端点(A)]:

在此提示下响应即可。

13.1.4　创建三维网格图元球体

功能区："网格"|"图元"|⊕（网格球体）。**菜单**："绘图"|"建模"|"网格"|"图元"|"球体"。

图 13.6 所示是一个三维网格图元球体。

图 13.6　三维网格图元球体

🖱 命令操作

单击对应的功能区按钮或菜单项，AutoCAD 提示：

> 指定中心点或 [三点(3P)/两点(2P)/切点、切点、半径(T)]:

1．指定中心点

确定网格图元球体的球心位置，为默认项。执行该选项，即指定球心位置后，AutoCAD 提示：

> 指定半径或 [直径(D)]:(输入网格图元球体的半径值，或执行"直径(D)"选项，输入直径值后按 Enter 键)

2．三点（3P）

通过指定网格图元球体上某一圆周的 3 点来创建球体。执行该选项，AutoCAD 提示：

> 指定第一点:
> 指定第二点:
> 指定第三点:

用户依次指定 3 点后（3 点确定一圆周面及对应的圆周），AutoCAD 创建出对应的网格图元球体。

3．两点（2P）

通过指定网格图元球体上某一直径的两个端点来创建网格图元球体。执行该选项，AutoCAD 提示：

> 指定直径的第一个端点:
> 指定直径的第二个端点:

用户依次指定两点后，AutoCAD 创建出对应的网格图元球体。

4．相切、相切、半径（T）

创建与已有两对象相切且半径为指定值的网格图元球体。这两个对象必须是位于同一平面上的圆弧、圆或直线。执行该选项，AutoCAD 提示：

> 指定对象的第一个切点:
> 指定对象的第二个切点:
> 指定圆的半径:

用户依次响应即可。

13.1.5 创建三维网格图圆柱体

功能区："网格"|"图元"|（网格圆柱体）。**菜单**："绘图"|"建模"|"网格"|"图元"|"圆柱体"。

图 13.7 所示是一个三维网格图元圆柱体。

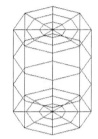

图 13.7 三维网格图元圆柱体

命令操作

单击对应的功能区按钮或菜单项，AutoCAD 提示：

> 指定底面的中心点或 [三点(3P)/两点(2P)/相切、相切、半径(T)/椭圆(E)]:

1．指定底面的中心点

此选项要求确定网格图元圆柱体底面的中心点位置，为默认项。用户响应后，AutoCAD 提示：

> 指定底面半径或 [直径(D)]:(输入网格图元圆柱体底面的半径或执行"直径(D)"选项输入直径值后按 Enter 键)
> 指定高度或 [两点(2P)/轴端点(A)]:

（1）指定高度。

此提示要求用户指定网格图元圆柱体的高度，即根据高度创建网格图元圆柱体，为默认项。用户响应后，即可创建出网格图元圆柱体，且圆柱体的两端面与当前 UCS 的 xy 面平行。

（2）两点（2P）。

指定两点，以这两点之间的距离作为网格图元圆柱体的高度。执行该选项，AutoCAD 依次提示：

> 指定第一点:
> 指定第二点:

用户响应即可。

（3）轴端点（A）。

根据网格图元圆柱体另一端面上的圆心位置创建网格图元圆柱体。执行该选项，AutoCAD 提示：

> 指定轴端点:

此提示要求用户确定网格图元圆柱体的另一轴端点，即另一端面上的圆心位置，用户响应后,AutoCAD 创建出网格图元圆柱体。利用此方法,可以创建沿任意方向放置的网格图元圆柱体。

2. 三点(3P),两点(2P),相切、相切、半径(T)

"三点(3P)"、"两点(2P)"、"相切、相切、半径(T)"这 3 个选项分别用于以不同方式确定网格图元圆柱体的底面圆,其操作与用 CIRCLE 命令绘制圆相同。确定网格图元圆柱体的底面圆后,AutoCAD 继续提示:

> 指定高度或 [两点(2P)/轴端点(A)]:

在此提示下响应即可。

3. 椭圆(E)

创建网格图元椭圆柱体,即横截面是椭圆的网格图元圆柱体。执行该选项,AutoCAD 提示:

> 指定第一个轴的端点或 [中心(C)]:

此提示要求用户确定网格图元椭圆柱体的底面椭圆,其操作过程与用 ELLIPSE 命令绘制椭圆的过程相似,不再介绍。确定了网格图元椭圆柱体的底面椭圆后,AutoCAD 继续提示:

> 指定高度或 [两点(2P)/轴端点(A)]:

在此提示下响应即可。

13.1.6 创建三维网格图元圆环体

功能区:"网格"|"图元"|(网格圆环体)。**菜单**:"绘图"|"建模"|"网格"|"图元"|"圆环体"。

图 13.8 所示是一个三维网格图元圆环体。

命令操作

单击对应的功能区按钮或菜单项,AutoCAD 提示:

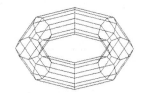

图 13.8 三维网格图元圆环体

> 指定中心点或 [三点(3P)/两点(2P)/相切、相切、半径(T)]:

1. 指定中心点

指定网格图元圆环体的中心点位置,为默认项。执行该选项,即指定网格图元圆环体的中心点位置,AutoCAD 提示:

> 指定半径或 [直径(D)]:(输入网格图元圆环体的半径或执行"直径(D)"选项输入直径值后按 Enter 键)
> 指定圆管半径或 [两点(2P)/直径(D)]:(输入圆管的半径后按 Enter 键,或执行"两点(2P)"、"直径(D)"选项确定直径)

2. 三点(3P),两点(2P),相切、相切、半径(T)

"三点(3P)"、"两点(2P)"、"相切、相切、半径(T)"这 3 个选项分别用于以不同的方式确定网格图元圆环体的中心线圆,其操作方式与用 CIRCLE 命令绘制圆相同。确定网格图元圆环体的中心线圆后,AutoCAD 继续提示:

> 指定圆管半径或 [两点(2P)/直径(D)]:

根据需要响应即可。

13.1.7 创建三维网格图元棱锥体

功能区:"网格"|"图元"|△ (网格棱锥体)。**菜单**:"绘图"|"建模"|"网格"|"图元"|"棱锥体"。

图 13.9 所示是一个三维网格图元棱锥体。

图 13.9 三维网格图元棱锥体

命令操作

单击对应的功能区按钮或菜单项,AutoCAD 提示:

    指定底面的中心点或 [边(E)/侧面(S)]:

1. 指定底面的中心点

指定网格图元棱锥体底面的中心点位置。执行该选项,AutoCAD 提示:

    指定底面半径或 [内接(I)]:

通过指定的假设内切圆或外接圆的半径("内接(I)"选项)确定网格图元棱锥体的底面。确定了网格图元棱锥体的底面后,AutoCAD 提示:

    指定高度或 [两点(2P)/轴端点(A)/顶面半径(T)]:

(1) 指定高度。

此提示要求用户指定网格图元棱锥体的高度,即根据高度创建网格图元棱锥体,为默认项。用户响应后,即可创建出网格图元棱锥体。

(2) 两点 (2P)。

指定两点,以这两点之间的距离作为网格图元棱锥体的高度。执行该选项,AutoCAD 依次提示:

    指定第一点:
    指定第二点:

用户响应即可。

(3) 轴端点 (A)。

指定网格图元棱锥体的顶点位置创建网格图元棱锥体。执行该选项,AutoCAD 提示:

    指定轴端点:

此提示要求用户确定网格图元棱锥体的另一轴端点,用户响应后,AutoCAD 创建出网格图元棱锥体。利用此方法,可以创建沿任意方向放置的网格图元棱锥体。

(4) 顶面半径 (T)。

创建网格图元棱锥台(默认是四棱锥台)。执行该选项,AutoCAD 提示:

    指定顶面半径:

通过指定的假设内切圆半径确定网格图元棱锥台的顶面。确定了网格图元棱锥台的顶面后,AutoCAD 提示:

    指定高度或 [两点(2P)/轴端点(A)]:

根据提示响应即可。

2．边（E）

确定网格图元棱锥体底面上某一条边的两个端点。执行该选项，AutoCAD 提示：

指定边的第一个端点:(指定网格图元棱锥体底面上某一条边的一个端点)
指定边的第二个端点: (指定网格图元棱锥体底面上同一条边的另一个端点)

指定了网格图元棱锥体底面上某条边的两个端点后，AutoCAD 从指定的第一端点向第二端点沿逆时针方向确定出底面多边形（默认是 4 边形），然后提示：

指定高度或 [两点(2P)/轴端点(A)/顶面半径(T)]:

此时可以指定网格图元棱锥体的高度，或通过"两点（2P）"选项指定两点来确定网格图元棱锥体的高度，或通过"轴端点（A）"选项指定网格图元棱锥体的顶点位置，或通过"顶面半径（T）"选项创建网格图元四棱锥台。

3．侧面（S）

确定棱锥体侧面的面数。执行该选项，AutoCAD 提示：

输入侧面数:

在此提示下确定了棱锥体侧面的数量后，AutoCAD 继续提示：

指定底面的中心点或 [边(E)/侧面(S)]:

根据提示操作即可。

13.2 创 建 网 格

13.2.1 创建旋转网格

命令：REVSURF。**功能区**："网格"｜"图元"｜⊛（建模，网格，旋转曲面）。**菜单**："绘图"｜"建模"｜"网格"｜"旋转网格"。

旋转网格是指将指定的对象绕旋转轴旋转一定角度而形成的网格，如图 13.10 所示（三维线框视觉样式）。

（a）旋转对象与旋转轴 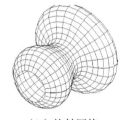（b）旋转网格

图 13.10 创建旋转网格

命令操作

执行 REVSURF 命令，AutoCAD 提示：

当前线框密度: SURFTAB1=6 SURFTAB2=6
选择要旋转的对象:(选择旋转对象)
选择定义旋转轴的对象:(选择作为旋转轴的对象)
指定起点角度 <0>:(输入旋转起始角度值后按 Enter 键)
指定包含角 (+=逆时针，-=顺时针) <360>:(输入旋转网格的包含角度值后按 Enter 键。角度值前面有符号"+"将沿逆时针方向旋转；有符号"-"则沿顺时针方向旋转，默认包含角为 360°)

说明：

1．创建旋转网格时，应先绘制出旋转对象和旋转轴。旋转对象可以是直线段、圆弧、圆、样条曲线、二维多段线及三维多段线等。旋转轴可以是直线段、二维多段线及三维多段线等。如果将多段线作为旋转轴，其首尾端点的连线为旋转轴。

2．当提示"选择定义旋转轴的对象："时，在旋转轴对象上的拾取位置影响对象的旋转方向，该方向由右手规则判断，方法是：将拇指沿旋转轴指向远离拾取点的旋转轴端点，弯曲四指，四指所指方向就是旋转方向。

3．由 REVSURF 命令构成的旋转网格多边形网格中，沿旋转方向的网格数由系统变量 SURFTAB1 确定，沿旋转轴方向的网格数由系统变量 SURFTAB2 确定，它们的默认值均为 6。应在执行 REVSURF 命令之前设置对应的系统变量。图 13.10（b）所示是系统变量 SURFTAB1、SURFTAB2 均为 25 时的效果，如果这两个系统变量的值采用系统默认值 6，创建出的旋转网格如图 13.11 所示。

图 13.11　旋转网格（SURFTAB1=6，SURFTAB2=6）

13.2.2　创建平移网格

命令："TABSURF。**功能区**："网格"｜"图元"｜ （平移曲面）。**菜单**："绘图"｜"建模"｜"网格"｜"平移网格"。

平移网格是指将轮廓曲线沿矢量方向平移而形成的网格，如图 13.12 所示。

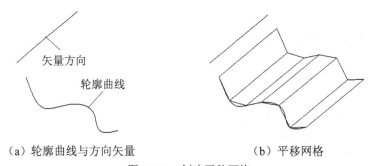

（a）轮廓曲线与方向矢量　　　　　（b）平移网格

图 13.12　创建平移网格

命令操作

执行 TABSURF 命令，AutoCAD 提示：

> 当前线框密度：SURFTAB1=6
> 选择用作轮廓曲线的对象:(选择轮廓曲线)
> 选择用作方向矢量的对象:(选择方向矢量)

说明：

1．创建平移网格时，应先绘制出作为轮廓曲线和方向矢量的图形对象。作为轮廓曲线的对象可以是直线段、圆弧、圆、样条曲线、二维多段线及三维多段线等；作为方向矢量的对象可以是直线段或非闭合的二维多段线、三维多段线等。当选择多段线为方向矢量时，平移方向沿多段线两端点的连线方向。

2．确定轮廓曲线和方向矢量后，AutoCAD 沿方向矢量朝远离拾取点的端点方向绘制平移网格。

3．由 TABSURF 命令构成的平移网格的网格数由系统变量 SURFTAB1 确定。图 13.12（b）所示是系统变量 SURFTAB1 的值为 6 时的效果。如果将该系统变量的值设为 20 后再绘制此平移网格，将得到如图 13.13 所示的效果。

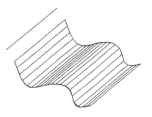

图 13.13　平移网格（SURFTAB1=20）

13.2.3　创建直纹网格

命令：RULESURF。**功能区**："网格"｜"图元"｜（直纹曲面）。**菜单**："绘图"｜"建模"｜"网格"｜"直纹网格"。

直纹网格是在两条曲线之间创建的表示曲面的网格，如图 13.14 所示。

（a）用于绘制直纹网格的曲线　　（b）直纹网格

图 13.14　创建直纹网格

命令操作

执行 RULESURF 命令，AutoCAD 提示：

当前线框密度: SURFTAB1=6
选择第一条定义曲线:(选择第一条曲线)
选择第二条定义曲线:(选择第二条曲线)

说明：

1．应事先绘制出用于生成直纹网格的两条曲线。这两条曲线可以是直线段、点、圆弧、圆、样条曲线、二维多段线及三维多段线等对象。如果一条曲线是封闭曲线，另一条曲线也必须是封闭曲线或为一个点。

图 13.15　直纹网格（在异侧拾取对象）

2．如果曲线非闭合，直纹网格总是从曲线上离拾取点近的一端绘制。因此，用同样两条曲线绘制直纹网格时，定义曲线时的拾取位置不同，得到的曲面也不同。对于如图 13.14（a）所示的两条曲线，如果绘制直纹网格时在同一侧拾取两条曲线，得到如图 13.14（b）所示的结果；如果在相反侧拾取两条曲线，则会得到如图 13.15 所示的结果。

3．由 RULESURF 命令构成的直纹网格的网格数由系统变量 SURFTAB1 确定。

13.2.4　创建边界网格

命令：EDGESURF。**功能区**："网格"｜"图元"｜（边界曲面）。**菜单**："绘图"｜"建模"｜"网格"｜"边界网格"。

边界网格是以 4 条彼此首尾连接的边为边界绘制出的三维多边形网格，如图 13.16 所示。

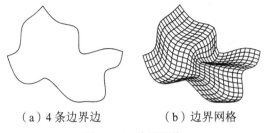

（a）4 条边界边　　（b）边界网格

图 13.16　边界网格

命令操作

执行 EDGESURF 命令，AutoCAD 提示：

```
选择用作曲面边界的对象 1:(选择第一条边)
选择用作曲面边界的对象 2:(选择第二条边)
选择用作曲面边界的对象 3:(选择第三条边)
选择用作曲面边界的对象 4:(选择第四条边)
```

说明：

1. 必须事先绘制出用于绘制边界网格的 4 个对象，这些对象可以是直线段、圆弧、样条曲线、二维多段线、三维多段线等。

2. 用户选择的第一个对象所在的方向为多边形网格的 M 方向，它的邻边方向为网格的 N 方向。系统变量 SURFTAB1 和 SURFTAB2 分别控制沿 M 方向、N 方向的网格数。

13.2.5　创建三维面

命令：3DFACE。**菜单**："绘图"|"建模"|"网格"|"三维面"。

用 3DFACE 命令绘制三维面时，可以通过指定面的各顶点来绘制一系列三维空间面（但构成各个面的顶点最多不能超过 4 个）。

命令操作

执行 3DFACE 命令，AutoCAD 依次提示：

```
指定第一点或 [不可见(I)]:(指定第一点)
指定第二点或 [不可见(I)]:(指定第二点)
指定第三点或 [不可见(I)] <退出>:(指定第三点)
指定第四点或 [不可见(I)] <绘制三侧面>:(指定第四点后，AutoCAD 绘制出由指定的 4 个顶点确定的面，或按 Enter 键绘制由 3 个顶点确定的面)
指定第三点或 [不可见(I)] <退出>:(指定第三点)
指定第四点或 [不可见(I)] <绘制三侧面>:(指定第四点，绘制出由 4 个顶点确定的面，或按 Enter 键绘制由 3 个顶点确定的面)
指定第三点或 [不可见(I)] <退出>:(指定第三点或按 Enter 键结束命令)
```

第 13 章 创建曲面模型

上面各提示中,"不可见(I)"选项用于控制是否显示面上的对应边。

> 提示　AutoCAD 总是将前一个面上的第 3 点、第 4 点作为下一个面的第 1 点、第 2 点。因此当绘制出一个面后,只要求输入第 3 点、第 4 点,用户响应后会绘制出对应的面。如果在"指定第四点或 [不可见(I)] <绘制三侧面>:"提示下直接按 Enter 键,AutoCAD 会将第 3 点、第 4 点合成一个点,因此绘制出的是由 3 个顶点构成的面。

例 13.1　分析以下操作的执行结果。

执行 3DFACE 命令,AutoCAD 提示:

```
指定第一点或 [不可见(I)]: 30,20,0↙
指定第二点或 [不可见(I)]: 40,30,20↙
指定第三点或 [不可见(I)] <退出>: 40,50,20↙
指定第四点或 [不可见(I)] <绘制三侧面>: 30,60,0↙
指定第三点或 [不可见(I)] <退出>: 70,60,0↙
指定第四点或 [不可见(I)] <绘制三侧面>: 60,50,20↙
指定第三点或 [不可见(I)] <退出>: 60,30,20↙
指定第四点或 [不可见(I)] <绘制三侧面>: 70,20,0↙
指定第三点或 [不可见(I)] <退出>: 30,20,0↙
指定第四点或 [不可见(I)] <绘制三侧面>: 40,30,20↙
指定第三点或 [不可见(I)] <退出>: ↙
```

结果如图 13.17 所示(真实视觉样式)。

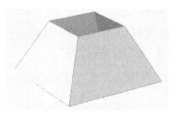

图 13.17　示例图

图 13.17 所示的图形有 4 个侧面,没有顶面和底面,可以通过再执行 3DFACE 命令为其绘制顶面和底面。

13.3　创 建 曲 面

> 提示　利用在第 14 章介绍的功能旋转、拉伸、扫掠及放样等功能,也可以创建出对应的曲面。

13.3.1　创建平面曲面

命令:PLANESURF。**功能区**:"曲面"|"创建"|　(平面曲面)。**菜单**:"绘图"|"建

模"|"曲面"|"平面"。

命令操作

执行 PLANESURF 命令，AutoCAD 提示：

> 指定第一个角点或 [对象(O)] <对象>:

1. 指定第一个角点

通过指定矩形的对角点创建矩形平面对象。执行该选项，即指定矩形的第一角点，AutoCAD 提示：

> 指定其他角点:

在该提示下指定另一角点即可。

2. 对象（O）

将指定的平面封闭曲线转换为平面对象。执行该选项，AutoCAD 提示：

> 选择对象:(选择平面封闭曲线)
> 选择对象:↙(也可以继续选择对象)

13.3.2 创建三维曲面

命令：SURFNETWORK。**功能区**："曲面"|"创建"|◎（网络曲面）。**菜单**："绘图"|"建模"|"曲面"|"网格"。

创建三维曲面是指通过已有曲线或曲面边来创建三维曲面，如图 13.18 所示，根据如图 13.18（a）所示的已有曲线创建出如图 13.18（b）所示的曲面。

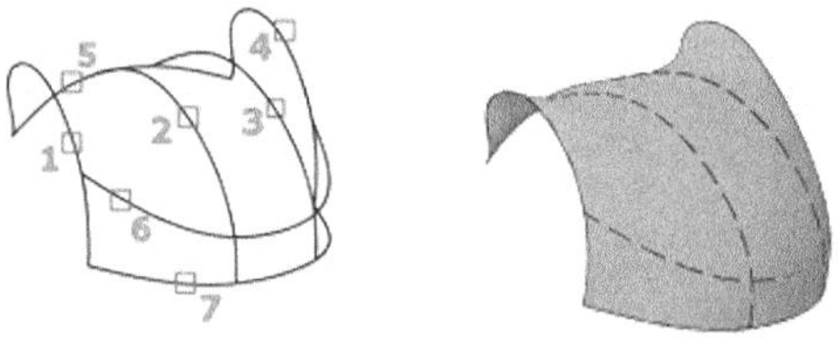

（a）已有曲线　　（b）三维曲面

图 13.18　创建三维曲面

命令操作

执行 SURFNETWORK 命令，AutoCAD 提示：

> 沿第一个方向选择曲线或曲面边:(沿第一个方向选择用于创建曲面的曲线或曲面边)
> 沿第一个方向选择曲线或曲面边:(继续沿第一个方向选择用于创建曲面的曲线或曲面边)
> 沿第一个方向选择曲线或曲面边:↙(也可以继续选择相应的对象)
> 沿第二个方向选择曲线或曲面边:(沿第二个方向选择用于创建曲面的曲线或曲面边)
> 沿第二个方向选择曲线或曲面边:(继续沿第二个方向选择用于创建曲面的曲线或曲面边)
> 沿第二个方向选择曲线或曲面边:↙(也可以继续选择相应的对象)

13.3.3 创建过渡曲面

命令：SURFBLEND。**功能区**："曲面"|"创建"|◎（曲面过渡）。**菜单**："绘图"|"建模"|"曲面"|"过渡"。

创建过渡曲面是指在两个已有曲面之间创建一个光滑过渡的过渡曲面，如图 13.19 所示，图 13.19（a）所示是已有的两个曲面，图 13.19（b）所示是创建出的过渡曲面。

第 13 章　创建曲面模型

（a）已有曲面

（b）创建过渡曲面结果

图 13.19　创建过渡曲面

命令操作

执行 SURFBLEND 命令，AutoCAD 提示：

> 选择要过渡的第一个曲面的边或 [链(CH)]:(选择用于创建过渡面的第一个曲线的边)
> 选择要过渡的第一个曲面的边或 [链(CH)]:✓
> 选择要过渡的第二个曲面的边或 [链(CH)]:(选择用于创建过渡面的第二个曲线的边)
> 选择要过渡的第二个曲面的边或 [链(CH)]:✓
> 按 Enter 键接受过渡曲面或 [连续性(CON)/凸度幅值(B)]:

1．按 Enter 键接受过渡曲面

直接按 Enter 键，按默认设置创建出过渡曲面。

2．连续性（CON）

设置连续性。执行该选项，AutoCAD 提示：

> 第一条边的连续性 [G0(G0)/G1(G1)/G2(G2)] <G1>:(设置第一条边的连续性)
> 第二条边的连续性 [G0(G0)/G1(G1)/G2(G2)] <G1>:(设置第二条边的连续性)
> 按 Enter 键接受过渡曲面或 [连续性(CON)/凸度幅值(B)]:(进行其他操作)

3．凸度幅值（B）

设置凸度幅值。执行该选项，AutoCAD 提示：

> 第一条边的凸度幅值 <0.5000>:(设置第一条边的凸度幅值)
> 第二条边的凸度幅值 <0.5000>:(设置第一条边的凸度幅值)
> 按 Enter 键接受过渡曲面或 [连续性(CON)/凸度幅值(B)]:(进行其他操作)

13.3.4　创建修补曲面

命令：SURFPATCH。**功能区**："曲面"|"创建"|（曲面修补）。**菜单**："绘图"|"建模"|"曲面"|"修补"。

创建修补曲面是指通过在已有的封闭曲面边上构成一个曲面的方式来创建一个新曲面，如图 13.20 所示，图 13.20（a）所示是已有曲面，图 13.20（b）所示是创建出的修补曲面。

（a）已有曲面

（b）创建修补曲面结果

图 13.20　创建修补曲面

命令操作

执行 SURFPATCH 命令，AutoCAD 提示：

> 选择要修补的曲面边或 [链(CH)/曲线(CU)] <曲线>:(选择对应的曲面边或曲线)
> 选择要修补的曲面边或 [链(CH)/曲线(CU)] <曲线>:↙(也可以继续选择曲面边或曲线)
> 按 Enter 键接受修补曲面或 [连续性(CON)/凸度幅值(B)/约束几何图形(CONS)]:

其中，直接按 Enter 键接受修补曲面，"连续性（CON）"选项用于设置修补曲面的连续性，"凸度幅值（B）"选项用于设置修补曲面边与原始曲面相交时的圆滑程度，"约束几何图形（CONS）"选项用于选择附加的约束曲线来构成修补曲面。

13.3.5 创建偏移曲面

命令：SURFOFFSET。**功能区**："曲面"|"创建" （曲面偏移）。**菜单**："绘图"|"建模"|"曲面"|"偏移"。

创建偏移曲面是指创建与指定曲面相距为指定距离的平行曲面，如图 13.21 所示，图 13.21（a）所示是已有曲面，图 13.21（b）所示是创建出的偏移曲面。

（a）已有曲面　　（b）创建偏移曲面结果

图 13.21　创建偏移曲面

命令操作

执行 SURFOFFSET 命令，AutoCAD 提示：

> 选择要偏移的曲面或面域:(选择对应的曲面或面域)
> 选择要偏移的曲面或面域:↙(也可以继续选择曲面或面域)
> 指定偏移距离或 [翻转方向(F)/两侧(B)/实体(S)/连接(C)/表达式(E)]:

1．指定偏移距离

指定偏移距离实现偏移。在上面的提示下输入距离值后按 Enter 键即可。

2．翻转方向（F）

改变偏移的方向。在"选择要偏移的曲面或面域:"提示下选择了要偏移的曲面后，被选择曲面上用箭头表示出偏移的方向，如图 13.22 所示。

选择"翻转方向（F）"选项可以改变偏移的方向，即更改表示偏移方向的箭头的方向。

3．两侧（B）

此选项表示将选择的曲面沿两个方向偏移。执行该选项，表示偏移方向的箭头如图 13.23 所示。

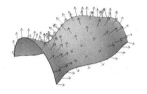 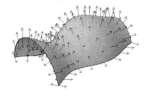

图 13.22　创建偏移曲面　　　　　图 13.23　沿两侧偏移曲面

4．实体（S）

此选项表示通过偏移创建出实体。

5．连接（C）

当偏移多个曲面时，利用此选项，可以使偏移后得到的曲面保持连接性，如图13.24（b）所示。

（a）偏移后得到的曲面没有连接　　　（b）偏移后得到的曲面保持连接

图 13.24　创建偏移曲面

执行"连接（C）"选项，AutoCAD 提示：

> 保持相邻边的连接 [否(N)/是(Y)] <是>:

根据提示响应即可。

6．表达式（E）

通过表达式确定偏移距离。

13.3.6　创建圆角曲面

命令：SURFFILLET。**功能区**："曲面"|"创建"|（曲面圆角）。**菜单**："绘图"|"建模"|"曲面"|"圆角"。

创建圆角曲面是指在两个面之间创建一个圆角曲面，如图13.25所示，图13.25（a）所示是已有曲面，图13.25（b）所示是创建圆角曲面后的结果。

（a）已有曲面　　（b）创建圆角曲面结果

图 13.25　创建圆角曲面

命令操作

执行 SURFFILLET 命令，AutoCAD 提示：

> 选择要圆角化的第一个曲面或面域或者 [半径(R)/修剪曲面(T)]:

1．选择要圆角化的第一个曲面或面域

选择用于创建圆角曲面的第一个曲面，选择后 AutoCAD 提示：

> 选择要圆角化的第二个曲面或面域或者 [半径(R)/修剪曲面(T)]:

在此提示下选择用于创建圆角曲面的第二个曲面，即可创建出指定半径的圆角曲面。

2．半径（R）

设置圆角曲面的半径，执行该选项，AutoCAD 提示：

> 指定半径:(指定半径值)

> 选择要圆角化的第一个曲面或面域或者 [半径(R)/修剪曲面(T)]:(选择曲面或进行其他操作)

3．修剪曲面（T）

确定创建圆角曲面时是否修剪曲面，其原理与创建圆角时的修剪类型。执行该选项，AutoCAD 提示：

> 自动根据圆角边修剪曲面 [是(Y)/否(N)] <是>:

根据提示响应即可。

13.4 练 习

1. 创建长、宽、高分别为 150、120、100 的三维网格图元长方体。
2. 创建底面边长为 200、高为 140 的三维网格图元四棱锥体。
3. 创建底面半径为 50、高为 80 的三维网格图元圆锥面。
4. 创建一个三维网格图元球体，其中网格图元球体的半径为 70。
5. 用 3DFACE 命令创建一个有 4 条边，且边长为 100 的三维面。
6. 通过创建旋转网格的方法创建如图 13.26 所示的酒杯（尺寸由读者确定）。

主要步骤如下。

① 设计酒杯的一条轮廓线，并绘制一条直线作为旋转轴。
② 执行 REVSURF 命令创建旋转网格。
③ 改变视点。
④ 整理，如删除作为旋转轴的直线等。

7. 通过创建旋转网格的方法创建如图 13.27 所示的灯罩（尺寸由读者确定）。

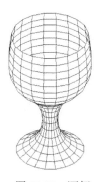
图 13.26 酒杯

图 13.27 灯罩

第 14 章 创建实体模型

本章介绍如何利用 AutoCAD 2012 创建各种基本实体模型。通过"绘图"|"建模"菜单、"常用"选项卡中的"建模"面板等,可以执行 AutoCAD 2012 的创建实体模型命令。图 14.1 和图 14.2 分别为"绘图"|"建模"的子菜单和"建模"面板。

图 14.1 "建模"菜单

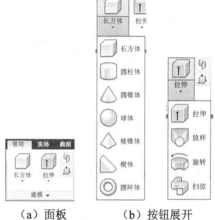

(a)面板　　(b)按钮展开

图 14.2 "建模"面板

14.1 创建长方体

命令:BOX。**功能区**:"常用"|"建模"| (长方体)。**菜单**:"绘图"|"建模"|"长方体"。

命令操作

执行 BOX 命令,AutoCAD 提示:

　　指定第一个角点或 [中心(C)]:

1. 指定第一个角点

根据长方体的角点位置创建长方体,为默认项。执行该选项,即确定长方体的一角点位置后,AutoCAD 提示:

　　指定其他角点或 [立方体(C)/长度(L)]:

(1) 指定其他角点。

根据另一角点位置创建长方体,为默认项。用户响应后,AutoCAD 以指定的两角点作为长方体的对角点绘出长方体。

> **提示** 如果指定的另一角点与第一角点位于同一平面,还会要求用户指定长方体的高度。

(2) 立方体(C)。

创建立方体,即各边长均相等的长方体。执行该选项,AutoCAD 提示:

> 指定长度:(输入立方体的边长值后按 Enter 键即可)

(3) 长度(L)。

根据长方体的长、宽和高创建长方体。执行该选项,AutoCAD 提示:

> 指定长度:(输入长度值后按 Enter 键)
> 指定宽度:(输入宽度值后按 Enter 键)
> 指定高度或 [两点(2P)]:(输入高度值后按 Enter 键,或指定两点来确定高度)

> **提示** 当通过"长度(L)"选项确定长方体的长度时,该长度方向沿着指定的第一角点与光标的连线方向,并根据此方向确定其他边的方向。在后面将介绍的创建楔体等对象时也有这样的约定。

2. 中心(C)

根据长方体的中心点位置创建长方体。执行该选项,AutoCAD 提示:

> 指定中心:(确定长方体的中心点位置)
> 指定角点或 [立方体(C)/长度(L)]:

(1) 指定角点。

确定长方体的另一角点位置,为默认项。用户响应后,AutoCAD 根据给出的中心点和角点创建出长方体。

> **提示** 如果指定的角点与中心点位于同一平面,还会要求用户指定长方体的高度。

(2) 立方体(C)。

创建立方体。执行该选项,AutoCAD 提示:

> 指定长度:(输入立方体的边长值后按 Enter 键)

(3) 长度(L)。

根据长方体的长、宽和高创建长方体。执行该选项,AutoCAD 提示:

> 指定长度:(输入长度值后按 Enter 键)
> 指定宽度:(输入宽度值后按 Enter 键)
> 指定高度或 [两点(2P)]:(输入高度值后按 Enter 键,或指定两点来确定高度)

例 14.1 创建如图 14.3 所示的 3 个长方体。

操作步骤

① 创建位于底部的长方体。

第 14 章 创建实体模型

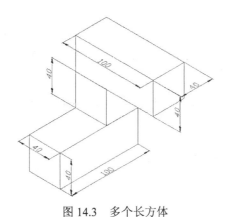

图 14.3 多个长方体

执行 BOX 命令，AutoCAD 提示：

> 指定第一个角点或 [中心(C)]:0,0,0↵
> 指定其他角点或 [立方体(C)/长度(L)]:@100,40,40↵

单击菜单"视图"|"三维视图"|"东北等轴测"改变视点，结果如图 14.4 所示（概念视觉样式，注意 UCS 图标）。

② 创建位于中部的长方体（立方体）。

执行 BOX 命令，AutoCAD 提示：

> 指定第一个角点或 [中心(C)]:(在图 14.4 中，捕捉长方体上位于顶部的角点)
> 指定其他角点或 [立方体(C)/长度(L)]:@40,40,40↵

执行结果如图 14.5 所示。

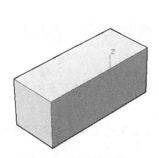
图 14.4 创建长方体 1

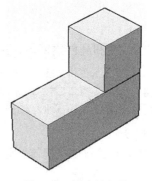
图 14.5 创建长方体 2

③ 创建位于顶部的长方体。

执行 BOX 命令，AutoCAD 提示：

> 指定第一个角点或 [中心(C)]:(在图 14.5 中，捕捉立方体上位于顶部的角点)
> 指定其他角点或 [立方体(C)/长度(L)]: @40,100,40↵

提示　可以用不同的视觉样式显示实体。

14.2 创建楔体

命令：WEDGE。**功能区**："常用"|"建模"|◇（楔体）。**菜单**："绘图"|"建模"|"楔体"。

命令操作

执行 WEDGE 命令，AutoCAD 提示：

指定第一个角点或 [中心(C)]:

1．指定第一个角点

根据楔体的角点位置创建楔体，为默认项。用户响应后，即给出楔体的一角点位置后，AutoCAD 提示：

指定其他角点或 [立方体(C)/长度(L)]:

（1）指定其他角点。

根据另一角点位置创建楔体，为默认项。与创建长方体过程类似，用户响应后，即给出另一角点位置后，AutoCAD 根据这两个角点创建出楔体。

> **提示**　如果指定的另一角点与第一角点位于同一平面，还会要求用户指定楔体的高度。

（2）立方体（C）。

创建两个直角边及宽均相等的楔体。执行该选项，AutoCAD 提示：

指定长度:

在该提示下输入楔体直角边的长度值后按 Enter 键即可。

（3）长度（L）。

按指定的长、宽和高创建楔体。执行该选项，AutoCAD 提示：

指定长度:(输入长度值后按 Enter 键)
指定宽度:(输入宽度值后按 Enter 键)
指定高度或 [两点(2P)]:(输入高度值后按 Enter 键，或指定两点来指定高度)

2．中心（C）

按指定的中心点位置创建楔体，此中心点指楔体斜面上的中心点。执行该选项，AutoCAD 提示：

指定中心:(指定中心点位置)
指定角点或 [立方体(C)/长度(L)]:

（1）指定角点。

根据另一角点位置创建楔体，为默认项。用户响应后，即给出另一角点位置后，AutoCAD 根据指定的中心点和角点绘出楔体。

> **提示**　如果指定的另一角点与中心点位于同一平面，还会要求用户指定楔体的高度。

(2) 立方体（C）。

创建两个直角边以及宽分别相等的楔体。执行该选项，AutoCAD 提示：

指定长度:(输入楔体直角边的长度值后按 Enter 键)

(3) 长度（L）。

按指定的长、宽和高创建楔体。执行该选项，AutoCAD 提示：

指定长度:(输入长度值后按 Enter 键)
指定宽度:(输入宽度值后按 Enter 键)
指定高度或 [两点(2P)]:(输入高度值后按 Enter 键，或指定两点来指定高度)

例 14.2　创建长、宽和高分别为 150、60 和 100 的楔体。

操作步骤

执行 WEDGE 命令，AutoCAD 提示：

指定第一个角点或 [中心(C)]:(在绘图屏幕适当位置拾取一点)
指定其他角点或 [立方体(C)/长度(L)]: L↙
指定长度: 150↙
指定宽度: 60↙
指定高度或 [两点(2P)]: 100↙

执行结果如图 14.6 所示。

图 14.6　楔体

14.3　创建球体

命令：SPHERE。**功能区**："常用"|"建模"|○（球体）。**菜单**："绘图"|"建模"|"球体"。

命令操作

执行 SPHERE 命令，AutoCAD 提示：

指定中心点或 [三点(3P)/两点(2P)/相切、相切、半径(T)]:

1. 指定中心点

确定球心位置，为默认项。执行该选项，即指定球心位置后，AutoCAD 提示：

指定半径或 [直径(D)]:(输入球体的半径值，或执行"直径(D)"选项，输入直径值后按 Enter 键)

2．三点（3P）

通过指定球体上某一圆周的三点来创建球体。执行该选项，AutoCAD 提示：

> 指定第一点:
> 指定第二点:
> 指定第三点:

用户依次指定三点后（三点确定一圆周面及对应的圆周），AutoCAD 绘出对应的球体。

3．两点（2P）

通过指定球体上某一直径的两个端点来创建球体。执行该选项，AutoCAD 提示：

> 指定直径的第一个端点:
> 指定直径的第二个端点:

用户依次指定两点后，AutoCAD 绘出对应的球体。

4．相切、相切、半径（T）

创建与已有两对象相切且半径为指定值的球体。这两个对象必须是位于同一平面上的圆弧、圆或直线。执行该选项，AutoCAD 提示：

> 指定对象的第一个切点:
> 指定对象的第二个切点:
> 指定圆的半径:

用户依次响应即可。

例 14.3 创建球心位于坐标原点、直径为 100 的球体。

操作步骤

执行 SPHERE 命令，AutoCAD 提示：

> 指定中心点或 [三点(3P)/两点(2P)/相切、相切、半径(T)]: 0,0↙
> 指定半径或 [直径(D)]: D↙
> 指定直径: 100↙

执行结果如图 14.7 所示。

图 14.7 球体

14.4 创建圆柱体

命令：CYLINDER。**功能区**："常用"｜"建模"｜ (圆柱体)。**菜单**："绘图"｜"建模"｜

第 14 章 创建实体模型

"圆柱体"。

命令操作

执行 CYLINDER 命令，AutoCAD 提示：

> 指定底面的中心点或 [三点(3P)/两点(2P)/相切、相切、半径(T)/椭圆(E)]:

1. 指定底面的中心点

此选项要求确定圆柱体底面的中心点位置，为默认项。用户响应后，AutoCAD 提示：

> 指定底面半径或 [直径(D)]:(输入圆柱体底面的半径或执行"直径(D)"选项输入直径值后按 Enter 键)
> 指定高度或 [两点(2P)/轴端点(A)]:

（1）指定高度。

此提示要求用户指定圆柱体的高度，即根据高度绘圆柱体，为默认项。用户响应后，即可绘出圆柱体，且圆柱体的两端面与当前 UCS 的 xy 面平行。

（2）两点（2P）。

指定两点，以这两点之间的距离为圆柱体的高度。执行该选项，AutoCAD 依次提示：

> 指定第一点:
> 指定第二点:

用户响应即可。

（3）轴端点（A）。

根据圆柱体另一端面上的圆心位置绘圆柱体。执行该选项，AutoCAD 提示：

> 指定轴端点:

此提示要求用户确定圆柱体的另一轴端点，即另一端面上的圆心位置，用户响应后，AutoCAD 绘出圆柱体。利用此方法，可以创建沿任意方向放置的圆柱体。

2. 三点（3P），两点（2P），相切、相切、半径（T）

"三点（3P）"，"两点（2P）"，"相切、相切、半径（T）"这 3 个选项分别用于以不同方式确定圆柱体的底面圆，其操作与用 CIRCLE 命令绘制圆相同。确定圆柱体的底面圆后，AutoCAD 继续提示：

> 指定高度或 [两点(2P)/轴端点(A)]:

在此提示下响应即可。

3. 椭圆（E）

创建椭圆柱体，即横截面是椭圆的圆柱体。执行该选项，AutoCAD 提示：

> 指定第一个轴的端点或 [中心(C)]:

此提示要求用户确定椭圆柱体的底面椭圆，其操作过程与用 ELLIPSE 命令绘制椭圆的过程相似，不再介绍。确定了椭圆柱体的底面椭圆后，AutoCAD 继续提示：

> 指定高度或 [两点(2P)/轴端点(A)]:

在此提示下响应即可。

例 14.4 创建如图 14.8 所示的圆柱体和球体。其中：圆柱体的直径为 30，高为 100；两个球体的直径均为 60，球心分别位于圆柱体两端面的圆心上。

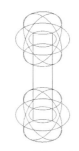

（a）三维线框视觉效果　　　（b）概念视觉效果

图 14.8　圆柱体和球体

操作步骤

① 创建圆柱体。

执行 CYLINDER 命令，AutoCAD 提示：

> 指定底面的中心点或 [三点(3P)/两点(2P)/相切、相切、半径(T)/椭圆(E)]:(在绘图屏幕适当位置指定一点)
> 指定底面半径或 [直径(D)]: 15↙
> 指定高度或 [两点(2P)/轴端点(A)]: 100↙

单击菜单"视图"|"三维视图"|"东北等轴测"改变视点，结果如图 14.9 所示（注意 UCS 图标）。

图 14.9　创建圆柱体

② 创建球体。

执行 SPHERE 命令，AutoCAD 提示：

> 指定中心点或 [三点(3P)/两点(2P)/相切、相切、半径(T)]:(在图 14.9 中，捕捉圆柱体上端面的圆心)
> 指定半径或 [直径(D)]: 30↙

用类似的方法在圆柱体下端面的圆心处创建直径为 60 的球体，最后的结果如图 14.8 所示。

14.5　创建圆锥体

命令：CONE。**功能区**："常用"|"建模"|△（圆锥体）。**菜单**："绘图"|"建模"|"圆

锥体"。

命令操作

执行 CONE 命令，AutoCAD 提示：

指定底面的中心点或 [三点(3P)/两点(2P)/相切、相切、半径(T)/椭圆(E)]:

1．指定底面的中心点

此提示要求确定圆锥体底面的中心点位置，为默认项。用户响应后，AutoCAD 提示：

指定底面半径或 [直径(D)]:(输入圆锥体底面的半径或执行"直径(D)"选项输入直径值后按 Enter 键)
指定高度或 [两点(2P)/轴端点(A)/顶面半径(T)]:

（1）指定高度。

确定圆锥体的高度。输入高度值后按 Enter 键，AutoCAD 按此高度绘出圆锥体，且圆锥体的中心线与当前 UCS 的 z 轴平行。

（2）两点（2P）。

指定两点，以这两点之间的距离作为圆锥体的高度。执行该选项，AutoCAD 依次提示：

指定第一点:
指定第二点:

用户响应即可。

（3）轴端点（A）。

确定圆锥体的锥顶点位置。执行该选项，AutoCAD 提示：

指定轴端点:

在此提示下确定顶点（轴端点）位置后，AutoCAD 绘出圆锥体。利用此方法，可以创建沿任意方向放置的圆锥体。

（4）顶面半径（T）。

创建圆台。执行该选项，AutoCAD 提示：

指定顶面半径:(指定顶面半径)
指定高度或 [两点(2P)/轴端点(A)] >:(响应某一项即可)

2．三点（3P），两点（2P），相切、相切、半径（T）

"三点（3P）"，"两点（2P）"，"相切、相切、半径（T）"这 3 个选项分别用于以不同的方式确定圆锥体底面的圆，其操作与用 CIRCLE 命令绘制圆相同。确定了圆锥体的底面圆后，AutoCAD 继续提示：

指定高度或 [两点(2P)/轴端点(A)/顶面半径(T)]:

在此提示下响应即可。

3．椭圆（E）

创建椭圆形锥体，即横截面是椭圆的锥体。执行该选项，AutoCAD 提示：

指定第一个轴的端点或 [中心(C)]:

此提示要求用户确定圆锥体的底面椭圆，其操作过程与用 ELLIPSE 命令绘制椭圆相似，不再介绍。确定了椭圆锥体的底面椭圆后，AutoCAD 提示：

指定高度或 [两点(2P)/轴端点(A)]:

在此提示下响应即可。

例 14.5　创建圆锥体，其中：圆锥体底面半径是 100，高为 150。

操作步骤

执行 CONE 命令，AutoCAD 提示：

指定底面的中心点或 [三点(3P)/两点(2P)/相切、相切、半径(T)/椭圆(E)]: 0,0↙
指定底面半径或 [直径(D)]:100↙
指定高度或 [两点(2P)/轴端点(A)/顶面半径(T)]: 150↙

执行结果如图 14.10 所示。

（a）三维线框视觉效果　　　　　　（b）概念视觉效果

图 14.10　圆锥体

14.6　创建圆环体

命令：TORUS。**功能区**："常用"|"建模"|⊚（圆环体）。**菜单**："绘图"|"建模"|"圆环体"。

命令操作

执行 TORUS 命令，AutoCAD 提示：

指定中心点或 [三点(3P)/两点(2P)/相切、相切、半径(T)]:

1．指定中心点

指定圆环体的中心点位置，为默认项。执行该选项，即指定圆环体的中心点位置，AutoCAD 提示：

指定半径或 [直径(D)]:(输入圆环体的半径或执行"直径(D)"选项输入直径值后按 Enter 键)
指定圆管半径或 [两点(2P)/直径(D)]:(输入圆管的半径后按 Enter 键，或执行"两点(2P)"、"直径(D)"选项确定直径)

2．三点（3P），两点（2P），相切、相切、半径（T）

"三点（3P）"，"两点（2P）"，"相切、相切、半径（T）"这 3 个选项分别用于以不同的方式确定圆环体的中心线圆，其操作方式与用 CIRCLE 命令绘制圆相同。确定圆环体的中心线圆后，AutoCAD 继续提示：

指定圆管半径或 [两点(2P)/直径(D)]:

根据需要响应即可。

例 14.6 创建如图 14.11 所示的圆锥体和圆环体。其中：圆锥体的底面半径为 50，高为 60；圆环体的半径为 40，圆管半径为 8，其中心位于圆锥体的锥顶点。

操作步骤

① 创建圆锥体。

执行 CONE 命令，AutoCAD 提示：

> 指定底面的中心点或 [三点(3P)/两点(2P)/相切、相切、半径(T)/椭圆(E)]:(在绘图屏幕适当位置确定一点)
> 指定底面半径或 [直径(D)]: 50↙
> 指定高度或 [两点(2P)/轴端点(A)/顶面半径(T)]: 60↙

（a）三维线框视觉效果　（b）概念视觉效果

图 14.11　圆锥体和圆环体

单击菜单"视图"|"三维视图"|"东北等轴测"改变视点。

② 创建圆环体。

执行 TORUS 命令，AutoCAD 提示：

> 指定中心点或 [三点(3P)/两点(2P)/相切、相切、半径(T)]:(捕捉圆锥体的顶点)
> 指定半径或 [直径(D)]: 40↙
> 指定圆管半径或 [两点(2P)/直径(D)]: 8↙

14.7　创建多段体

命令：POLYSOLID。**功能区**："常用"|"建模"|  （多段体）。**菜单**："绘图"|"建模"|"多段体"。

多段体是具有矩形截面的实体，如图 14.12 所示。可以看出，多段体就像是有宽度和高度的多段线。

命令操作

执行 POLYSOLID 命令，AutoCAD 提示：

（a）三维线框视觉效果　（b）概念视觉效果

图 14.12　多段体示例

> 高度 = 80.000 0，宽度 = 5.000 0，对正 = 居中
> 指定起点或 [对象(O)/高度(H)/宽度(W)/对正(J)] <对象>:

第一行说明当前高度、宽度设置以及对正模式。下面介绍第二行提示的含义。

1. 指定起点

指定多段体的起点。用户响应后，AutoCAD 提示：

> 指定下一个点或 [圆弧(A)/放弃(U)]:

（1）指定下一个点。

继续指定多段体的端点，指定后 AutoCAD 提示：

指定下一个点或 [圆弧(A)/放弃(U)]:(指定下一点、执行"圆弧(A)"选项切换到绘圆弧操作(见下面的介绍)、执行"放弃(U)"选项放弃)
　　　指定下一个点或 [圆弧(A)/闭合(C)/放弃(U)]:(指定下一点、执行"圆弧(A)"选项切换到绘圆弧操作、执行"闭合(C)"选项封闭多段体、执行"放弃(U)"选项放弃)
　　　指定下一个点或 [圆弧(A)/闭合(C)/放弃(U)]:↙(也可以继续执行)

（2）圆弧（A）。

切换到绘圆弧模式。执行该选项，AutoCAD 提示：

　　　指定圆弧的端点或 [方向(D)/直线(L)/第二点(S)/放弃(U)]:

其中，"指定圆弧的端点"选项用于指定圆弧的另一端点；"方向（D）"选项确定圆弧在起点处的切线方向；"直线（L）"选项切换到绘直线模式；"第二点（S）"确定圆弧的第二点；"放弃（U）"用于放弃前一次操作。用户根据提示响应即可。

（3）放弃（U）。

放弃前一次的操作。

2．对象（O）

将二维对象转换成多段体。执行该选项，AutoCAD 提示：

　　　选择对象:

在此提示下选择对应的对象后，AutoCAD 按当前的宽度和高度设置将其转换成多段体。

> **提示** 可以将用 LINE 命令绘制的直线、用 CIRCLE 命令绘制的圆、用 PLINE 命令绘制的多段线和用 ARC 命令绘制的圆弧等转换成多段体。

3．高度（H）、宽度（W）

设置多段体的高度和宽度，执行某一选项后，根据提示设置即可。

> **提示** 系统变量 PSOLHEIGHT 设置多段体的默认高度，系统变量 PSOLWIDTH 设置多段体的默认宽度。

4．对正（J）

设置创建多段体时多段体相对于光标的位置，即设置多段体上的哪条边（从上向下看）要随光标移动。执行该选项，AutoCAD 提示：

　　　输入对正方式 [左对正(L)/居中(C)/右对正(R)] <居中>:

（1）左对正（L）。

表示当从左向右绘多段体时，多段体的上边随光标移动。

（2）居中（C）。

表示创建多段体时，多段体的中心线（该线并不显示出来）随光标移动。

（3）右对正（R）。

表示当从左向右创建多段体时，多段体的下边随光标移动。

14.8 旋　　转

命令：REVOLVE。**功能区**："常用"|"建模" （旋转）。**菜单**："绘图"|"建模"|"旋转"。

旋转是指将二维封闭（或非封闭）对象绕轴旋转来创建三维实体（或三维面），如图 14.13 所示。

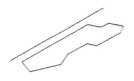
（a）封闭对象与旋转轴

（b）旋转结果（渲染图）

图 14.13　通过旋转创建实体

> 提示　系统变量 DELOBJ 控制用 REVOLVE 命令创建旋转对象后，是否删除用于旋转的对象。DELOBJ 为 0 时不删除，为 1 时删除。系统变量 DELOBJ 的默认值为 1。

命令操作

执行 REVOLVE 命令，AutoCAD 提示：

选择要旋转的对象或 [模式(MO)]:

1. 模式（MO）

确定通过旋转创建实体还是曲面。执行该选项，AutoCAD 提示：

闭合轮廓创建模式 [实体(SO)/曲面(SU)] <实体>:

提示中，"实体（SO）"选项用于创建实体，"曲面（SU）"选项用于创建曲面。选择"实体（SO）"选项后，AutoCAD 继续提示：

选择要旋转的对象或 [模式(MO)]:

2. 选择要旋转的对象

选择对象进行旋转。如果是创建旋转实体，此时应选择二维封闭对象。选择了要旋转的对象后，AutoCAD 提示：

选择要旋转的对象或 [模式(MO)]:✓(也可以继续选择对象)
指定轴起点或根据以下选项之一定义轴 [对象(O)/X/Y/Z] <对象>:

（1）指定轴起点。

通过指定旋转轴的两端点位置来确定旋转轴，为默认项。用户响应后，即指定旋转轴的起点后，AutoCAD 提示：

指定轴端点:(指定旋转轴的另一端点位置)
指定旋转角度或 [起点角度(ST)/反转(R)/表达式(EX)] <360>:

① 指定旋转角度。

确定旋转角度，为默认项。用户响应后，即输入角度值后按 Enter 键，AutoCAD 将选择的对象按指定的角度创建出对应的旋转实体（默认角度是 360°）。

② 起点角度（ST）。

确定旋转的起始角度。执行该选项，AutoCAD 提示：

指定起点角度:(输入旋转的起始角度后按 Enter 键)

指定旋转角度或 [起点角度(ST)/表达式(EX)] <360>:(输入旋转角度后按 Enter 键)

③ 反转（R）。

改变旋转方向，直接执行该选项即可。

④ 表达式（EX）。

通过表达式或公式来确定旋转角度。

（2）对象（O）。

绕指定的对象旋转。执行该选项，AutoCAD 提示：

选择对象:

此提示要求选择作为旋转轴的对象。此时只能选择用 LINE 命令绘制的直线或用 PLINE 命令绘制的多段线。选择多段线时，如果拾取的多段线是直线段，旋转对象将绕该线段旋转；如果拾取的是圆弧段，AutoCAD 以该圆弧两端点的连线作为旋转轴旋转。确定了旋转轴对象后，AutoCAD 提示：

指定旋转角度或 [起点角度(ST)/反转(R)/表达式(EX)] <360>: (输入旋转角度值后按 Enter 键，默认值为旋转 360°，或通过其他选项进行设置）

（3）X、Y、Z。

分别绕 x 轴、y 轴或 z 轴旋转成实体。执行某一选项，AutoCAD 提示：

指定旋转角度或 [起点角度(ST)/反转(R)/表达式(EX)] <360>:

根据提示响应即可。

14.9 拉　　伸

命令：EXTRUDE。**功能区**："常用"|"建模"|（拉伸）。**菜单**："绘图"|"建模"|"拉伸"。

拉伸是指将二维封闭（或非封闭）对象按指定高度或按路径拉伸来创建三维实体（或三维面），如图 14.14 和图 14.15 所示。

（a）已有对象　　　（b）拉伸结果　　　（a）已有对象和轮廓（螺旋线）　　（b）拉伸结果

图 14.14　按指定高度拉伸来创建拉伸实体　　　　图 14.15　按路径拉伸来创建拉伸实体

> **提示**　系统变量 DELOBJ 控制用 EXTRUDE 命令创建拉伸对象后，是否删除用于拉伸的对象。DELOBJ 为 0 时不删除，为 1 时删除。系统变量 DELOBJ 的默认值为 1。

> **命令操作**

执行 EXTRUDE 命令，AutoCAD 提示：

> 选择要拉伸的对象或 [模式(MO)]:

1．模式（MO）

确定通过拉伸创建实体还是曲面。执行该选项，AutoCAD 提示：

> 闭合轮廓创建模式 [实体(SO)/曲面(SU)] <实体>:

提示中，"实体（SO）"选项用于创建实体，"曲面（SU）"选项用于创建曲面。选择"实体（SO）"选项后，AutoCAD 继续提示：

> 选择要拉伸的对象或 [模式(MO)]:

2．选择要拉伸的对象

选择对象进行拉伸。如果是创建拉伸实体，此时应选择二维封闭对象。选择了要拉伸的对象后，AutoCAD 提示：

> 选择要拉伸的对象或 [模式(MO)]:✓(也可以继续选择对象)
> 指定拉伸的高度或 [方向(D)/路径(P)/倾斜角(T)/表达式(E)]:

（1）指定拉伸的高度。

确定拉伸高度，使对象按该高度拉伸，为默认项。用户响应后，即输入高度值后按 Enter 键，即可创建出对应的拉伸实体。

（2）方向（D）。

确定拉伸方向。执行该选项，AutoCAD 提示：

> 指定方向的起点:
> 指定方向的端点:

用户依次响应后，AutoCAD 以所指定两点之间的距离为拉伸高度，以两点之间的连接方向为拉伸方向创建出拉伸对象。

（3）路径（P）。

按路径拉伸。执行该选项，AutoCAD 提示：

> 选择拉伸路径或 [倾斜角(T)]:

用于选择拉伸路径，为默认项，用户直接选择路径即可。用于拉伸的路径可以是直线、圆、圆弧、椭圆、椭圆弧、二维多段线、三维多段线及二维样条曲线等，且作为拉伸路径的对象可以封闭，也可以不封闭。

（4）倾斜角（T）。

确定拉伸倾斜角。执行该选项，AutoCAD 提示：

> 指定拉伸的倾斜角度或 [表达式(E)] <0>:

此提示要求确定拉伸的倾斜角度。如果以 0（0°）响应，AutoCAD 把二维对象按指定的高度拉伸成柱体；如果输入了角度值，拉伸后实体截面沿拉伸方向按此角度变化，也可以通过表达式确定倾斜角度。

（5）表达式（E）。

通过表达式确定拉伸角度。

例 14.7 用 EXTRUDE 命令创建 5.8 节中如图 5.67 所示图形的实体模型，结果如图 14.16 所示。

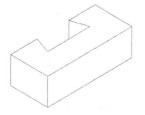

图 14.16　实体模型

操作步骤

① 绘制轮廓。

根据图 5.67 绘制封闭轮廓，如图 14.17 所示（过程略）。

> **提示** 绘制如图 14.17 所示的封闭轮廓时，可以先用 LINE 等命令绘制，然后用 PEDIT 命令将其编辑成一条封闭多段线。

② 拉伸。

执行 EXTRUDE 命令，AutoCAD 提示：

　　选择要拉伸的对象或 [模式(MO)]: (选择封闭轮廓)
　　选择要拉伸的对象或 [模式(MO)]:✓
　　指定拉伸的高度或 [方向(D)/路径(P)/倾斜角(T)/表达式(E)]:25✓

选择菜单"视图"|"三维视图"|"西南等轴测"改变视点，得到如图 14.18 所示的结果。

例 14.8 用 EXTRUDE 命令创建如图 14.19 所示的拉伸实体。

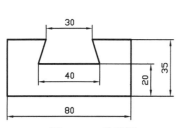
图 14.17　轮廓图

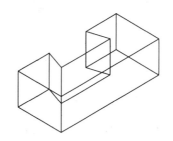
图 14.18　拉伸结果

图 14.19　拉伸实体

操作步骤

① 绘制圆。

首先，单击菜单"视图"|"三维视图"|"东北等轴测"改变视点。然后，执行 CIRCLE 命令绘制半径为 10 的圆（过程略），结果如图 14.20 所示（二维线框视觉效果，注意 UCS 图标）。

② 定义 UCS。

单击面板按钮"常用"|"坐标"|（X），AutoCAD 提示：

图 14.20　绘制圆

　　指定绕 X 轴的旋转角度<90>:✓

执行结果如图 14.21 所示（注意 UCS 图标。为了在后面绘制拉伸路径时清楚地说明问题，特定义了新 UCS。但如果熟练地掌握了 AutoCAD，也可以不定义此 UCS 来绘制后面的路径）。

③ 绘制路径。

执行 3DPOLY（绘制三维多段线）命令，AutoCAD 提示：

指定多段线的起点:(在绘图屏幕适当位置确定一点)
指定直线的端点或 [放弃(U)]: @0,100↙
指定直线的端点或 [放弃(U)]: @-50,0↙
指定直线的端点或 [闭合(C)/放弃(U)]: @0,0,-50↙
指定直线的端点或 [闭合(C)/放弃(U)]: ↙

执行结果如图 14.22 所示。

④ 拉伸。

执行 EXTRUDE 命令，AutoCAD 提示：

选择要拉伸的对象或 [模式(MO)]: (选择圆)
选择要拉伸的对象或 [模式(MO)]:↙
指定拉伸的高度或 [方向(D)/路径(P)/倾斜角(T)/表达式(E)]:P↙
选择拉伸路径或 [倾斜角(T)]:(选择三维多段线)↙

执行结果如图 14.23 所示。

图 14.21　定义新 UCS　　　　图 14.22　绘制路径　　　　图 14.23　拉伸结果

14.10　扫　　掠

命令：SWEEP。**功能区**："常用"|"建模"| （扫掠）。**菜单**："绘图"|"建模"|"扫掠"。

扫掠是指将二维封闭（或非封闭）对象按指定路径扫掠来创建三维实体（或三维面），如图 14.24 所示。

（a）已有对象（矩形和直线）　　　　（b）扫掠结果

图 14.24　扫掠示例

> **提示** 系统变量 DELOBJ 控制用 SWEEP 命令创建扫掠对象后，是否删除用于扫掠的对象。DELOBJ 为 0 时不删除，为 1 时删除。系统变量 DELOBJ 的默认值为 1。

命令操作

执行 SWEEP 命令，AutoCAD 提示：

> 选择要扫掠的对象或 [模式(MO)]:

1. 模式（MO）

确定通过扫掠创建实体还是曲面。执行该选项，AutoCAD 提示：

> 闭合轮廓创建模式 [实体(SO)/曲面(SU)] <实体>:

提示中，"实体（SO）"选项用于创建实体，"曲面（SU）"选项用于创建曲面。选择"实体（SO）"选项后，AutoCAD 继续提示：

> 选择要扫掠的对象或 [模式(MO)]:(选择要扫掠的对象)

2. 选择要扫掠的对象

选择对象进行扫略。选择了要扫略的对象后，AutoCAD 提示：

> 选择要扫掠的对象或 [模式(MO)]:✓(也可以继续选择对象)
> 选择扫掠路径或 [对齐(A)/基点(B)/比例(S)/扭曲(T)]:

（1）选择扫掠路径。

选择路径进行扫掠，为默认项。执行此默认项，即选择路径后，AutoCAD 创建出对应对象。例如，在图 14.24（a）中，矩形是要扫掠的对象，直线是扫掠路径，扫掠结果如图 14.24（b）所示。

（2）对齐（A）。

执行该选项，AutoCAD 提示：

> 扫掠前对齐垂直于路径的扫掠对象 [是(Y)/否(N)] <是>:

此提示询问扫掠前是否先将用于扫掠的对象垂直对齐于路径，然后进行扫掠。用户根据需要选择即可。例如，在图 14.24（a）中，要扫掠的矩形和扫掠路径位于同一平面，如果将"扫掠前对齐垂直于路径的扫掠对象 [是（Y）/否（N）]"设为"是（Y）"（默认设置），可以得到如图 14.24（b）所示的扫掠结果；但如果设为"否（N）"，会因为矩形和扫掠路径位于同一平面而无法扫掠，如果在这样的设置下选择扫掠路径，AutoCAD 会提示：

> 路径曲线与轮廓曲线共面或与轮廓曲线的平面相切。
> 无法扫掠选定的对象。

（3）基点（B）。

确定扫掠基点，即扫掠对象上的哪一点（或对象外的一点）要沿扫掠路径移动。执行该选项，AutoCAD 提示：

> 指定基点:(指定基点)
> 选择扫掠路径或 [对齐(A)/基点(B)/比例(S)/扭曲(T)]:(选择扫掠路径或进行其他操作)

例如，图 14.24（a）中，选择不同的扫掠基点，会得到不同的扫掠结果，如图 14.25 所示。

（4）比例（S）。

指定扫掠的比例因子，使得从起点到终点的扫掠按此比例均匀放大或缩小。执行"比例

(S)"选项，AutoCAD 提示：

> 输入比例因子或 [参照(R)]:(输入比例因子或通过"参照(R)"选项设置比例)
> 选择扫掠路径或 [对齐(A)/基点(B)/比例(S)/扭曲(T)]:(选择扫掠路径或进行其他操作)

例如，对于图 14.24（a），如果选择不同的扫掠比例因子，则可以得到不同的扫掠结果，如图 14.26 所示。

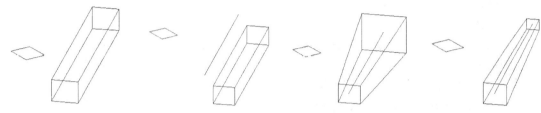

（a）基点位于矩形的右角点 （b）基点位于矩形外的一点　　（a）比例因子=2　　（b）比例因子=0.5

图 14.25　在不同基点设置下的扫掠结果　　图 14.26　在不同比例因子设置下的扫掠结果

（5）扭曲（T）。

指定扭曲角度或倾斜角度，使得在扫掠的同时，从起点到终点按给定的角度扭曲或倾斜。执行此选项，AutoCAD 提示：

> 输入扭曲角度或允许非平面扫掠路径倾斜 [倾斜(B)]:(输入扭曲角度，也可以通过"倾斜(B)"选项输入倾斜角度)
> 选择扫掠路径或 [对齐(A)/基点(B)/比例(S)/扭曲(T)]:(选择扫掠路径或进行其他操作)

例如，对于图 14.24（a），如果指定了不同的扭曲角度，则可以得到不同的扫掠结果，如图 14.27 所示。

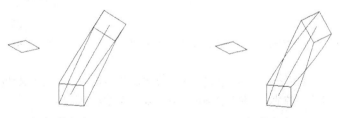

（a）扭曲角度=30°　　　　（b）扭曲角度=60°

图 14.27　在不同扭曲角度设置下的扫掠结果

> **提示**　执行 SWEEP 命令后，如果在"选择要扫掠的对象:"提示下选择的是直线或者是其他非封闭二维对象，则可以创建出扫掠面。

例 14.9　创建圆柱弹簧。要求：弹簧中径为 40，高度为 80，节距为 10，弹簧丝直径为 5。

操作步骤

① 创建螺旋线。

执行 HELIX 命令，AutoCAD 提示：

```
指定底面的中心点:(在绘图平面适当位置拾取一点)
指定底面半径或 [直径(D)]: 20↙
指定顶面半径或 [直径(D)]: 20↙
指定螺旋高度或 [轴端点(A)/圈数(T)/圈高(H)/扭曲(W)]: H↙
指定圈间距: 10↙
指定螺旋高度或 [轴端点(A)/圈数(T)/圈高(H)/扭曲(W)]: 80↙
```

执行结果如图 14.28 所示。

② 绘制圆。

执行 CIRCLE 命令，在适当位置绘制直径为 5 的圆，结果如图 14.29 所示。

③ 扫掠。

执行 SWEEP 命令，AutoCAD 提示：

```
选择要扫掠的对象或 [模式(MO)]:(选择圆)
选择要扫掠的对象或 [模式(MO)]:↙
选择扫掠路径或 [对齐(A)/基点(B)/比例(S)/扭曲(T)]: A↙
扫掠前对齐垂直于路径的扫掠对象 [是(Y)/否(N)] : Y↙
选择扫掠路径或 [对齐(A)/基点(B)/比例(S)/扭曲(T)]:(选择螺旋线)
```

执行结果如图 14.30 所示。

 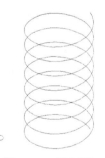 

图 14.28 绘制螺旋线　　　　图 14.29 绘制圆　　　　图 14.30 弹簧

> 提示：当按如图 14.15 所示的方法用拉伸的方式创建弹簧时，作为拉伸对象的圆必须与拉伸路径垂直，但用扫掠的方法创建弹簧时，则可以没有这样的要求。

14.11　放　　样

命令：LOFT。功能区："常用"|"建模"　（放样）。菜单："绘图"|"建模"|"放样"。

放样是指通过一系列曲线（称为横截面轮廓）构成三维实体（或三维面），如图 14.31 所示。

> 提示：系统变量 DELOBJ 控制用 LOFT 命令创建放样对象后，是否删除用于放样的截面轮廓。DELOBJ 为 0 时不删除，为 1 时删除。系统变量 DELOBJ 的默认值为 1。

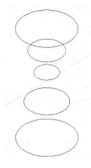 

　　　　(a) 已有横截面轮廓　　　　　　(b) 放样结果

图 14.31　放样示例

命令操作

执行 LOFT 命令，AutoCAD 提示：

> 按放样次序选择横截面或 [点(PO)/合并多条边(J)/模式(MO)]:

1．模式（MO）

确定通过放样创建实体还是曲面。执行该选项，AutoCAD 提示：

> 闭合轮廓创建模式 [实体(SO)/曲面(SU)] <实体>:

提示中，"实体（SO）"选项用于创建实体，"曲面（SU）"选项用于创建曲面。选择"实体（SO）"选项后，AutoCAD 继续提示：

> 按放样次序选择横截面或 [点(PO)/合并多条边(J)/模式(MO)]:

2．按放样次序选择横截面

按放样顺序选择用于创建实体的对象。此时应至少选择两条曲线。选择了对应的对象后，AutoCAD 提示：

> 按放样次序选择横截面或 [点(PO)/合并多条边(J)/模式(MO)]:✓
> 输入选项 [导向(G)/路径(P)/仅横截面(C)/设置(S)]:

（1）导向（G）。

指定用于创建放样对象的导向曲线。导向曲线可以是直线或曲线。利用导向曲线，能够通过添加线框信息的方式进一步定义放样对象的形状。导向曲线应满足的要求是：要与每一截面相交、起始于第一个截面并结束于最后一个截面。

执行"导向（G）"选项，AutoCAD 提示：

> 选择导向轮廓或 [合并多条边(J)]:(选择导向轮廓，或通过"合并多条边(J)"选项合并多条边)
> 选择导向曲线[合并多条边(J)]:✓（也可以继续选择导向曲线等）

例如，对于如图 14.31（a）所示的截面，如果有如图 14.32（a）中所示的导向曲线，得到的放样曲线如图 14.32（b）所示。

（2）路径（P）。

指定用于创建放样对象的路径，此路径曲线必须与所有截面相交。执行"路径（P）"选项，AutoCAD 提示：

选择路径轮廓:(选择路径轮廓)

（3）仅横截面（C）。

该选项表示只通过通过指定的横截面创建放样曲面，不使用导向和路径。

（4）设置（S）。

通过对话框进行放样设置。执行该选项，AutoCAD 弹出"放样设置"对话框，如图 14.33 所示。

(a) 已有横截面和导向曲线　　(b) 放样结果

图 14.32　放样示例

图 14.33　"放样设置"对话框

通过"放样设置"对话框进行放样设置后，单击"确定"按钮，即可创建出对应的放样对象。

3．点（PO）

表示通过一点和指定的截面创建放样对象，此点可以是放样对象的起点或终点，但另一个截面必须是封闭曲线。

4．合并多条边（J）

表示将多条首尾连接的曲线作为一个截面。

14.12　三维实体查询

利用 AutoCAD 2012，可以方便地查询三维实体的相关数据。

14.12.1　查询质量特性

命令：MASSPROP。**菜单**："工具"|"查询"|"面域/质量特性"。

命令操作

执行 MASSPROP 命令，AutoCAD 提示：

第 14 章 创建实体模型

选择对象:(选择三维实体)
选择对象:↙(也可以继续选择实体对象)

AutoCAD 切换到文本窗口，显示出所选择实体的数据信息，而后提示：

是否将分析结果写入文件？[是(Y)/否(N)] <否>:

此提示询问是否将显示出的信息输出到文件（.mpr 文件）。如果执行"是（Y）/"选项，AutoCAD 会弹出一个对话框，要求用户确定文件的保存位置与文件名称，以便进行保存。

例 14.10 对如图 14.16 所示的拉伸实体执行 MASSPROP 命令进行查询。

操作步骤

执行 MASSPROP 命令，AutoCAD 提示：

选择对象:(选择如图 14.16 所示的拉伸实体)
选择对象:↙

AutoCAD 在文本窗口显示出相关数据，如图 14.34 所示。

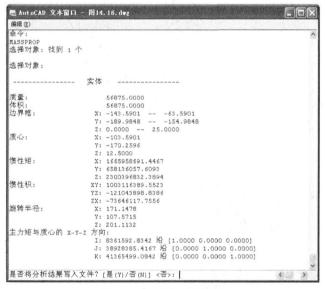

图 14.34　显示实体数据

从图 14.34 可以看出，利用 MASSPROP 命令可以得到实体的质量、体积、质心、惯性矩等信息。用户可以根据需要确定是否将查询结果写入文件。

14.12.2　实体列表

用 LIST 命令可以按列表的形式得到指定实体的数据库信息。执行 LIST 命令，AutoCAD 提示：

选择对象:(选择实体)
选择对象:↙(也可以继续选择实体对象)

AutoCAD 切换到文本窗口，显示出指定实体的数据信息。

14.13 练　　习

1．用创建长方体、楔体的命令创建如图 14.35 所示的实体（提示：由两个长方体和一个楔体组成）。

2．创建 1 个圆环体和 4 个球体，结果如图 14.36 所示（尺寸由读者确定）。

3．创建圆柱体和圆锥体，它们之间的关系及尺寸如图 14.37 所示。

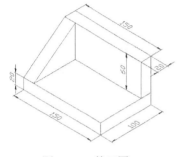 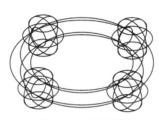 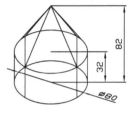

图 14.35　练习图 1　　　　　图 14.36　练习图 2　　　　　图 14.37　练习图 3

4．通过旋转的方法创建如图 14.38 所示的实体（尺寸由读者确定，图 14.38 所示是将平面轮廓曲线绕轴旋转 270° 后得到的结果）。

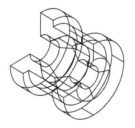 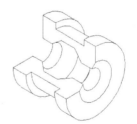

（a）三维线框视觉效果　　　　（b）三维隐藏视觉效果

图 14.38　练习图 4

5．通过拉伸的方法创建如图 14.39 所示的实体（尺寸由读者确定，拉伸角度为 5°）。

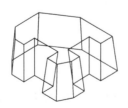 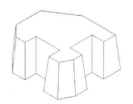

（a）三维线框视觉效果　　　　（b）三维隐藏视觉效果

图 14.39　练习图 5

6．用 MASSPROP 命令查询前面各练习中创建的实体的质量特性。

第 15 章

编辑三维图形、渲染

第 3 章介绍的大部分编辑命令也适用于三维图形的编辑,如删除、移动、复制等,但有些命令只限于在 UCS 的 xy 面内操作,如阵列、镜像等。AutoCAD 还专门提供了三维编辑命令,如三维阵列、三维镜像、三维旋转及三维移动等。本章将介绍这些三维编辑命令,并介绍如何利用 AutoCAD 的各种编辑功能来创建出复杂实体,同时还将介绍如何进行渲染等操作。

15.1 三 维 阵 列

命令:3DARRAY。**功能区**:菜单:"修改"|"三维操作"|"三维阵列"。

三维阵列是指将选定的对象在三维空间实现阵列。

命令操作

执行 3DARRAY 命令,AutoCAD 提示:

> 选择对象:(选择阵列对象)
> 选择对象:✓(也可以继续选择对象)
> 输入阵列类型 [矩形(R)/环形(P)]:

此提示要求用户确定阵列的类型,有矩形阵列和环形阵列两种选择,下面分别给予介绍。

1. 矩形阵列

"矩形(R)"选项用于矩形阵列,执行该选项,AutoCAD 依次提示:

> 输入行数(---):(输入阵列的行数后按 Enter 键)
> 输入列数(|||):(输入阵列的列数后按 Enter 键)
> 输入层数(...):(输入阵列的层数后按 Enter 键)
> 指定行间距(---):(输入行间距后按 Enter 键)
> 指定列间距(|||):(输入列间距后按 Enter 键)
> 指定层间距(...):(输入层间距后按 Enter 键)

> **提示** 矩形阵列中,行、列、层分别沿当前 UCS 的 x、y、z 轴方向。当 AutoCAD 提示输入沿某方向的间距值时,可以输入正值,也可以输入负值。正值沿对应坐标轴的正方向阵列,负值则沿坐标轴负方向阵列。

2. 环形阵列

执行 3DARRAY 命令后,在"输入阵列类型 [矩形(R)/环形(P)]:"提示下执行"环

形（P）"选项，将进行环形阵列，此时 AutoCAD 提示：

> 输入阵列中的项目数目:(输入阵列的项目个数后按 Enter 键)
> 指定要填充的角度(+=逆时针,−=顺时针) <360>:(输入环形阵列的填充角度值后按 Enter 键)
> 旋转阵列对象？[是(Y)/否(N)]:

此提示要求用户确定在阵列指定的对象时是否使对象发生对应的旋转（与二维阵列类似）。用户响应该提示后，AutoCAD 继续提示：

> 指定阵列的中心点:(确定阵列的中心点位置)
> 指定旋转轴上的第二点:(确定阵列旋转轴上的另一点)

> **提示** 三维绘图时，当需要在当前 UCS 的 *xy* 面或与该面平行的面上阵列时，仍然可以用二维阵列命令 ARRAY 实现。

15.2 三 维 镜 像

命令：MIRROR3D。**功能区**："常用" | "修改" | ％（三维镜像）。**菜单**："修改" | "三维操作" | "三维镜像"。

三维镜像是指将选定的对象在三维空间相对于某一平面进行镜像复制。

命令操作

执行 MIRROR3D 命令，AutoCAD 提示：

> 选择对象:(选择镜像对象)
> 选择对象:✓(也可以继续选择对象)
> 指定镜像平面(三点)的第一个点或
> [对象(O)/最近的(L)/Z 轴(Z)/视图(V)/XY 平面(XY)/YZ 平面(YZ)/ZX 平面(ZX)/三点(3)] <三点>:

此提示要求用户确定镜像平面。

1. 指定镜像平面（三点）的第一个点

通过 3 点确定镜像面，为默认项。执行该默认项，即确定第一点后，AutoCAD 继续提示：

> 在镜像平面上指定第二点:(确定镜像面上的第二点)
> 在镜像平面上指定第三点:(确定镜像面上的第三点)
> 是否删除源对象？[是(Y)/否(N)]<否>:(确定镜像后是否删除源对象)

2. 对象（O）

用指定对象所在的平面作为镜像面。执行该选项，AutoCAD 提示：

> 选择圆、圆弧或二维多段线线段:

在此提示下选择圆、圆弧或二维多段线线段后，AutoCAD 继续提示：

> 是否删除源对象？[是(Y)/否(N)]<否>:(确定镜像后是否删除源对象)

3. 最近的（L）

用最近一次定义的镜像面作为当前镜像面。执行该选项，AutoCAD 提示：

第 15 章　编辑三维图形、渲染

是否删除源对象？[是(Y)/否(N)]<否>:(确定镜像后是否删除源对象)

4．Z 轴（Z）

通过指定平面上一点和该平面法线上的一点来定义镜像面。执行该选项，AutoCAD 提示：

在镜像平面上指定点:(确定镜像面上的任一点)
在镜像平面的 Z 轴(法向)上指定点:(确定镜像面法线上的任一点)
是否删除源对象？[是(Y)/否(N)]<否>:(确定镜像后是否删除源对象)

5．视图（V）

用与当前视图平面（计算机屏幕）平行的面作为镜像面。执行该选项，AutoCAD 提示：

在视图平面上指定点:(确定视图平面上的任一点)
是否删除源对象？[是(Y)/否(N)]<否>:(确定镜像后是否删除源对象)

6．XY 平面（XY）/YZ 平面（YZ）/ZX 平面（ZX）

这 3 个选项分别表示用与当前 UCS 的 xy、yz、zx 面平行的平面作为镜像面。执行其中某一选项（如执行"XY 平面（XY）"选项），AutoCAD 提示：

指定 XY 平面上的点:(确定对应的点)
是否删除源对象？[是(Y)/否(N)]<否>:(确定镜像后是否删除源对象)

7．三点（3）

通过指定三点来确定镜像面，与默认项的操作相同。

15.3　三 维 旋 转

命令：3DROTATE。**功能区**："常用"|"修改"| （三维旋转）。**菜单**："修改"|"三维操作"|"三维旋转"。

三维旋转是指将选定的对象绕空间轴旋转指定的角度。

> **提示**　执行 3DROTATE 命令或进行其他一些三维编辑操作时，AutoCAD 通常会首先弹出一个对话框，对话框中显示一些操作说明，阅读后关闭即可。

命令操作

执行 3DROTATE 命令，AutoCAD 提示：

选择对象:(选择旋转对象)
选择对象:✓(也可以继续选择对象)
指定基点:

在给出此提示的同时，AutoCAD 显示出随光标一起移动的三维旋转图标，如图 15.1 所示。

在"指定基点:"提示下指定旋转基点，AutoCAD 将如图 15.1 所示图标固定于旋转基点位置（图标中心点与基点重合），同时提示：

指定旋转轴:

在此提示下，将光标放在如图 15.1 所示图标的某一椭圆上，该椭圆会用黄颜色显示，同时显示出与该椭圆所在平面垂直并通过图标中心点的一条斜线，如图 15.2 所示。

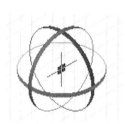 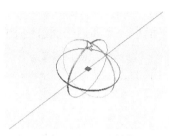

图 15.1　三维旋转图标　　　　　　　图 15.2　显示斜线

此斜线就是一条旋转轴，用此方法确定旋转轴后，单击鼠标左键，AutoCAD 提示：

指定角的起点或键入角度:(指定一点作为角的起点，或直接输入角度值)
指定角的端点:(指定一点作为角的终止点)

> 提示　确定旋转轴后，可以通过拖曳的方式确定旋转角度。

15.4　通过夹点编辑三维图形

利用 AutoCAD 2012，可以方便地通过夹点修改已有图形，下面举例说明。

设有如图 15.3 所示的螺旋线，拾取螺旋线，在螺旋线上显示出夹点（三维绘图中，有些夹点是小箭头），如图 15.4 所示。

 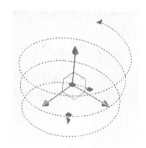

图 15.3　螺旋线　　　　　　　图 15.4　螺旋线上显示夹点

如果选择位于右上方的箭头夹点作为操作点，AutoCAD 提示：

** 拉伸 **
指定拉伸点或 [基点(B)/复制(C)/放弃(U)/退出(X)]:

此时如果左右拖动鼠标，会使螺旋线顶面直径动态变大或变小，如图 15.5 所示。

当拖动到所希望的位置后单击鼠标左键即可，还可以通过拖动其他夹点来改变螺旋线的高度、底面直径等。

此外，利用夹点功能，还可以快速执行移动、旋转、缩放和镜像对应的对象等操作。

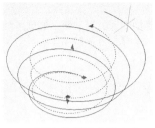
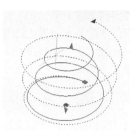

（a）螺旋线顶面直径变大　　　　（b）螺旋线顶面直径变小

图 15.5　改变顶面直径

15.5　创建倒角

命令：CHAMFER（与二维倒角的命令相同）。**功能区**："常用" | "修改" | （倒角）。
菜单："修改" | "倒角"。

对于实体对象，利用倒角功能可以切去实体的外角（凸边）或填充实体的内角（凹边），如图 15.6 所示。

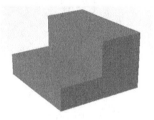
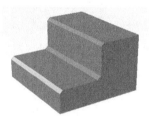

（a）倒角前　　　　　　　　（b）倒角后

图 15.6　倒角示例

命令操作

执行 CHAMFER 命令，AutoCAD 提示：

> 选择第一条直线或 [放弃(U)/多段线(P)/距离(D)/角度(A)/修剪(T)/方式(E)/多个(M)]:

在此提示下如果选择实体上要倒角的边，AutoCAD 自动识别出该实体，并将被选择边所在的某一个面以虚线形式显示，同时提示：

> 基面选择...
> 输入曲面选择选项 [下一个(N)/当前(OK)] <当前(OK)>:

此提示要求用户选择用于倒角的基面。基面是指构成选择边的两个面中的某一个。如果选择当前以虚线形式显示的面为基面，按 Enter 键即可（即执行"当前（OK）"选项）；如果执行"下一个（N）"选项，则另一个面以虚线形式显示，表示该面成为倒角基面。确定基面后，AutoCAD 继续提示：

> 指定基面倒角距离或[表达式(E)]:(输入在基面上的倒角距离值后按 Enter 键，或通过"表达式(E)"

选项由表达式确定倒角距离)

　　指定其他曲面倒角距离或 [表达式(E)]:(输入与基面相邻的另一面上的倒角距离值后按 Enter 键)
　　选择边或 [环(L)]:

1．选择边

对基面上指定的边倒角，为默认项。在该提示下指定各边后，即可对它们倒角。

2．环（L）

对基面上的各边均给予倒角。执行该选项，AutoCAD 提示：

　　选择边环或 [边(E)]:

在此提示下选择基面上的一条边，AutoCAD 会对该面上的各边均进行倒角。

15.6　创 建 圆 角

命令：FILLET。**功能区**："常用"｜"修改"｜◯（圆角）。**菜单**："修改"｜"圆角"。

为实体创建圆角是指对三维实体的凸边或凹边切除或添加圆角，如图 15.7 所示。

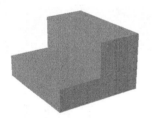 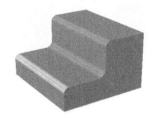

　　（a）创建圆角前　　　　　　　　（b）创建圆角后

图 15.7　创建圆角示例

命令操作

执行 FILLET 命令，AutoCAD 提示：

　　选择第一个对象或 [放弃(U)/多段线(P)/半径(R)/修剪(T)/多个(M)]:

如果在此提示下选择实体上要创建圆角的边，AutoCAD 会自动识别出该实体，同时提示：

　　输入圆角半径或 [表达式(E)]:(输入圆角半径值后按 Enter 键，或通过"表达式(E)"选项通过表达式确定圆角半径)
　　选择边或 [链(C)/半径(R)]:

在该提示下选择要创建圆角的各边后按 Enter 键，即可对它们创建出圆角。

15.7　并　　集

命令：UNION。**功能区**："常用"｜"实体编辑"｜◉（并集）。**菜单**："修改"｜"实体编辑"｜"并集"。

并集是指将多个实体组合成一个实体。

命令操作

执行 UNION 命令，AutoCAD 提示：

选择对象:(选择要进行并集操作的实体对象)
选择对象:(继续选择实体对象)
...
选择对象:✓

例如，将如图 14.3 所示的 3 个实体执行 UNION 命令组合，结果如图 15.8 所示（注意与图 14.3 的区别）。

再例如，对如图 14.8 所示的 3 个实体（两个球体和一个圆柱体）执行 UNION 命令组合，结果如图 15.9 所示（注意与图 14.8 的区别）。

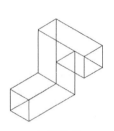
（a）消隐前

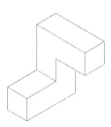
（b）消隐后

图 15.8　并集后的实体

（a）三维线框视觉效果

（b）真实视觉效果

图 15.9　并集后的实体

> 提示：执行 UNION 命令并在"选择对象:"提示下选择各实体后，如果这些实体彼此不接触或不重叠，AutoCAD 仍对这些实体执行并集操作，并将它们组合成一个实体。

15.8　差　集

命令：SUBTRACT。**功能区**："常用"|"实体编辑"|（差集）。**菜单**："修改"|"实体编辑"|"差集"。

差集是指从一些实体中去掉另一些实体，从而得到一个新实体。

命令操作

执行 SUBTRACT 命令，AutoCAD 提示：

选择要从中减去的实体、曲面和面域...
选择对象:(选择对应的实体对象)
选择对象:✓(也可以继续选择对象)
选择要减去的实体、曲面和面域...

选择对象:(选择对应的实体对象)
选择对象:↙(也可以继续选择对象)

例 15.1 创建如图 15.10 所示的实体。

操作步骤

① 创建大长方体。
执行 BOX 命令，AutoCAD 提示：

指定第一个角点或 [中心(C)]: 0,0↙
指定其他角点或 [立方体(C)/长度(L)]: @100,100,60↙

② 创建小长方体。
执行 BOX 命令，AutoCAD 提示：

指定第一个角点或 [中心(C)]: 20,20↙
指定其他角点或 [立方体(C)/长度(L)]: @60,60,80↙

执行结果如图 15.11 所示。

③ 差集。
执行 SUBTRACT 命令，AutoCAD 提示：

选择要从中减去的实体、曲面和面域...
选择对象:(选择大长方体)
选择对象:↙
选择要减去的实体、曲面和面域...
选择对象:(选择小长方体)
选择对象:↙

执行结果如图 15.12 所示。

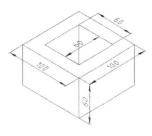
图 15.10 练习图

图 15.11 创建两个长方体

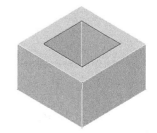
图 15.12 差集结果

15.9 交 集

命令：INTERSECT。**功能区**："常用" | "实体编辑" | ⑩ （交集）。**菜单**："修改" | "实体编辑" | "交集"。

交集是指由各实体的公共部分创建新实体。

第 15 章 编辑三维图形、渲染

命令操作

执行 INTERSECT 命令，AutoCAD 提示：

> 选择对象:(选择进行交集操作的实体对象)
> 选择对象:(继续选择对象)
> ...
> 选择对象:↙

执行结果：AutoCAD 由各实体的公共部分创建出新实体。

15.10 创建复杂实体

本节将通过例题说明如何利用基本实体以及各种编辑命令来创建复杂三维实体。

例 15.2 创建与如图 15.13 所示视图对应的实体模型。

绘图步骤

① 创建长、宽和高分别为 70、60 和 15 的长方体，用作底座。

执行 BOX 命令，AutoCAD 提示：

> 指定第一个角点或 [中心(C)]: 0,0↙
> 指定其他角点或 [立方体(C)/长度(L)]: 70,60,15↙

> 提示　为使绘图清晰，将绘出的长方体以及后续绘图过程以二维线框视觉样式显示。

单击菜单"视图"|"三维视图"|"东北等轴测"改变视点；调整视图的显示比例，结果如图 15.14 所示（注意二维线框视觉样式时的 UCS 图标）。

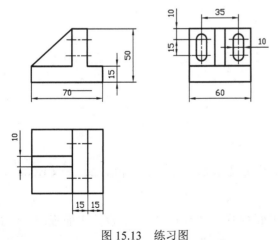

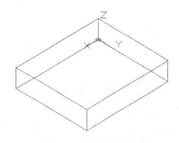

图 15.13　练习图　　　　　　　　图 15.14　创建长方体

② 定义 UCS。

利用菜单"工具"|"新建 UCS"|"原点"等定义新 UCS，使新 UCS 的原点位于如图 15.14

所示长方体中最上位置的角点,结果如图 15.15 中的 UCS 图标所示(过程略)。

③ 创建另一长方体。

执行 BOX 命令,AutoCAD 提示:

> 指定第一个角点或 [中心(C)]: 15,0↙
> 指定其他角点或 [立方体(C)/长度(L)]: @15,60,35↙

执行结果如图 15.16 所示。

④ 创建楔体。

执行 WEDGE 命令,AutoCAD 提示:

> 指定第一个角点或 [中心(C)]: 30,25↙
> 指定其他角点或 [立方体(C)/长度(L)]: @40,10,35↙

执行结果如图 15.17 所示。

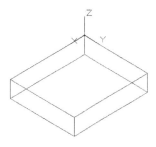 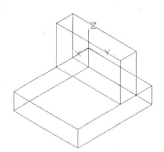 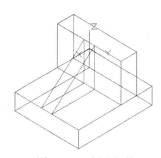

图 15.15 定义 UCS　　　图 15.16 创建长方体 2　　　图 15.17 创建楔体

⑤ 定义新 UCS。

定义图 15.18 中 UCS 图标所示的新 UCS。方法:首先,将原 UCS 移动到新原点,结果如图 15.19 所示;然后,绕 z 轴旋转 90°,结果如图 15.20 所示;再绕 x 轴旋转 90°,结果如图 15.18 所示(具体过程略)。

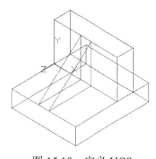 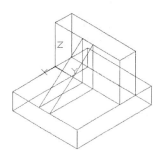 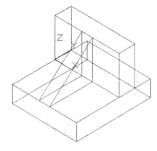

图 15.18 定义 UCS　　　图 15.19 定义 UCS1　　　图 15.20 定义 UCS2

⑥ 建立平面视图。

单击菜单"视图"|"三维视图"|"平面视图"|"当前 UCS"设置平面视图,结果如图 15.21 所示。

> 提示　设置平面视图后,图形会充满整个屏幕,此时应适当缩小图形的显示比例(用 ZOOM 命令实现)。

> **提示** 在平面视图中,坐标系的 xy 面与计算机屏幕重合。此时可以用二维绘图的方法在 xy 面上绘制二维图形。

⑦ 绘制轮廓图。

根据如图 15.13 所示尺寸绘制二维轮廓图,如图 15.22 所示。

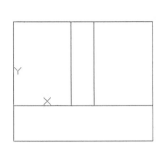
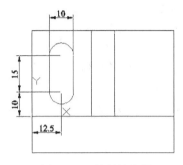

图 15.21　平面视图　　　　　图 15.22　绘制轮廓图

> **提示** 有多种绘制该轮廓的方式。例如,先在对应位置绘制两个圆,再绘制两条切线,然后进行修剪。

绘制轮廓后,执行 PEDIT(编辑多段线)命令将轮廓合并成一条多段线,以便拉伸成实体。

再单击菜单"视图"|"三维视图"|"东北等轴测"改变视点,结果如图 15.23 所示(注意 UCS 图标)。

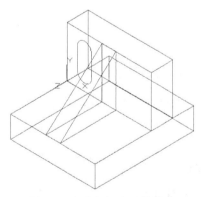

图 15.23　改变视点后的结果

> **提示** 如果用户对 AutoCAD 的三维绘图过程较为熟悉,可以直接在如图 15.23 所示坐标系模式下绘制轮廓线,不需要转换到平面视图。

⑧ 拉伸。

执行 EXTRUDE 命令,AutoCAD 提示:

```
选择要拉伸的对象或 [模式(MO)]: (选择图 15.23 中的轮廓线)
选择要拉伸的对象或 [模式(MO)]:✓
指定拉伸的高度或 [方向(D)/路径(P)/倾斜角(T)/表达式(E)]:-30✓
```

执行结果如图 15.24 所示。
⑨ 三维镜像。
执行 MIRROR3D 命令,AutoCAD 提示:

> 选择对象:(捕捉图 15.24 中的拉伸实体)
> 选择对象:✓
> 指定镜像平面(三点)的第一个点或
> [对象(O)/最近的(L)/Z 轴(Z)/视图(V)/XY 平面(XY)/YZ 平面(YZ)/ZX 平面(ZX)/三点(3)] <三点>: YZ✓
> 指定 YZ 平面上的点:(捕捉某一长方体沿 x 轴方向棱边的中点)
> 是否删除源对象? [是(Y)/否(N)] <否>:✓

执行结果如图 15.25 所示。

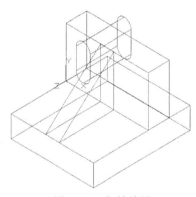

图 15.24 拉伸结果

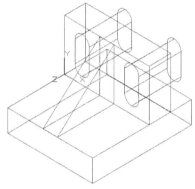

图 15.25 镜像结果

⑩ 并集。
执行 UNION 命令,AutoCAD 提示:

> 选择对象:(在这样的提示下选择两个长方体和楔体)
> 选择对象:✓

⑪ 差集。
执行 SUBTRACT 命令,AutoCAD 提示:

> 选择要从中减去的实体、曲面和面域...
> 选择对象:(选择在步骤 10 经并集后得到的实体)
> 选择对象:✓
> 选择要减去的实体、曲面和面域...
> 选择对象:(选择图 15.25 中的两个拉伸实体)
> 选择对象:✓

执行结果如图 15.26 所示。
对图 15.26 以概念视觉样式显示,得到如图 15.27 所示的结果。
例 15.3 创建如图 7.43 所示二维图形的实体模型,结果如图 15.28 所示。

第 15 章 编辑三维图形、渲染

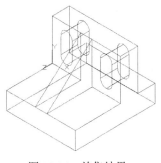
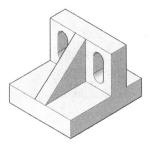

图 15.26　差集结果　　　　　　图 15.27　概念视觉样式　　　　　图 15.28　实体模型

操作步骤

首先，以文件 acadiso3d.dwt 为样板建立新图形（过程略）。

① 创建长方体。

执行 BOX 命令，AutoCAD 提示：

> 指定第一个角点或 [中心(C)]: 0,0↙
> 指定其他角点或 [立方体(C)/长度(L)]: @180,180,20↙

② 创建直径为 140 的圆柱体。

执行 CYLINDER 命令，AutoCAD 提示：

> 指定底面的中心点或 [三点(3P)/两点(2P)/相切、相切、半径(T)/椭圆(E)]: 90,90,50↙
> 指定底面半径或 [直径(D)]: 70↙
> 指定高度或 [两点(2P)/轴端点(A)]: 20↙

单击菜单"视图"|"三维视图"|"东北等轴测"改变视点，结果如图 15.29 所示。

③ 定义 UCS。

定义图 15.30 中 UCS 图标所示的 UCS（UCS 的原点位于圆柱体顶面的中心位置，过程略）。

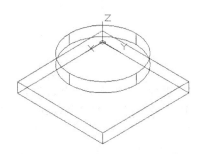
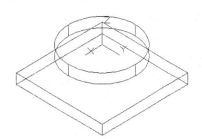

图 15.29　创建长方体与圆柱体　　　　　　图 15.30　新建 UCS

④ 创建直径为 80 的圆柱体。

执行 CYLINDER 命令，AutoCAD 提示：

> 指定底面的中心点或 [三点(3P)/两点(2P)/相切、相切、半径(T)/椭圆(E)]: 0,0↙
> 指定底面半径或 [直径(D)]: 40↙
> 指定高度或 [两点(2P)/轴端点(A)]: -70↙

执行结果如图 15.31 所示。

⑤ 创建直径为 40 的小圆柱体（用于生成孔）。

执行 CYLINDER 命令，AutoCAD 提示：

```
指定底面的中心点或 [三点(3P)/两点(2P)/相切、相切、半径(T)/椭圆(E)]: 0,0↙
指定底面半径或 [直径(D)] <40.000 0>: 20↙
指定高度或 [两点(2P)/轴端点(A)] <-70.000 0>: -80↙
```

执行结果如图 15.32 所示。

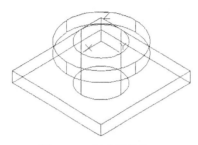

图 15.31 创建圆柱体 1

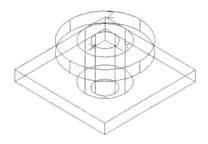

图 15.32 创建圆柱体 2

⑥ 创建直径为 20 的圆柱体（位于长方体上，用于生成小孔）。

执行 CYLINDER 命令，AutoCAD 提示：

```
指定底面的中心点或 [三点(3P)/两点(2P)/相切、相切、半径(T)/椭圆(E)]: 70,70,-50↙
指定底面半径或 [直径(D)] <20.000 0>: 10↙
指定高度或 [两点(2P)/轴端点(A)] <-80.000 0>: -30↙
```

⑦ 创建直径为 15 的圆柱体（位于圆柱体上）。

执行 CYLINDER 命令，AutoCAD 提示：

```
指定底面的中心点或 [三点(3P)/两点(2P)/相切、相切、半径(T)/椭圆(E)]: 55,0,0↙
指定底面半径或 [直径(D)] <10.000 0>: 7.5↙
指定高度或 [两点(2P)/轴端点(A)] <-30.000 0>:↙
```

执行结果如图 15.33 所示。

⑧ 阵列。

执行 ARRAYPOLOR 命令，对得到的两个小圆柱体进行环形阵列，结果如图 15.34 所示（因为阵列面位于 UCS 的 *xy* 面或者与 *xy* 面平行，所以用二维阵列命令即可进行阵列，过程略）。

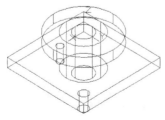

图 15.33 创建圆柱体

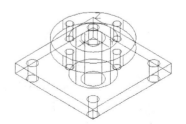

图 15.34 阵列结果

⑨ 并集。

执行 UNION 命令，AutoCAD 提示：

> 选择对象:(选择长方体、半径为 40 的圆柱体以及半径为 70 的圆柱体)
> 选择对象:↙

⑩ 差集。

执行 SUBTRACT 命令，AutoCAD 提示：

> 选择要从中减去的实体、曲面和面域...
> 选择对象:(选择通过并集得到的实体)
> 选择对象:↙
> 选择要减去的实体、曲面和面域...
> 选择对象:(在这样的提示下选择其他各圆柱体)
> 选择对象:↙

执行结果如图 15.35 所示。

⑪ 对图 15.35 以真实视觉样式显示，结果如图 15.36 所示。

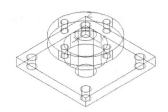
图 15.35　并集、差集结果

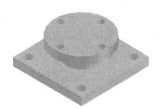
图 15.36　实体模型

例 15.4　根据如图 9.89（d）所示轴的二维图形创建其实体模型，结果如图 15.37 所示。

绘图步骤

首先，以文件 acadiso3d.dwt 为样板建立新图形（过程略）。

① 绘制轴的半轮廓。

根据如图 9.89（d）所示尺寸绘制轴的半轮廓图，结果如图 15.38 所示。

> 提示　可以直接打开对应的二维图形，由该二维图形改为轮廓图。

图 15.37　轴实体模型

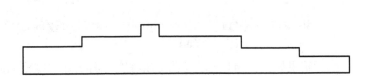
图 15.38　轮廓图

② 合并。

将如图 15.38 所示轮廓合并成一条多段线。

执行 PEDIT 命令，AutoCAD 提示：

> 选择多段线或 [多条(M)]:(选择图 15.38 中的任意一条直线)
> 选定的对象不是多段线
> 是否将其转换为多段线? <Y>✓
> 输入选项 [闭合(C)/合并(J)/宽度(W)/编辑顶点(E)/拟合(F)/样条曲线(S)/非曲线化(D)/线型生成(L)/反转（R）/放弃(U)]:J✓
> 选择对象:ALL✓
> 选择对象:✓
> 输入选项 [打开(O)/合并(J)/宽度(W)/编辑顶点(E)/拟合(F)/样条曲线(S)/非曲线化(D)/线型生成(L)/反转（R）/放弃(U)]:✓

③ 旋转成实体。

执行 REVOLVE 命令，AutoCAD 提示：

> 选择要旋转的对象:(选择轴轮廓图)
> 选择要旋转的对象:✓
> 指定轴起点或根据以下选项之一定义轴 [对象(O)/X/Y/Z] <对象>:(捕捉图 15.38 所示轮廓的左下角点)
> 指定轴端点:(捕捉图 15.38 所示轮廓的右下角点)
> 指定旋转角度或 [起点角度(ST)] <360>:✓

单击菜单"视图"|"三维视图"|"东北等轴测"改变视点，结果如图 15.39 所示（注意 UCS 图标）。

④ 建立 UCS。

首先，建立如图 15.40 中 UCS 图标所示的 UCS（新 UCS 的原点位于轴端面的圆心位置）。

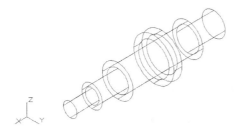 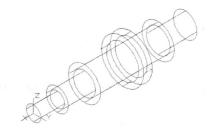

图 15.39　旋转成实体　　　　　　　　图 15.40　定义 UCS 1

再单击菜单"工具"|"新建 UCS"|"原点"，AutoCAD 提示：

> 输入选项
> [新建(N)/移动(M)/正交(G)/上一个(P)/恢复(R)/保存(S)/删除(D)/应用(A)/?/世界(W)]<世界>: _o
> 指定新原点 <0,0,0>: -73,0,12✓

执行结果如图 15.41 所示（此 UCS 的 xy 面正好与键槽的底面重合）。

⑤ 绘制轮廓。

根据如图 9.89（d）所示绘制键槽轮廓图，并执行 PEDIT 命令将其合并成一条多段线，如图 15.42 所示（绘制过程与例 15.2 中图 15.23 所示的轮廓绘制类似，可以切换到平面视图中绘制,也可以直接在如图 15.42 所示模式中绘制。绘制时要注意 UCS 中 x、y 坐标轴的方向)。

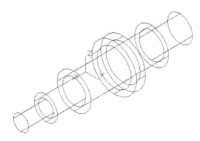
图 15.41　定义 UCS 2

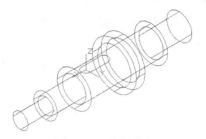
图 15.42　绘制轮廓

⑥ 拉伸。

执行 EXTRUDE 命令,AutoCAD 提示:

> 选择要拉伸的对象或 [模式(MO)]: (选择图 15.42 中的封闭轮廓)
> 选择要拉伸的对象或 [模式(MO)]:✓
> 指定拉伸的高度或 [方向(D)/路径(P)/倾斜角(T)/表达式(E)]:30✓

执行结果如图 15.43 所示。

⑦ 差集。

执行 SUBTRACT 命令,AutoCAD 提示:

> 选择要从中减去的实体、曲面和面域...
> 选择对象:(选择轴实体)
> 选择对象:✓
> 选择要减去的实体、曲面和面域...
> 选择对象:(选择拉伸实体)
> 选择对象:✓

执行结果如图 15.44 所示。

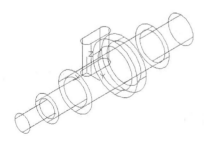
图 15.43　拉伸结果

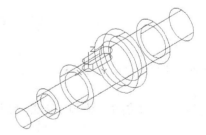
图 15.44　差集结果

⑧ 创建倒角。

执行 CHAMFER 命令,AutoCAD 提示:

> 选择第一条直线或 [放弃(U)/多段线(P)/距离(D)/角度(A)/修剪(T)/方式(E)/多个(M)]:(选择图 15.44 所示轴实体左端面的棱边)
> 基面选择...
> 输入曲面选择选项 [下一个(N)/当前(OK)] <当前(OK)>:✓

```
指定基面倒角距离或 [表达式(E)]:2↙
指定其他曲面倒角距离或 [表达式(E)]:2↙
选择边或 [环(L)]:(选择图 15.44 所示轴实体左端面的棱边)
选择边或 [环(L)]: ↙
```

用类似的方法对轴实体右端面倒角，得到如图 15.45 所示的结果。

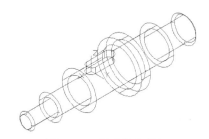

图 15.45　创建倒角结果

⑨ 改变视觉效果。

将图 15.45 以概念视觉效果显示，得到如图 15.46 所示结果。
将图 15.45 以真实视觉效果显示，得到如图 15.47 所示结果。

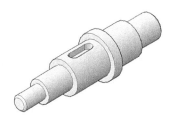 

图 15.46　概念视觉效果　　　　　　图 15.47　真实视觉效果

15.11　渲　　染

命令：RENDER。**功能区**："渲染"|"渲染"|◌（渲染）。**菜单**："视图"|"渲染"|"渲染"。

渲染操作用于创建三维模型的照片级真实感着色图像。

命令操作

执行 RENDER 命令，AutoCAD 默认弹出"渲染"窗口，并对当前的模型进行渲染，如图 15.48 所示。

从图 15.48 中可以看出，"渲染"窗口由 3 个窗格组成：图像窗格、统计信息窗格和历史窗格。位于左上方的图像窗格用于显示渲染图像；位于右侧的统计信息窗格显示渲染的当前设置；位于下方的历史窗格可以使用户浏览对当前模型进行渲染的历史。

渲染窗口中有"文件"、"视图"和"工具"3 个菜单，下面简要介绍它们的功能。

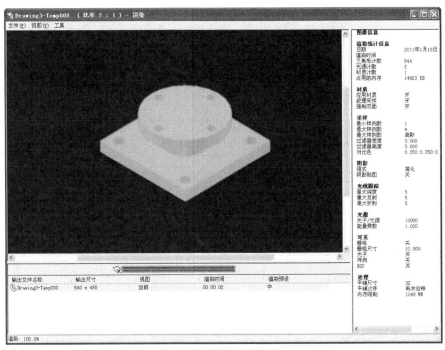

图 15.48 "渲染"窗口

1. "文件"菜单

图 15.49 所示为"文件"菜单。"保存"项用于将当前渲染图像按指定的格式保存到文件;"保存副本"项用于将当前图像的副本保存到指定位置。

2. "视图"菜单

图 15.50 所示为"视图"菜单。"状态栏"和"统计信息窗格"菜单项分别用来确定是否在渲染窗口显示状态栏和统计信息窗格。

3. "工具"菜单

图 15.51 所示为"工具"菜单。"放大"和"缩小"菜单项分别用于使渲染图像放大或缩小。

图 15.49 "文件"菜单　　　图 15.50 "视图"菜单　　　图 15.51 "工具"菜单

为达到更好的渲染效果,通常在渲染之前还可以进行渲染设置,如设置渲染材质、光源等。

15.12 练　　习

1. 创建如图 15.52 所示的各实体模型(图中给出了主要尺寸,其余尺寸由读者确定)。

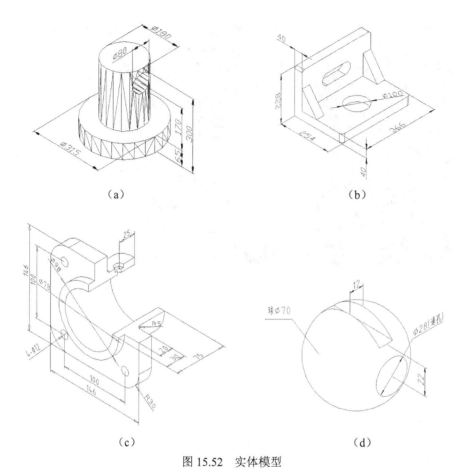

图 15.52　实体模型

创建如图 15.52（a）所示实体时的主要步骤如下。

① 从同一底面分别创建直径为 315、高为 65 和直径为 180、高为 300 的两个圆柱体。

② 定义对应的 UCS，在对应位置创建直径为 80，高为适当值的圆柱体，以便通过差集操作得到对应的孔。

③ 对在步骤（1）中得到的两个圆柱体求交集。

④ 对在步骤（3）中得到的实体与在步骤（2）中得到的圆柱体求差集。

2．创建与如图 7.6 所示二维图形对应的实体模型，然后对该模型进行渲染。